プライベート
ワイヤレス
ネットワーク入門

Wi-Fi 6、802.11ah、ローカル5G
徹底解説

[監修・著] 小林忠男

[編] 無線 LAN ビジネス推進連絡会
802.11ah 推進協議会

リックテレコム

巻頭言

　新型コロナウィルス感染症とたたかう「ニューノーマル時代」の中で、社会と生活を守りビジネスを発展させるため、デジタル変革の取り組みが力強く進み始めています。

　激変する環境での新しい働き方、生活スタイルを創り出すための様々な尽力は、コロナ禍で強いられたものでありながら、ビジネスを革新し社会的課題の解決に向けた積極的な取り組みとして、新しい時代を創り出しています。

　NTT東日本グループにおいても、テレワークの推進、事業活動のデジタル・リモート・オンライン化を進めると同時に、従来からの人手不足をはじめとする地域課題の解決に向けた多様な取り組みに加え、農畜水産分野やeスポーツ分野、文化芸術分野における新事業、ドローン事業、さらに大学・自治体と連携したローカル5Gによるユースケースの開拓、産業活性化・イノベーション創出など、新たな展開を積極的に進めております。

　私たちは、「地域とともに歩むICTソリューション企業」として、お客様のお困りごとをともに解決する取り組みを着実に進めながら、コロナ禍で生まれた様々な課題に対応し、ICTを活用した地域におけるDX（デジタルトランスフォーメーション）をさらに広く深く推進して参りたいと思います。

　DXを推進していくには、地域の自治体、企業それぞれの規模、特性に即したネットワークが必要となり、AI、IoTと組み合わせた専用のプライベートネットワークとそのソリューションの活用が不可欠となっていくでしょう。そうした取り組みが、自治体・企業の生産性向上、業務効率化、付加価値創出を実現し、地域のスマート化を支えていくものと考えています。

　本書は、日本でWi-Fiを推進してきた無線LANビジネス推進連絡会が、802.11ah推進協議会と共同して、自治体・企業に密着したプライベートワイヤレスネットワークの重要性を明らかにする観点で、「Wi-Fiの最新規格Wi-Fi 6」「IoT向けの新規格802.11ah」「地域をリードするローカル5G」の3つを技術的にわかりやすく解説しているユニークな入門書です。

　本書が、新しい時代に向けて、地域DXの推進、地域の活性化を実現するための武器として活用されることを期待しています。

2021年9月

東日本電信電話株式会社

代表取締役社長

井上福造

CONTENTS

本書における「無線LAN」、「Wi-Fi」の表記について

　無線LANは、無線を利用してデータ通信を行うLAN（Local Area Network）のシステムです。

　Wi-Fiは、無線LANの1つの方式であり、IEEE802.11規格シリーズにもとづいた機器の相互接続性の認定の名称です。

　無線LANの中では、Wi-Fiが最も広く普及している方式であることから、本書では「Wi-Fi」を「無線LAN」と同義のものとして使用しています。

コロナ禍とDX

コロナ禍における感染拡大とのたたかいは、避けて通れない今日の最重要課題の1つとなっています。この中で、社会と生活を守るため、ICTを活用した新しい取り組みが進んでいます。第1節では、新型コロナウイルス感染症対策の様々な取り組みが、同時に社会的諸課題の解決を目指したSociety 5.0に向けた取り組みでもあることを述べます。第2節では、社会的諸課題の解決は社会と企業によるDX（デジタルトランスフォーメーション）によって実現されること、またDX推進のコアの1つをモバイル/ワイヤレスが担っていることを述べます。

1-1 社会的諸課題の解決と Society 5.0

コロナ禍によって社会と生活は一変しました。新型コロナに打ち勝つたたかいは、私たちの社会が抱えている諸課題を解決するための取り組みでもあることが明らかになっています。社会的諸課題を解決する Society 5.0 に向けた取り組みの中軸が DX の推進です。

1 コロナ禍と社会的な諸課題

新型コロナウイルス感染症（以下、新型コロナ）の感染が全世界に広がる中で、私たちの社会と生活は一変してしまいました。まだまだたたかいは続いています。感染症拡大に伴う様々なリスクに対処しながら「ニューノーマル（新たな日常）」を構築していかなくてはなりません。

コロナ禍のなかで、ニューノーマルの構築に向けて、現在、問われているのは、次のような変化です。

① 生活様式の変化

感染拡大を防止するための外出自粛。外出時のマスク着用、手洗い・消毒の励行。ソーシャルディスタンスを保っての行動・会話、食事の励行。ワクチン接種。命と健康を守る行動様式です。

② 仕事のやり方の変化

職場での執務から在宅勤務・リモートワークへの移行。サテライトオフィスの活用。オンライン会議、モバイル/ワイヤレスを活用した各種ツールによる社内外のコミュニケーション。業務のデジタル化、ペーパーレス化。オフィスワークとテレワークのハイブリッドワーク。多様な働き方の定着、働き方改革です。

③ 従業員の安全確保、健康管理

現場作業員の安全確保・健康管理。人流の可視化による安全・安心かつ効率的な労働環境の整備。従業員の不調・異常の早期発見。ハイブリッドワークにおける勤怠管理。ワークライフバランスです。

④ 経済活動の形態の変化

顧客接点のデジタル化。電話応対業務のデジタル化。営業活動のデジタル化。オンライ

ンイベント、オンライン診療、電子商取引の拡大です。

⑤教育の変化

オンライン授業、デジタル教科書、GIGAスクールなどの取り組みです。

⑥都市構造の変化

大都市への一極集中から地方への分散、移住。ワーケーションの推進。リモートワールド、分散型社会の実現です。

これらの変化への取り組みは、コロナ禍においてやむなく迫られたものですが、以前から課題として突きつけられていたことでもあります。私たちは新型コロナの感染拡大前からの社会的諸課題にあらためて直面しており、コロナ禍によってその解決を急ぐことが求められているといっていいでしょう。

コロナ禍を、一過性の特殊事象ではなく常に起こり得る環境の変化として捉え、これまで疑問をもたなかった生活や社会、企業文化の変革に取り組まなくてはなりません。

さかのぼれば、蒸気機関の産業革命から始まり、自動車、電気の発明、そしてコンピュータ、インターネットの普及拡大、さらに携帯電話、スマートフォンの普及により、私たちの生活は便利で豊かになってきました。

その一方で、①少子高齢化と人口減少、人手不足、②地球温暖化による異常気象の発生と甚大な被害、③様々な格差の拡大と貧富の拡大、差別と分断など、地球の存続・持続可能性にもかかわる、多くの社会的な諸課題に直面しているわけです。

2 Society 5.0 に向けた取り組み

(1) 高齢化と人口減少

図表1-1-1は高齢化の推移と将来の推計を示しています。年々人口減少が続くとともに高齢者の割合が増え、若者、子供の割合が少なくなっていきます。

少子高齢化により生産年齢人口が減少し、また人口が減少すると市場が縮小し消費が伸びる見通しがないという懸念から、企業の開発投資、設備投資にマイナスの影響を与えます。少子高齢化とそれに伴う人口減少は、医療・介護サービスなど一部の分野で需要を拡大させる一方、多くの分野で需要の縮小要因となると考えられています。

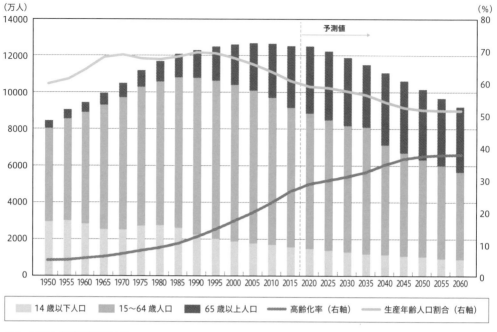

図表1-1-1 我が国の高齢化の推移と将来推計

（万人）

14000

12000

10000

8000

6000

4000

2000

0

予測値

（%）

80

70

60

50

40

30

20

10

0

1950 1955 1960 1965 1970 1975 1980 1985 1990 1995 2000 2005 2010 2015 2020 2025 2030 2035 2040 2045 2050 2055 2060

14 歳以下人口 　15〜64 歳人口 　65 歳以上人口 　高齢化率（右軸） 　生産年齢人口割合（右軸）

出典：令和2年度版『情報通信白書』

　図表1-1-2は、単身世帯、夫婦のみ、夫婦と子、ひとり親と子等の日本の世帯数の推移を示しています。年々、単身世帯と夫婦のみの世帯が増加し、夫婦と子の世帯は減少傾向にあります。親と子の家族団らんが行われる世帯の比率が多い時代は、はるか昔のことになってしまいました。

　少子高齢化と人口減少により、労働力の減少・人手不足が起きています。これに対して、働き方改革と生産性向上、仕事と家庭の両立支援、子育て支援・地域の活性化を進めることが求められています。子育てしやすい環境、若い人が安心して働ける環境作り、就業機会の多様化、学習社会への参加、健康福祉の向上、社会活動への参加などが考えられています。日本はどの分野においても世界の標準レベルから遅れていることが明らかになっており、待ったなしの重要課題です。

図表1-1-2 世帯数の推移

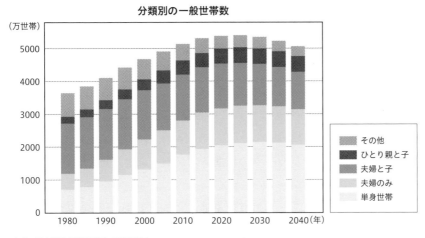

出典：日本経済新聞2020年11月20日

(2) 地球温暖化と地球環境の変化

　地球温暖化で気候が変わり、異常気象と自然災害が起きています。北欧の夏の熱波、北米や豪州で多発する異常高温とハリケーン、大規模森林火災、日本や東南アジアでの台風豪雨災害など、世界各地で様々な形での異常気象が頻発しています。また一方で、南極や北極の氷が溶けて海水面の上昇により陸地が浸食されたり、小さな島国が丸ごと海に沈んでしまったりする危機も起きています。気候変動により生物多様性の破壊、森林破壊が進んでいます。

　猛暑、酷暑、冷夏、季節外れの暑さ寒さ、干ばつで農業など第一次産業への影響が出て、農作物の栽培や収穫に影響が出ています。異常気象による被害額は年々増加し、人的被害や財政にも大きな負担を与えるようになっています。食料危機が発生し飢餓が起きたり、農作物を原料としている関連商品が製造できなくなったり、食料供給システムの停止が発生しています。

　気候変動は、経済と社会に大きな影響を与えます。地球温暖化の進行を食い止めるためには、二酸化炭素をはじめとする温室効果ガスの排出量を大幅に削減していくことが必要です。そのためには、CO_2排出の主因である石炭・石油・ガスといった化石燃料に依存した社会の在り方を変えていかなければなりません。

　社会生活、産業構造を転換しエネルギー消費を抑える省エネルギーの推進を行わなくてはなりません。また、再生可能エネルギーへ燃料転換も進めなくてはなりません。仕事、医療、教育等のオンライン化、働き方改革を進めることは社会全体のエネルギー消費のセーブの1つとなります。

(3) 様々な格差の拡大

　グローバリズムの中で、様々な格差が広がっています。それは、先進国と後進国、地域間、男女間、世代間などで、所得・雇用などの経済格差をはじめ医療・教育・情報・安心安全などでの格差です。

　所得格差が地域格差を生み、地域格差が人口格差を生み、人口格差が医療・教育・情報格差を生む格差の負の連鎖が進んでいます。この格差の連鎖を断ち切らなくてはなりません。

　コロナ禍での行動様式の変化、テレワークの推進、オンライン化、分散化が格差の解消の1つにつながります。

　こうした社会的諸課題に取り組み、その解決を通して新しい社会を実現する方向が「Society 5.0」です。

　内閣府の定めるSociety 5.0のコンセプトは、「質の高い生活ができる人間中心の社会」です（図表1-1-3）。

図表1-1-3 Society 5.0のイメージ

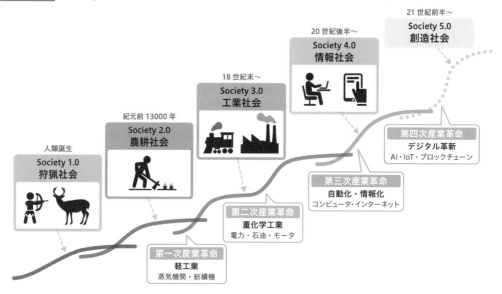

出典：内閣府のSociety 5.0の資料を元に作成

　これまで人類が築いてきた4段階の社会、つまり狩猟社会をSociety 1.0、農耕社会をSociety 2.0、工業社会をSociety 3.0、情報化社会をSociety 4.0、そしてそれに続くデジタル革新によってもたらされる新たな社会をSociety 5.0と定義しています。

　情報社会をもたらした「第三次産業革命」では電話、テレビ、コンピュータ、インターネット、スマートフォンなどの発達により、個人と企業による情報の生成・伝達・活用・

管理が飛躍的に発展しました。鉱工業生産、建設工事、農漁業生産、物流、販売などの効率化も図られました。

　Society 5.0では、経済の発展と社会的諸課題の解決の両立を図り、現在の経済発展の中で生み出されたエネルギーの需要増加、食料の需要増加、寿命延伸、高齢化、国際的な競争の激化、富の集中や地域間の不平等などを、温室効果ガス（GHG）排出削減、食料の増産やロスの削減、高齢化に伴う社会コストの抑制、持続可能な産業化の推進、富の再配分や地域間の格差是正などによって新たな希望のもてる社会に移行しようというものです（図表1-1-4）。

　とりわけIoT、AI（人工知能）、ビッグデータ、ロボット、ドローン、自動運転等の先端技術をあらゆる産業や社会生活に取り入れ、イノベーションで創出される新たな価値により、経済発展と社会的諸課題の解決を両立させ、人間性が尊重される安心安全な社会を実現することです。

図表1-1-4 Society 5.0の目指すもの

予防検診・ロボット介護 ＋ 健康寿命延伸・社会コストの抑制

エネルギーの多様化・地産地消 ＋ 安定的確保、温室効果ガス排出削減

Society 5.0

農作業の自動化・最適な配送 ＋ 食料の増産・ロスの削減

最適なバリューチェーン・自動生産 ＋ 持続可能な産業化の推進・人手不足解消

出典：内閣府のSociety 5.0の資料を元に作成

Society 5.0 に向かって、社会的諸課題を解決する取り組みの中心に、社会のデジタル化、DX（デジタルトランスフォーメーション）という戦略があるといえます。言い方を変えれば、コロナ禍での様々な変革の取り組みは社会的諸課題の解決に向けての社会のイノベーションであり、Society 5.0 に向かう核心が社会のデジタル化であり、社会全体の DX であるといっていいでしょう。

1-2 DX（デジタルトランスフォーメーション）の推進

　社会的諸課題の解決に向けてSociety 5.0を目指す取り組みの中心にあるのがDX（デジタルトランスフォーメーション）です。DXの推進は企業の基本戦略となっていますが、同時に社会的諸課題の解決に向けて取り組むことは企業の基本使命でもあるという認識が広がっています。

1 社会のデジタル化

　Society 5.0をどう実現していくのか。社会的な諸課題の解決に向けてどう取り組んでいくのか。

　日本は「課題先進国」ともいわれるように、人口減少、少子高齢化、生産年齢人口の減少、都市部への人口集中など多くの社会的諸問題を抱えています（図表1-2-1）。さらに、インフラの老朽化、気候変動による自然災害の増加、地震の頻発など、様々な課題が顕在化してきています（図表1-2-2）。

図表1-2-1 　三大都市圏及び地方圏における人口移動の推移

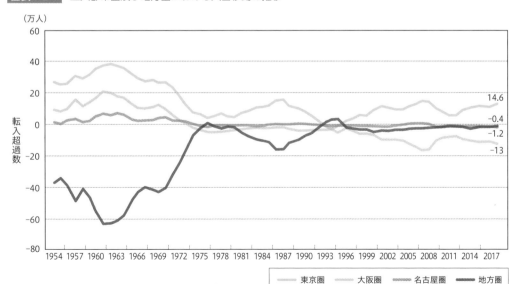

出典：総務省「住民基本台帳人口移動報告」（日本人移動者）を元に作成

図表1-2-2	建設後50年以上経過する社会資本の割合			
		2018年3月	2023年3月	2033年3月
道路橋［約73万橋[*1]（橋長2m以上の橋）］		約25%	約39%	約63%
トンネル［約1万1千本[*2]］		約20%	約27%	約42%
河川管理施設（水門等）［約1万施設[*3]］		約32%	約42%	約62%
下水道管きょ［総延長約47万km[*4]］		約4%	約8%	約21%
港湾岸壁［約5千施設[*5]（水深-4.5m以深）］		約17%	約32%	約58%

*1　道路橋約73万橋のうち、建設年度不明橋梁の約23万橋については、割合の算出にあたり除いている（2017年度集計）
*2　トンネル約1万1千本のうち、建設年度不明トンネルの約400本については、割合の算出にあたり除いている（2017年度集計）
*3　国管理の施設のみ。建設年度が不明な約1000施設を含む（50年以内に整備された施設についてはおおむね記録が存在していることから、建設年度が不明な施設は約50年以上経過した施設として整理している）（2017年度集計）
*4　建設年度が不明な約2万kmを含む（30年以内に布設された管きょについてはおおむね記録が存在していることから、建設年度が不明な建設は約30年以上経過した施設として整理し、記録が確認できる経過年数ごとの整備延長割合により不明な施設の整備延長を按分し、計上している）（2017年度集計）
*5　建設年度不明岸壁の約100施設については、割合の算出にあたり除いている（2017年度集計）

出典：国土交通省（2019）［令和元年版国土交通白書］

　そこに、新型コロナの発生が市民の生活や経済活動に深刻な影響を与えており、効果的に対処することが求められています。
　こうした課題に対し国民1人ひとりの取り組みが求められています。そして、解決の方向としての社会のデジタル化に対して、自治体や企業、地域において、様々な形で先進的な取り組みが進められています。

- テレワーク、コワーキングスペース、ワーケーションの推進と地方自治体の取り組み

- eスポーツによる地域の魅力度向上の地方都市の取り組み

- インフラ管理・災害対策と市民協働アプリの取り組み

- 区役所/市役所の業務効率化と課題取り組み

- スマートシティと防災、地域データの取得と人材育成の取り組み

- 地域IoT共通プラットフォームの構築と市民参画の取り組み（令和2年度「情報通信白書」）

　いずれもICTを用いた課題解決の取り組みですが、教育分野でもGIGAスクール構想[*1]で、「児童生徒向けの1人1台端末と、高速大容量の通信ネットワークを一体的に整備し、多様な子どもたちを誰一人取り残すことなく、公正に個別最適化された創造性を育む教育を、全国の学校現場で持続的に実現させる構想」が進められています。

---

*1　**GIGAスクール構想**：「1人1台端末と、高速大容量の通信ネットワークを一体的に整備することで、特別な支援を必要とする子供を含め、多様な子供たちを誰一人取り残すことなく、公正に個別最適化され、資質・能力が一層確実に育成できる教育環境を実現する」「これまでの我が国の教育実践と最先端のベストミックスを図ることにより、教師・児童生徒の力を最大限に引き出す」（文部科学省）という国が掲げた構想。GIGAは、Global and Innovation Gateway for Allの略称。

これらICT技術の活用によって同時に、地域の壁を打ち破り、地域格差、デジタルデバイドの壁に対する取り組みも進むことになります（図表1-2-3）。

図表1-2-3 ICT技術の進歩によるデータ収集における地方間格差の解消

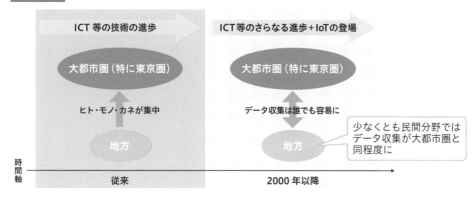

出典：『地域の課題解決へ実践ICT』

コロナ禍により日本の社会のデジタル化の遅れが様々な局面で浮き彫りになる中で、逆に平時では難しいドラスティックな変革をコロナ禍だからこそ積極的に進めていくことが求められており、それは危機をチャンスに変えていくことでもあるのです。

2 DXと企業革新

デジタル技術の活用による業務・ビジネスの変革を意味するDXは、今や全ての企業の戦略課題になっているといっても過言ではありません。

DXは、デジタル化によって変革を引き起こすという意味です（図表1-2-4）。「企業がビジネス環境の激しい変化に対応し、データとデジタル技術を活用して、顧客や社会のニーズをもとに、製品やサービス、ビジネスモデルを変革するとともに、業務そのものや組織、プロセス、企業文化・風土を変革し、競争上の優位性を確保すること」（DX推進ガイドライン）と定義されています。

図表1-2-4 DXで新しい世界

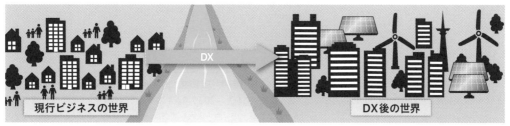

出典：経済産業省「DXレポート2」を元に作成

もう少し詳しく説明しますと、DXとは企業において、情報通信のテクノロジーを利用して事業や業務のやり方を根本的に変化させて生産性を上げ、併せて意識や制度を改革することで競争力を強化しスピーディにものごとを進められるようになり、売上や利益を伸ばす仕組みを作ることです。そして、社会課題の変化と情報技術の進歩を結びつけ、変化に適応した非連続のイノベーションを起こすことです。

　DXの推進で、既存事業のプロセスが大幅に改善され、コスト削減や顧客価値の上昇につながり売上や利益が伸びるといわれています。企業は、自らのDXを進めるとともに、現代社会が抱える様々な課題の解決に貢献することが求められています。イノベーションによって社会的諸課題の解決に貢献していくことが企業の課題となっているのです。社会的諸課題の解決そのものが経済競争であり、企業の課題となっているのです。

　企業はSDGs[*2]（持続可能な開発目標）への取り組みを強化しています。環境や社会の持続可能性と同時に経済の持続可能性が重要であり、環境と人材に配慮した循環型でトレーサビリティーなもの、環境負荷最小化が求められています。

(1) データ主導型の「スマート社会」への移行

　DXによって実現される「スマート社会」の核心を示すのが「サイバーフィジカルシステム（CPS：Cyber-Physical System）」といわれるものです（図表1-2-5）。

　サイバーフィジカルシステムは、IoT、AIの社会実装が進むことでサイバー空間とフィジカル空間が一体化し、データを最大限活用したデータ主導型の「スマート社会」に移行するというビジョンです。

　そこでは、デジタル時代の新たな資源である大量のデータを収集・デジタル化し、その蓄積・解析で知識化します。そして現実世界でサービス化し、新たな社会的な価値創造を行うものです。暗黙知の形式知化、過去解析から将来予測への移行、部分最適から全体最適の転換が可能となります。

　得られたデータを元に意思決定を行い、アクションを起こしていくデータドリブン経営を目指し、データ分析テクノロジーを活用することが求められています。これにより、必要なモノ・サービスを、必要な人に、必要な時に、必要なだけ提供することが可能になり、様々な社会課題解決と経済成長を両立するSociety 5.0が実現するという展望です。

---

*2　**SDGs**：Sustainable Development Goals、持続可能な開発目標。2015年の国連サミットで加盟国の全会一致で採択された「持続可能な開発のための2030アジェンダ」に記載された、2030年までに持続可能でよりよい世界を目指す国際目標。17のゴール・169のターゲットから構成され、地球上の「誰一人取り残さない（leave no one behind）」ことを誓っている。

図表1-2-5 CPS（サイバーフィジカルシステム）の概念

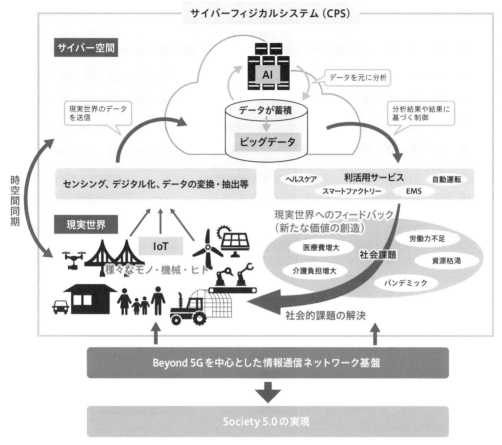

出典：総務省「Beyond 5G推進戦略」（2020）

　我が国における一層の社会問題解決と経済成長だけではなく、人類の共通基盤として SDGsにおいて示されている「誰一人取り残さない持続可能で多様性と包摂のある社会」や「地球環境の維持」等の理念の実現にも大きく貢献するものと期待されています。

(2) あらゆる産業分野へ

　DXはあらゆる産業分野に広がり、それぞれの分野において、独自の取り組みが進められています。

　環境エネルギー分野に始まり、建設土木、製造、農業、運輸、流通、サービス、そして金融、公共、医療福祉へと広がっています。

　ただ、実際にDXに関して具体的な取り組みを始めているのは、まだ20～30%ほどであると指摘されており、いよいよこれから本格的な推進が必要となっています（図表1-2-6）。

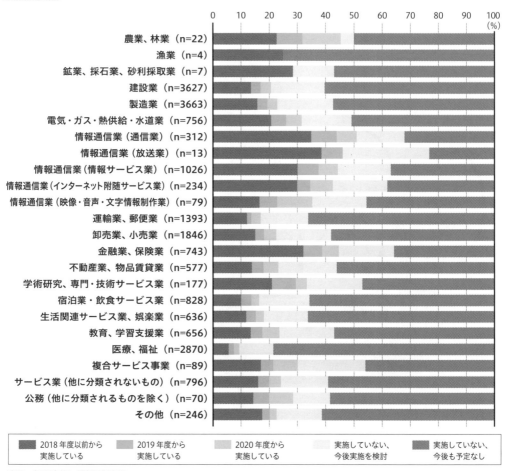

図表1-2-6 デジタルトランスフォーメーションの取り組み状況（日本：業種別）

凡例:
- 2018年度以前から実施している
- 2019年度から実施している
- 2020年度から実施している
- 実施していない、今後実施を検討
- 実施していない、今後も予定なし

出典：令和3年版　情報通信白書

　コロナ禍において、新しい取り組み、新しいやり方が迫られる中、単にICTを導入するだけではなく、業務のやり方や事業そのものを抜本的に改革する取り組みに挑戦する企業が増え始めています。例えば、テレワークの必要に対応するのみならず、より生産性を上げるためのコワーキングシステムを開発導入したり、リモート営業をサポートするシステムを体制化したり、顧客のIT業務をリモートでサポートする仕組みを構築したりすることが進んでいます。いずれも、迫られたリモートに受動的に対応するのみならず、現場力を落とさないためにもより踏み込んで積極的にデジタルに変える取り組みといえます。

　Society 5.0の実現に向けて、社会のデジタル化、そしてDX推進を支えるキーテクノロジーが、IoT、AI、ビッグデータ、ロボット、ワイヤレスです。コロナ禍によって「ニューノーマル」が迫られる中で、モバイル/ワイヤレスが社会インフラの受け皿にもなってきており、あらためてその重要性が高まってきています。

　第2章で、Society 5.0に向けたDXとデータ主導型経営の基盤を成しているモバイル/ワイヤレスの最新動向と新たな役割を見ていきます。

2

プライベートワイヤレス
ネットワークの役割

本章では、ワイヤレス新時代を迎える中で注目されている「プライベートワイヤレスネットワーク」の役割について述べます。第1節では、ワイヤレス新時代の特徴を述べ、ワイヤレスによる社会と産業の変革について説明します。第2節では、プライベートネットワークの意義と役割について解説します。第3節では、プライベートワイヤレスネットワークを牽引してきたWi-Fiの利用動向について述べます。

2-1 ワイヤレス新時代の到来

ワイヤレス新時代が到来しています。それは、これまでの人と人のコミュニケーション中心からモノとモノのコミュニケーションが主軸となる時代が始まったということです。そして、求められるネットワークが多種多様になっていき、その中でワイヤレスネットワークが中心を占めるようになり社会と産業の新たな基盤になっていくということです。

1 ワイヤレス新時代の到来

今やスマートフォンと携帯電話のない生活は考えられません。コロナ禍においてもその利用価値はますます高まっています。

日本のインターネットと携帯電話・PHSの普及は、1995年に重なるようにして始まりました。これによって、ケーブルにつながれていた固定電話や公衆電話を中心とした通信が有線からワイヤレスへ一気に進み、1人ひとりが携帯電話やパソコンを所有するパーソナル化の時代になりました。

そして、インターネットが固定ブロードバンドの普及とともに生活・ビジネスに浸透していくのと軌を一にして、スマートフォンやノートパソコンが快適にインターネットにつながり、SNS、画像、動画を楽しむことのできるワイヤレスブロードバンド化が一気に広がりました。

さらに、スマートフォン/タブレット、LTE、Wi-Fiが広くいきわたる中で、生活もビジネスも、社会そのものもすっかり変わりました。スマートフォン1台あれば、誰とも即座につながり、必要なものは手に入り、仕事も片づき、公共サービスですら利用することができるという、以前は考えられなかった便利な時代になりました。

わずか20年余りで、とても大きな変化が起きたわけですが、さらに劇的な変化がこれから起きようとしています。

それは、「人と人」のコミュニケーションに加え、「人とモノ」「モノとモノ」のコミュニケーションが加わった新しいワイヤレスの時代の本格的な到来ということです。

単に全てのモノがネットワークにつながるIoTが本格化するというだけに留まらず、あらゆる産業分野・社会分野にワイヤレスが深く浸透し、AI、ビッグデータ、ロボットとあいまってビジネス形態と社会生活をさらに大きく変えてしまおうとしているということです。

その時起きることは、単にワイヤレスを使って便利になるというだけではなく、個人、企業、自治体などにおいて、それぞれの要望に即した今までにないプライベートワイヤレスネットワークがそれぞれに提供され、当たり前のように利用できるようになるということです。ワイヤレス技術とネットワーク技術、そしてAIによって、自分たちのニーズを実現するのに最も適したネットワークを構築でき、自分たちに合ったサービスにカスタマイズができるようになるということなのです。

　端末のパーソナル化が実現されたと同様に、今度はワイヤレスネットワークのパーソナル化が実現されるのです。それが、プライベートワイヤレスネットワークであり、ワイヤレス新時代の大きな特徴です。

　5G、Wi-Fi、LPWA、ローカル5Gをはじめとする多様なワイヤレスシステムの出現によって、人と企業が自分の用途に即したワイヤレスネットワークを構築でき、自由に使える時代が到来しようとしているのです。それは新しい社会インフラの登場です。

　コロナ禍にあって、社会公共分野、産業分野での構造改革が進んでおり、その実行のためにもワイヤレスはなくてはならない基盤になってきています。IoT、自動運転、ドローン、スマートシティ、スマートハウス、リモートワーク…、これらは全てワイヤレスでつながることが大前提であり、この押し寄せてくる潮流はいずれもそれに特化した新しい形のプライベートワイヤレスネットワークの創出が前提になっているのです。そう見てくると、5G、ローカル5G、Wi-Fi 6、802.11ah、LPWAなどの新しいワイヤレスシステムが、Society 5.0に向かう社会のデジタル化、DX（デジタルトランスフォーメーション）を牽引し、推進していく先導役を果たし始めているともいえます。

　社会のデジタル化をリードし、日本のDXを推進する、ワイヤレスの新たな展開を見ていきます。

2　あらゆるものがネットワークにつながる

　2020年3月から、5Gサービスが始まりました。ローカル5Gという新しいワイヤレスシステムも、2019年12月からスタートしています。Wi-Fiでは、2019年から登場した最新規格のWi-Fi 6がいよいよこれから普及しようとしています。IoT向けのSigfox、LoRaなどLPWAサービスは普及期を迎えています。さらに、IoT向けでありながら従来のLPWAより高速で、従来のWi-Fiよりエリアも広い802.11ahサービスが、2021年に始まろうとしています。2024年には802.11beというWi-Fiの超高速規格が策定されようとしています（図表2-1-1）。

モバイル/ワイヤレスサービスの分布とカバー領域

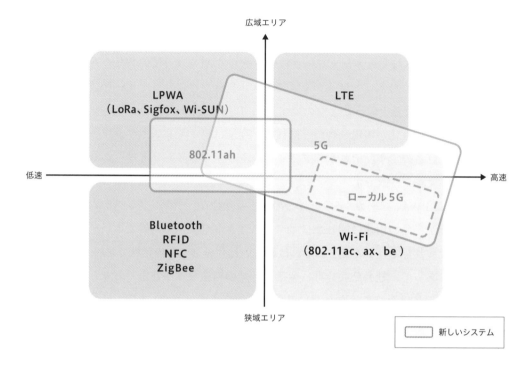

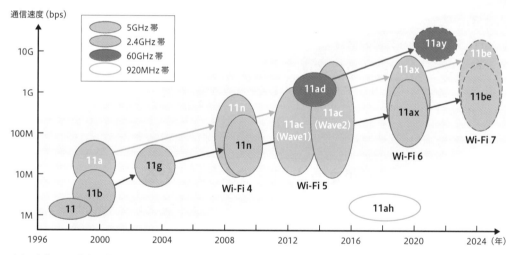

出典：無線 LAN ビジネス推進連絡会の資料を元に作成

　様々なモバイル/ワイヤレスサービスが相次いで登場し、まさに新しいワイヤレスの時代が幕を開けようとしています。

　ここで、起きている最も本質的なことは、これまでの人と人のコミュニケーションが中心だった時代から、モノとモノ、モノと人のコミュニケーションが中心となる時代へ移行し、それが本格的に始まろうとしているということです。

これは、人の数を遥かに上回る天文学的な数のモノがネットワークにつながり、膨大な量と質において、モノとモノ、モノと人のコミュニケーションが爆発的に発展していくことを意味しています。モノとモノ、モノと人のコミュニケーションが、人と人のコミュニケーションも包含しながら巨大なスケールで発展していく、まさにIoT、ビッグデータ時代の開始であり、日常生活はもとよりあらゆる産業分野にも大きな影響を及ぼし、社会とビジネスを根本から変えていくことなのです。

　これまでは通信とかワイヤレスとはおよそ関係のなかった膨大な数のモノが、ネットワークにつながることにより、新しいことが始まるのです。そのIoTが本格化すれば日本だけでも十億を超える数量の端末・デバイスがワイヤレスでネットワークにつながります（図表2-1-2）。身体に装着して心拍数や体温を測定するセンサ、様々な画像を送るIPカメラ、工場のあらゆる機械、店舗にある多種多様な端末、学校やキャンパスにある様々なデバイス、農場や山野にある多様な端末とセンサなどが、それぞれの要求する伝送速度、品質、頻度でネットワークにつながるようになります。膨大なデータが飛び交い、それがまた新たな情報を運び、現実世界を動かしていくことになります。サイバーフィジカルシステムの世界が実現され、宇宙が膨張しているのと同じように現実世界とサイバー世界が拡張していき、より豊かな現実世界を一体的に生み出していくのです。

図表2-1-2 IoTデバイスの膨大な数

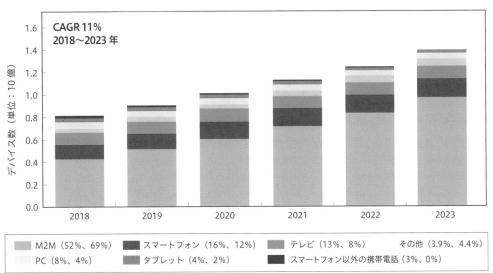

日本におけるデバイス数／接続数の増加（タイプ別）

2023年までにM2M*が全接続数の約70％を占めることになる

カッコ内の数値は、それぞれ2018年と2023年のデバイスのシェアを示す
＊M2MはIoTデバイスのことを指す
出典：Cisco Annual Internet Report（2018～2023年）

あらゆるモノが互いにつながるということは、ワイヤレスネットワークが膨大なスケールで必要になり、数限りなく求められていくということです。あらゆるモノをつなぐものとしてのワイヤレスは、スピード、頻度、容量が、限りなく多様なものになると予想されます。

　単一のワイヤレスネットワークで、全てのIoT需要、モノとモノ、モノと人のコミュニケーションを満足させることはもともと不可能ですから、どうしても多種多様な、それぞれ独自性をもったワイヤレスネットワークが必要になります。

図表 2-1-3 LPWA サービスの分布

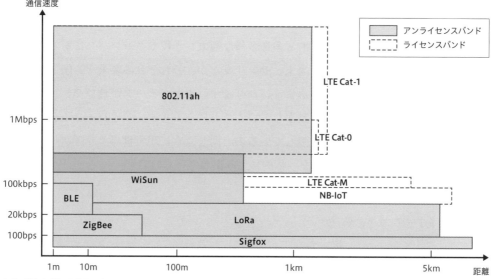

出典：総務省「第4次産業革命における産業構造分析とIoT・AI等の進展に係る現状及び課題に関する調査研究」を元に作成

　図表2-1-1に示すように、ワイヤレスネットワークは、高速伝送が求められるもの、高速移動が求められるもの、長距離伝送が求められるもの、低遅延が求められるもの、常時接続が求められるもの、低消費電力が求められるものなど様々です。高速大容量の5Gから、わずかなデータ量のLPWAまで、多種多様になり、スピードも多種多様になるということです。また、図表2-1-3が示すようにIoT向けのサービスも多種多様に広がっています。

　5G/ ローカル5Gは「超高速」「超低遅延・高信頼」「多数同時接続」という3つの新しい特徴をもっていることで知られています。超高速は、これまでとは桁違いの大容量の情報伝送を可能とします。

　それ以上に新規性が高いのが、超低遅延・高信頼、多数同時接続です。これらは、明らかに人と人をつなぐ時ではなく、モノとモノ、人とモノをつなぐ時に、その威力を発揮するものです。

　超低遅延・高信頼とは、ネットワークの遅れが4Gの10分の1となる1msecと小さいこ

とで、通信時の遅延が大幅に短縮され、利用者がタイムラグを意識することなく、リアルタイムに情報を送受信できるようになることです。

多数同時接続とは、文字通り多数の機器が同時に接続可能となることで、4Gの場合1km²当たり10万台ですが、5G/ローカル5Gではその10倍の100万台になります。

これらは、まさしく様々なモノ、ありとあらゆるモノがワイヤレスでネットワークにつながることを想定したものであり、5G/ローカル5Gはそれを実現できるネットワークとなります。これまではネットワークに接続するのが難しかったモノ、接続しても効果を上げられなかったモノが、5Gの特徴によって新しい役割を与えられ、巨大なデータを生み出すのです。ミッションクリティカルな医療器械、建設機械、自動運転車、工場の機械などをはじめ巨大な数のセンサとデバイスがつながり効果を発揮することになります。

そして、さらに広い膨大な領域を、他のIoT向けのLPWAサービスが受けもつことになります。それが、Sigfoxであり、LoRaWANであり[*1]、今誕生しようしているWi-Fiの新規格802.11ahです（図表2-1-3）。これらにより、ありとあらゆるモノをワイヤレスでつなぐことができるようになります。

単一のワイヤレスシステムで全ての需要をみたすことはできません。キャリアグレードで広域のIoTネットワークを構築したい場合は5G/ローカル5Gを選択し、各オーナが自分の目的に合致したIoTネットワークを自由に構築したい時には、LoRaやSigfox、802.11ahを選択することになります。

こうして、膨大な量のモノに対して、それぞれに適切なワイヤレスネットワークがふんだんに提供される世界が始まることになります。

3 あらゆる産業に浸透するワイヤレス

ありとあらゆるモノがネットワークにつながることは、あらゆる産業分野・社会分野にIoTが浸透するということでもあります。

様々なものがインターネットにつながりデータをやり取りするInternet of Things（IoT）の考え方は以前からありましたが、最近になってIoTが社会的にも注目され、またAIと連携するなど高度化が進むことで様々な産業分野で導入が広がっています。その背景にはIoTをめぐる技術の革新とその利用環境が整備されてきたこと、そしてIoT活用によりこれまでになかった新しい価値の創出が可能になるという認識が広がっていることが挙げられます。

技術の革新によって、今までできなかった大量のデータ分析や、産業分野・業界をまたがった相関関係の抽出が可能になり、それをビジネスの革新に結びつけようとする動きが

---

*1　**Sigfox、LoRaWAN**：いずれもLPWA（Low Power Wide Area）の一方式で、低消費電力で広域をカバーする通信方式。

産業界で一斉に起き始めています。

　IoTは従来のビジネスモデルを変え、産業構造の変革に結びつく可能性が大きく、産業界の構造改革、新しい産業分野の創出に結びつくと期待されています（図表2-1-4）。

図表2-1-4 IoTが活用される産業・社会分野

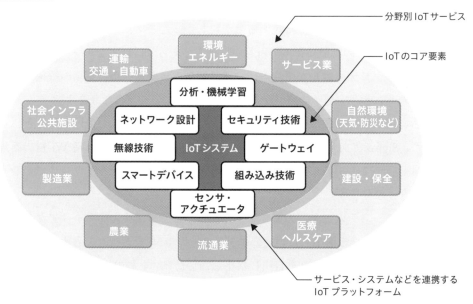

出典：「ワイヤレスIoTプランナーテキスト（基礎編）」（MCPC監修）

　IoTは、モノをインターネットにつなぎ、データの収集・分析・活用によってモノや環境の状態を測定し、人間では見落とすような詳細な分析や、人間では捉えられないような変化・異常を検知、発見することができます。また、AIの活用によって将来の予測まで行うことができます。

　データを重視し経営に生かすことをデータドリブン経営、それが社会を主導していることをデータ駆動型社会といいます。業務効率化、生産性向上、サービスの付加価値向上にデジタル化は不可避です。ワイヤレスによるIoTは、単にモノのインターネットに終わることなく、産業革新につながっていくのです。

　ワイヤレス新時代は、ありとあらゆるモノをワイヤレスでつなぐIoTという基盤を通してあらゆる産業にワイヤレスが浸透し、企業のデジタル化と革新を実現する時代でもあるのです。

　そして、ワイヤレスは単なるコミュニケーションのツールから、社会のデータ循環を支え、機械の制御、システムのコントロールを回していく社会インフラの基盤になるということです。そうした社会インフラとしてのワイヤレスシステムが、人の健康管理、自動運転、安心、見守り、教育、遠隔手術、工場の操作など、様々なシーンで人と社会と日常を

支えていくことになるのです。

　あらゆるものがネットワークにつながり、あらゆる産業にワイヤレスが浸透し、1つの社会インフラとして機能するということの核心は、それぞれが最適のネットワークにつながるようになるということです。企業と人が自由にワイヤレスを使える時代となり、新たなワイヤレス市場を創出することになります。

　この時に重要なことは、限られたプレーヤではなく多様なプレーヤがワイヤレスを自由自在に活用してビジネス環境を作るということです。

　多くの人々の生活の中には、既に様々な形でワイヤレスが空気のような存在になっており、ワイヤレスの恩恵を多く受けています。Wi-Fiは誰もが自由に使える電波ですが、もっと多くの種類の電波が様々なところで、多様な形態で使える環境が整えば、ワイヤレスの市場はさらに拡大すると見込まれます。

　特定の人だけでなく、さらに多くの人たちが自由にワイヤレスを使うようになれば、今までにない端末・デバイスが生まれ、もっと便利なサービスが登場することが予想されます。

2-2 プライベート（自営）ネットワークの役割

ワイヤレス新時代においては、公衆モバイルネットワークとともにプライベート（自営）ワイヤレスネットワークが重要な役割を果たすことになります。その役割について見ていきます。

1 公衆ネットワークとプライベートネットワーク

現在、移動のために使う乗り物には、鉄道（新幹線、地下鉄他）バス、飛行機、客船などの「不特定多数の人々が利用する公共交通手段」と、個人の自家用車（マイカー）、企業団体などが所有する社有車、バイク、自転車など「自分のための交通手段」があります。

公共交通手段は社会インフラとして大きな存在ですが、全ての移動需要をカバーしているわけではありません。公共交通手段あるいは個人の交通手段のどちらか一方があればよいわけではなく、両方が必要で互いに補完し合うことで社会と人々の生活が成り立っています。また、地域の高齢化・人口減少の中で、既存の公共交通手段だけでは地域の移動需要の変化をみたすことができなくなり、コミュニティバスやカーシェアリングなどの新しい交通手段も生まれてきています。

通信ネットワークの世界でも、同様のことがいえるでしょう。

公衆ネットワークは通信事業者が保有するネットワークであり、社会インフラとして、全ての人々に対して通信サービスが提供されます。固定電話ネットワークは生活に必須のユニバーサルサービスの位置をもっており、公平で一律なサービスです。

これに対して、企業が保有するビル内や大学のキャンパスなどでは、その企業のみ、その大学のみが利用するネットワークが構築されます。それは、「私設ネットワーク」や「専用ネットワーク」「自営ネットワーク」と呼ばれます。

1980年ごろから企業ネットワークと呼ばれる私設ネットワークの構築が増え始めました。当初は頻繁に電話する本社、支店間に専用回線を引いて電話料金を下げることが目的でしたが、デジタル専用線が開始されると、デジタルPBX[*2]による私設ネットワークを構築するのと同時に、コンピュータ間の通信に専用線が利用されるようになりました。音声データの統合網として自営ネットワークが企業に広がっていきました。

---

*2　**PBX :** Private Branch eXchange、構内交換機。

そして、1990年代になってIPネットワークが登場すると、企業内にLANが浸透していきました。企業の事業所単位のLANを接続し、広域をカバーする私設ネットワークを仮想的に構築するVPN[*3]サービスが提供されるようになりました。仮想私設ネットワークはバーチャルプライベートネットワークと呼ばれますが、それを行うために広域イーサネット、IP-VPN、インターネットVPNなどのサービスが登場しました。この間に、企業の有線LANは無線LANに置き換わっていきました。

2010年になると、仮想LANの技術やサーバ仮想化技術が開発され、SDN[*4]技術が登場し、ネットワークの仮想化が進み、企業内、大学内でも、幾つもの私設ネットワークを構築できるようになりました。それぞれ、外部の侵入・干渉からセキュリティが守られ、専用の使い勝手の良いプライベートネットワークが構築され、安全で高速なネットワークが使えるようになりました。

このようにプライベートネットワークは公衆ネットワークに対して独自のポジションをもつ、なくてはならない必須不可欠の存在といえるのです。

ワイヤレスの世界でも、同様のことがいえます。

厳正な審査のもとに独占的に割り当てられた電波を使い、不特定多数の利用者に対して一律に公衆通信サービスを提供する移動通信事業者による「公衆モバイルネットワーク」の世界と、Wi-Fiに代表されるように、アンライセンスの電波を使い、企業のオフィスや自宅、オーナが所有する構内をワイヤレス化する「自営ワイヤレスネットワーク」の世界が存在しています。

ワイヤレスの世界でも、公衆モバイルネットワークと、自営ワイヤレスプライベートネットワークとは、どちらか一方で全ての需要がみたされるわけではなく、相互補完によって成り立っているのです。

2 プライベートワイヤレスネットワークの重要性

「プライベートワイヤレスネットワーク」の重要性は、今後ますます高まっていくと見込まれています。Wi-Fi、ローカル5G、802.11ahをはじめとするLPWAなど、公衆ネットワークではカバーできない領域を支えているプライベートネットワークは、新たな分野も含めてさらに広く深く浸透、拡大していくでしょう。

(1) 家庭、オフィスの有線LANのワイヤレス化

企業や家庭のワイヤレス化はかなり進んでいますが、まだ有線のままのネットワークが

[*3]　**VPN :** Virtual Private Network。インターネット上に仮想的に専用回線を設定する技術のこと。

[*4]　**SDN :** Software Defined Network。ソフトウェアによって仮想的なネットワーク環境を構築する技術のこと。

たくさん存在します。コロナ禍のテレワークによって、家庭やサテライトオフィスのワイヤレス化は加速されています。オフィスの在り方の見直しが進んでいますが、今後ますます分散化、固定席廃止などによるワイヤレス化は増えていきます。業務の効率化・合理化のためにIoT、AI、クラウドの活用とあいまって、ワイヤレスは必須となっていくでしょう。

　中小企業においても、効率化・働き方改革によるノートパソコン導入とWi-Fi需要の増加、工場・倉庫でのWi-Fi需要増、大学でのオンライン授業、キャンパスのコロナ対応でますますワイヤレス化が進むでしょう。

(2) 社会構造が集中型から分散型へ変化

　コロナ禍で大きく生活様式が変化し、首都圏・大都市への一極集中から地方分散、勤務場所の変動、地域への移動・分散が進みつつあります。これに合わせて、今までのキャリア提供のネットワークに加えて、自治体・学校・地域団体・企業が独自に構築するプライベートなワイヤレスネットワークが増えていく動きが広がっています。

(3) 全産業でのワイヤレス化の進展

　製造業・自動車産業・物流業・小売業・医療福祉・保険業・情報サービス業・旅行業・農林水産業・教育・自治体・地域など、あらゆる産業分野で、IoT、AI、ビッグデータの活用が広がろうとしています。

　その動きは、ワイヤレス化、プライベートネットワーク化の潮流といってよいでしょう。ワイヤレスIoTという言葉がありますが、ワイヤレスでないIoTは実際にはほとんど存在しません。そして、企業・地域にはその個別特性にふさわしいIoTシステムが必要であり、それぞれのワイヤレスプライベートネットワークとして構築されることで効果が上がっていくことでしょう。

(4) 地域のセーフティネットとしての役割

　阪神淡路大震災、東日本大震災をはじめ、2019年（令和元年）の台風19号のような自然災害によって携帯電話が広域にわたって不通になることがあります。そうした中で、分散型ネットワークがセーフティネットになります。地域で自治体や公共機関、商店街などでWi-Fiの導入が進んでいます。そして、災害時に発動される「00000JAPAN[*5]」の役割もますます大きくなると思われます。

---

*5　**00000JAPAN（ファイブゼロジャパン）:** 災害時統一SSIDを利用した公衆無線LANサービス。災害時、被災者などがインターネットに接続できるよう、通信事業者などが公衆無線LANのアクセスポイントを無料で開放する。

2-3 Wi-Fiの役割と意義

プライベートワイヤレスネットワークの分野をリードしてきたのはWi-Fiです。Wi-Fi
の普及の歴史と現状、今後の展望について最新データをもとに見ていきます。

1 Wi-Fiの普及と発展

「プライベートワイヤレスネットワーク」を牽引してきたのが、Wi-Fiです。Wi-Fiは携帯電話と違い、免許不要のワイヤレスシステムです。プライベートネットワークということで独自の位置を保持し、公衆移動通信事業ではカバーできない領域を補完し、発展してきました。

Wi-Fiは、移動通信事業者とは全く違うビジネスモデルで、インターネットと同じように自社に合うシステムを自由に構築できたので草の根的に使われ、携帯電話の全国一律のモバイルサービスではできないところを埋めてきました。

Wi-Fiの普及は、日本では次のようなプロセスを辿りました。

1990年代、企業内通信ネットワークで有線ケーブルに代わり、Wi-Fiによるワイヤレス化が進みました。コストがかかり面倒な配線ケーブルが不要になり、企業内LANが一気に広がりました。

次いで、2000年から公衆無線LANサービスが登場、携帯電話ではできない高速インターネット接続が提供できるようになりました。インターネットの普及が高速Wi-Fiサービスで加速したのです。

2009年、スマートフォンの登場で、インターネットトラフィックが一気に拡大し、携帯電話ネットワークでは処理しきれないため、トラフィックオフロードのルートとして公衆Wi-Fiは爆発的に普及しました。

同時に、宅内では光回線の端末側インタフェースとしてWi-Fiが浸透しました。高速ブロードバンドの受け口として、ホームネットワークの光回線化を促進する役割を果たしました。

トラフィックオフロードが一段落すると、空港や店舗（セブンスポットなど）のように、集客、売上アップのためのアプリを提供するエリアオーナWi-Fiが様々な店舗・エリアに浸透し、街角に設置されるようになりました。

2000年代に入るとインバウンドの中で観光需要のためのWi-Fiスポットサービス、さら

に地方創生のために全国でWi-Fiの普及が加速しました。

　また、2010年代には地震・豪雨など災害が頻発する中で、Wi-Fiを無料で開放する「00000JAPAN」の取り組みが始まり、社会インフラとしての位置を確立してきました。

　そして、2010年代後半からあらゆるモノがインターネットにつながるIoTの普及が始まりました。IoTを簡易に実現するWi-Fiの新用途が広がり、さらにIoTに特化した802.11ahが登場しようとしています。また、超高速の5Gサービスの登場と軌を一にして超高速のWi-Fi 6が登場し企業系でも公衆サービス系でもWi-Fiの新時代を招来しようとしています。

2 データで見るWi-Fiの市場規模

　Wi-Fiは様々な分野で利用が拡大し、市場規模がますます大きくなっています。ここでは、Wi-Fiの現状と今後の展望を各種データから見ていきます。

(1) モバイルとWi-Fiのデータ通信量の比較

　米国におけるWi-Fiのトラフィックは、既に、モバイルのデータ量を超えています。図表2-3-1は、米国のモバイル4社の、モバイルとWi-Fiのトラフィック量を比較したデータです。

図表2-3-1　米国のモバイル4社の月間平均データ使用量

	AT＆T		スプリント		Tモバイル		ベライゾン	
モバイル	1	2870	1	3890	1	5101	1	3919
Wi-Fi	4	11662	3.5	13706	2.6	13135	3.3	12762

※米国のモバイル4社の月間平均データ使用量を、AndroidユーザにおいてモバイルとWi-Fiで比較したもの。2018年第三四半期。単位MB。色文字はモバイルを1にした場合のWi-Fiの比率。
出典：Fierce Wireless 2018/10/15

　日本では、正確なデータがありませんが、米国と同様、Wi-Fiが遥かにモバイルのデータ量を超えていると見られています。移動通信事業各社の月々20GBまでのサービスが始まっていますが、在宅でオンライン会議やオンライン飲み会を行いYouTubeやNetflixなどを観たら、ほとんどの人の1か月のデータ通信量は20GBを超えてしまうでしょう。家や会社、屋外のWi-Fiスポットを併用して初めて20GB以内でやっていけるということになるでしょう。

(2) Wi-Fiの市場規模

　Wi-Fi市場は、2018年には接続デバイス数が世界で183億台、Wi-Fiホットスポットが

1.69億か所でしたが、2023年には接続デバイス数が293億台、Wi-Fiホットスポットが6.28億か所になると予想されています（「Cisco Annual Internet Report（2020年2月）」）。

　また、Wi-Fi 6対応ホットスポットは2020〜2023年で13倍増加し、公共のWi-Fiホットスポット全体の11％を占めると予想されています。

　Wi-Fi Allianceは、Wi-Fiがもたらす世界的な経済価値について、2021年で3兆3000億ドル、2025年には4兆9000億ドルに成長すると予測しています（図表2-3-2）。

図表2-3-2　Wi-Fiの経済的価値

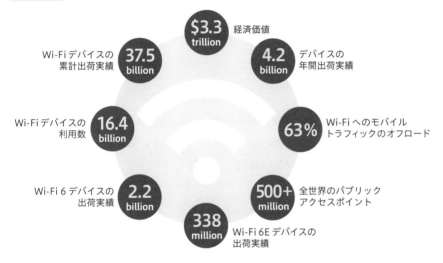

出典：Wi-Fi Alliance「Wi-Fi®の世界的経済価値2021–2025年（2021年2月）」

3 Wi-Fiの浸透、評価

　プライベートワイヤレスネットワークとして普及してきたWi-Fiですが、日本におけるコロナ禍におけるWi-Fiの利用状況について、最新の調査データ「Wi-Fi利用動向消費者調査」（Wi-Fi市場研究会）を紹介します。ブロードバンド利用の最もポピュラーなツールとして浸透していることがデータで示されています。
※調査は、2021年3月にWi-Fiを使用している全国7000名を対象に実施したものです。

(1) Wi-Fiの使用頻度

　Wi-Fiの使用頻度について、「毎日」使用しているが回答者全体の79％となっています。
　「週3〜5回」の2％を大きく引き離しています。Wi-Fiを使える環境にあれば、ほぼ毎日使用している状況にあるといえます（図表2-3-3）。

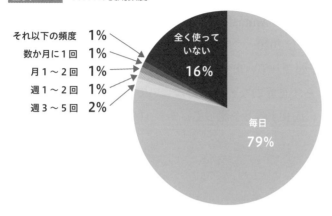

図表 2-3-3　Wi-Fiの使用頻度

それ以下の頻度　1%
数か月に1回　1%
月1〜2回　1%
週1〜2回　1%
週3〜5回　2%

全く使っていない　16%

毎日　79%

(2) Wi-Fiの接続（使用）時間

　1日当たりの接続時間は、最も長い「12時間以上」が10%、「6〜12時間未満」も16%で、回答者全体の1/4は半日以上にわたってWi-Fiへ接続しています。最も割合が高かったのは、「3〜6時間」で27%です。約半数は3時間以上、使用していることになります（図表2-3-4）。

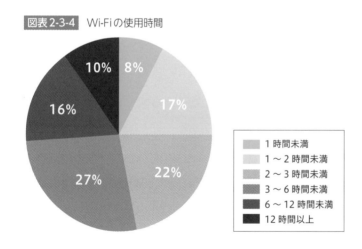

図表 2-3-4　Wi-Fiの使用時間

- 1 時間未満
- 1〜2 時間未満
- 2〜3 時間未満
- 3〜6 時間未満
- 6〜12 時間未満
- 12 時間以上

(3) 年代別接続時間

　若い年代ほど1日当たりのWi-Fi接続時間は長めです。20代以下では6時間以上が約38%を占め、30代も約30%に達しています。他方、40代では約20%、50代では約23%、60代でも20%を超えています（図表2-3-5）。

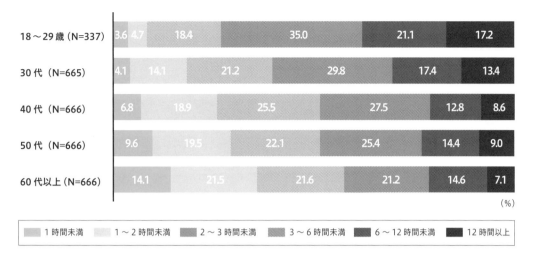

図表 2-3-5　年代別接続時間

	1時間未満	1～2時間未満	2～3時間未満	3～6時間未満	6～12時間未満	12時間以上
18～29歳（N=337）	3.6	4.7	18.4	35.0	21.1	17.2
30代（N=665）	4.1	14.1	21.2	29.8	17.4	13.4
40代（N=666）	6.8	18.9	25.5	27.5	12.8	8.6
50代（N=666）	9.6	19.5	22.1	25.4	14.4	9.0
60代以上（N=666）	14.1	21.5	21.6	21.2	14.6	7.1

(%)

(4) モバイルとWi-Fiの利用時間

　Wi-Fiを使用しモバイル（LTE）端末も使用している場合、過半数に当たる65%が「Wi-Fi
の接続時間の方が長い」と答えています（図表2-3-6）。「モバイル（LTE）回線が長い」は
8%に止まりました。「同じくらい」の回答は9%でした。

図表 2-3-6　モバイルとWi-Fiの利用時間

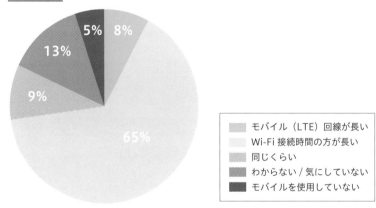

■	モバイル（LTE）回線が長い
■	Wi-Fi接続時間の方が長い
■	同じくらい
■	わからない / 気にしていない
■	モバイルを使用していない

(5) Wi-Fiの使用頻度

　全体の8割を占める「毎日使っている」層で見ると（図表2-3-7）、3時間以上の割合が半
数を超え、6時間以上でも30%弱を占めることがわかります。多くのユーザは毎日Wi-Fi
を使用していて、生活時間の多くでWi-Fiに接続していることになります。他方、毎日は

使用していない層では、2時間未満がいずれも過半数を占めています。

図表2-3-7　Wi-Fiの1日当たりの接続時間

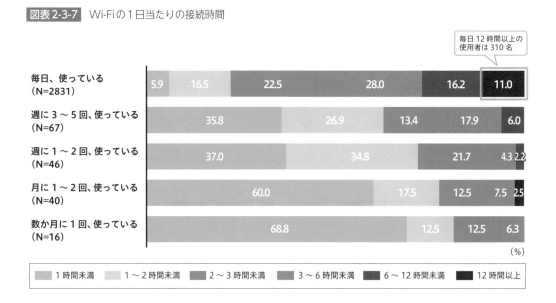

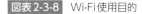

(6) Wi-Fi接続の理由

　Wi-Fiの利用目的については、「ホームページ・アプリ・メール」での利用が89.4％で首位、次いで「ネット動画の視聴」が67.1％に達しました（図表2-3-8）。コロナ禍の影響でテレワークが増え、オンライン会議も19.4％に達しました。Wi-Fi搭載端末間での「ファイル転送」といった用途でも14.8％見られました。

図表2-3-8　Wi-Fi使用目的

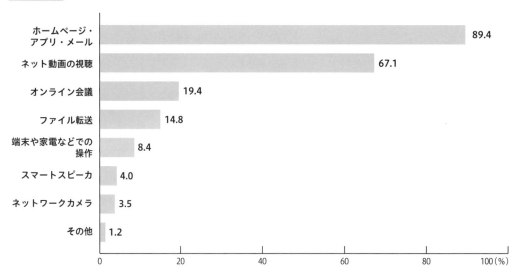

(7) 接続端末

　Wi-Fiに接続している端末は、プリンタやデジカメなどコンピュータの周辺機器などでのWi-Fi対応が進んでいましたが、最近ではテレビやレコーダ、エアコン、オーブンレンジといった家電製品にも広がりを見せています。コロナ禍による在宅機会の増加も追い風となり、「対応端末や家電などでの操作」が1割弱見られました。

図表2-3-9 接続端末

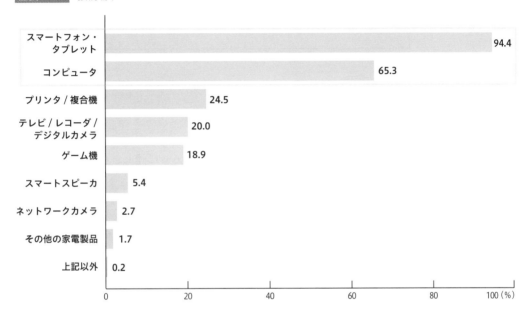

(8) Wi-Fi利用の理由

　Wi-Fiを利用する理由はモバイル料金を抑えることです（図表2-3-10）。また、モバイル（LTE）回線より速度が速く、安定していることも上位にあります。

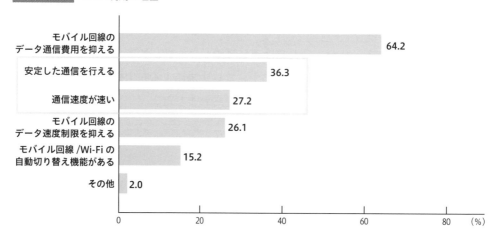

(9) Wi-Fiの接続場所

　Wi-Fiの使用場所（図表2-3-11）は、「自宅」での使用が95.6％に達し、勤務地（就業地）の24.0％を大きく上回っています。光回線やCATV回線などの普及により、自宅でのブロードバンド環境が浸透、さらにコロナ禍による在宅時間が長くなったことが背景にあると見られます。外出先での使用状況を見ると、「商業施設」が17.4％、「公共施設」が10.9％で、これ以外は10％未満となりました。コロナ禍で外出が控えられていることが大きく影響したと見られます。

図表2-3-11　Wi-Fiの接続場所

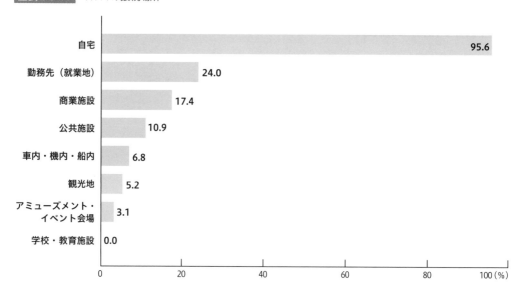

Chapter

3

Wi-Fi 6が開く
ワイヤレスの新世界

本章では802.11axの技術的な特徴に焦点を当てて解説します。第1節ではWi-Fi 6の概要を、第2節ではWi-Fi 6の新技術を解説します。第3節ではWi-Fi 6が利用される分野を説明します。第4節では、Wi-Fi 6の6GHz帯への拡張であるWi-Fi 6Eについて説明します。第5節では今後予定されている新規格について説明します。

3-1 Wi-Fi 6 の概要

無線LANは1999年に802.11aと802.11b、2003年に802.11g、2009年に802.11n、2013年に802.11ac、そして2018年には802.11ax（ドラフト3.0版）が定められました。約5年ごとに規格が更新され、802.11acに至るまでは、スループット向上に焦点を当てて策定されてきました。これまでWi-Fiは、常に同時代のモバイルより高速のスループットを実現してきました（本章では、他のWi-Fi規格との比較のため、Wi-Fi 6を802.11axと表記します）。

図表3-1-1 IEEE 802.11の進化

	ax	ac	n	g	b	a
規格	IEEE 802.11ax (11ax)	IEEE 802.11ac (11ac)	IEEE 802.11n (11n)	IEEE 802.11g (11g)	IEEE 802.11b (11b)	IEEE 802.11a (11a)
速度	9.6Gbps (9608Mbps)	6.9Gbps (6934Mbps)	600Mbps	54Mbps	11Mbps	54Mbps
周波数帯	2.4GHz帯 5GHz帯	5GHz帯	2.4GHz帯 5GHz帯	2.4GHz帯	2.4GHz帯	5GHz帯
特長	UL(uplink)- MU-MIMO 対応 OFDMA 1024QAM	DL(downlink)- MU-MIMO対応機器を活用することで高密度環境に最適になる	対応端末が多い	障害物に強い ホットスポットなど2.4GHz帯を使った無線LANが多く干渉が多い	障害物に弱い	

　802.11axは、デバイス1台あたりの平均スループットが4倍になることを目標に規格が作られており、「高効率（High Efficiency）無線LAN」と呼ばれています。ピーク時のスループットの向上だけを目的とした従来の規格とは異なり、802.11axはより高い効率性によって高密度環境でのスループット改善に焦点を当てており、802.11acの技術をさらに強化しています。

　802.11acでは6.9Gbpsと規格上ギガビットの壁を破ることができましたが、利用可能なチャネル数、アクセスポイントに接続するデバイス数、通信容量に限界があるため、規格通りのスループットを出すのが難しいことを多くの人が感じています。これは主に、想定以上にWi-Fiが使われた証でもあり、増加し続ける需要に追いつくことができなかったためです。

802.11axは、急激に増加するデータ通信量に対応するためWi-Fiの動作を再検討し、直交周波数分割多重アクセス（OFDMA）技術を実装することで、混雑による問題の解決を目的としています。OFDMAでは、複数のデバイスが交代でWi-Fiチャネルを利用するのではなく、同時にWi-Fiチャネルを共有することができます。その結果、ネットワーク内で利用可能な帯域をより効率的に利用することが可能となりました。

　また、2.4GHz帯にも適用されており、IoTを意識したTarget Wake Time（TWT）や20MHz-Onlyなどの省電力機能も採用されていますので、5GHz帯よりも優れた伝搬特性をもつとともに、これまで電波の混信により使いにくいと考えられてきた2.4GHz帯が、あらためてIoT市場で利用されることを期待されています。

　全体として802.11axは、スループットの向上、オーバーヘッドの削減、遅延の低減、高密度環境での効率性の向上、屋外ネットワークの信頼性の向上、電力効率の改善を実現しています。

3

3-2 Wi-Fi 6 の新技術

SECTION

本節では、Wi-Fi Alliance によって採用された 802.11ax の主要機能を従来規格と比較して説明し、「高効率無線LAN」といわれる仕組みを解説します。

Wi-Fiの規格はまずIEEEで決められますが、その後Wi-Fi Allianceによって、規格に採用されるものとオプションになるものが選択されます。802.11ax規格には50以上の機能がありますが、全てがWi-Fi Allianceによって採用されるわけではありません。

Wi-Fi 6の認定では、802.11acと同様に、802.11axの策定完了を待たずに一定の技術要件が確定したドラフトに準拠した製品が販売開始されたことから、Wave1とWave2の認定に分かれる予定です。

図表3-2-1は802.11axの主な機能と必須機能を示しています。

図表3-2-1 802.11ax の主な機能：必須およびオプション

アクセスポイント

必須	オプション
ダウンリンク OFDMA 送信	
アップリンク OFDMA 受信	
ダウンリンク MU-MIMO 送信（4xSSの場合）	アップリンク MU-MIMO 送信（4xSSの場合）
ビームフォーミング送信（4xSSの場合）	
SU-MIMO 送受信（最大2xSS）	SU-MIMO（3xSS）
20、40、80MHzで動作（5GHz 対応の場合）	160MHz で動作（5GHz対応の場合）
「20MHzのみ」動作	
送受信動作モード（MCS1 ～ 7）	MCS8、9、10、11（256および1024QAM）
BSS Coloring（空間再利用）	
TWT（目標待ち時間）	

クライアント

必須	オプション
ダウンリンク OFDMA 受信	
アップリンク OFDMA 送信	
ダウンリンク MU-MIMO 受信（最大4xSS）	
ビームフォーミング受信	
SU-MIMO 送受信	
20、40、80MHzで動作	160MHz で動作

クライアント	
必須	**オプション**
BSS Coloring	
	TWT

必須機能のうち、Wave1およびWave2での認定は図表3-2-2のように分かれています。

図表3-2-2 802.11ax Wave1及びWave2の機能

Wave1	Wave2
ダウンリンク及びアップリンクOFDMA	
ダウンリンクMU-MIMO	アップリンクMU-MIMO
BSS Coloring	
TWT	

主要機能について、以下で説明します。

1 一次変調方式 1024QAM

802.11axはより高い効率性と高密度環境での問題解決に焦点を当てていますが、それと同時にスループットの向上も図られています。

データ通信では送信の際にデータであるビット列を電圧や電波の振幅などの電気信号に変換しなくてはなりませんが、この変換を一次変調と呼んでいます。無線LANでは一次変調の後に無線通信のノイズや干渉を軽減するために、さらに二次変調を行っています。スループットに直接影響する技術が一次変調方式であり、802.11axでは新たに1024QAMが追加されました。802.11acで実装された256QAMをベースに、1024QAMに拡張されています。これは1つの電波で送信できるデータが8bitから10bitに増えたことを示しています。10bit/8bit = 1.25倍となるため、伝送レートの増加率としては802.11acと比較して25%向上しています。80MHz幅、1ストリーム、ショートガードインターバル利用時のスループットとしては600.5Mbpsとなります。同条件での802.11acでは433Mbpsですので、スループットが向上していることがわかります。

図表3-2-3 16QAM、64QAM、256QAM、1024QAMの振幅と位相の組み合わせ

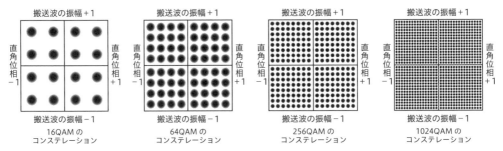

16、64、256、1024-QAM に対するコンステレーションの図

　例えば802.11a/gで通信をする場合64QAMが使われていますが、これは振幅変調と位相変調を組み合わせることによって64のコンステレーションポイントを生成しています。これに対して1024ポイントとなる1024QAMでは、非常に高密度なコンステレーションであるためにノイズの影響をより受けやすいことがわかります（図表3-2-3から16QAMと1024QAMの濃淡の違いがよくわかります）。

　図表3-2-4は802.11ax ショートガードインターバル（800ナノ秒）時の通信レートを表しています。この図表からわかる通り、802.11axでは変調方式として、BPSK、QPSK、16QAM、256QAM、1024QAMが利用されています。

図表3-2-4 802.11ax ショートガードインターバル時の通信レート

MCS	変調とレート	20MHz 1xSS	20MHz 2xSS	20MHz 4xSS	20MHz 8xSS	40MHz 1xSS	40MHz 2xSS	40MHz 4xSS	40MHz 8xSS	80MHz 1xSS	80MHz 2xSS	80MHz 4xSS	80MHz 8xSS
0	BPSK1/2	8.6	17.2	34.4	68.8	17.2	34.4	68.8	137.6	36.0	72.1	144.1	288.2
1	QPSK1/2	17.2	34.4	68.8	137.6	34.4	68.8	137.6	275.3	72.1	144.1	288.2	576.5
2	QPSK3/4	25.8	51.6	103.2	206.5	51.6	103.2	206.5	412.9	108.1	216.2	432.4	864.7
3	16-QAM1/2	34.4	68.8	137.6	275.3	68.8	137.6	275.3	550.6	144.1	288.2	576.5	1,152.9
4	16-QAM3/4	51.6	103.2	206.5	412.9	103.2	206.5	412.9	825.9	216.2	432.4	864.7	1,729.4
5	64-QAM1/2	68.8	137.6	275.3	550.6	137.6	275.3	550.6	1,101.2	288.2	576.5	1,152.9	2,305.9
6	64-QAM3/4	77.4	154.9	309.7	619.4	154.9	309.7	619.4	1,238.8	324.3	648.5	1,297.1	2,594.1
7	64-QAM5/6	86.0	172.1	344.1	688.2	172.1	344.1	688.2	1,376.5	360.3	720.6	1,441.2	2,882.4
8	236WAM3/4	103.2	206.5	412.9	825.9	206.5	412.9	825.9	1,651.8	432.4	864.7	1,729.4	3,458.8
9	256QAM5/6	114.7	229.4	458.8	917.6	229.4	458.8	917.6	1,835.3	480.4	960.8	1,921.6	3,843.1
10	1024QAM3/4	129.0	258.1	516.2	1,032.4	258.1	516.2	1,032.4	2,064.7	540.4	1,080.9	2,161.8	4,323.5
11	1024QAM5/6	143.4	286.8	573.5	1,147.1	286.8	573.5	1,147.1	2,294.1	600.5	1,201.0	2,402.0	4,803.9

　無線LANでは通信環境に応じた変調方式が選択され、それに応じて通信速度が決まる仕組み（適応変調と呼ばれる）になっており、従来の規格と同じ変調方式を採用することで、

後方互換性を実現しています。このような適応変調の仕組みはLTEや5Gでも採用されており、例えば通信距離の違いにより電波の強さが変わり、通信速度がダイナミックに変化します。

通信速度（MCS）の決定には主に以下の要因があります。

- チャネル幅：利用可能なチャネル幅は、20MHz、40MHz、80MHz、80+ 80MHz、160MHzです。チャネル幅が広ければ広いほど、より多くデータを送信することができます。

- 変調と符号化：802.11axは変調方式と符号化方式を拡張し、3/4と5/6の符号化レートで1024-QAMオプションを追加しました。従来の変調方式は引き続き利用可能で、SNRに応じて使用されます。

- ガードインターバル：ガードインターバルは、あるシンボルのマルチパスが遅れて到着し、次のシンボルと干渉するのを避けるために必要です。802.11acの800ナノ秒に加えて、1600ナノ秒と3200ナノ秒の拡張ガードインターバルが導入されています。より長いガードインターバルを設定することで通信効率は低下しますが、信号の遅延を許容することで通信可能範囲の拡張が期待できます。

これらのことから、802.11axで採用されている一次変調方式ではスループットが向上され、かつ後方互換性をもたせて作成されていることがわかります。

2 二次変調方式 OFDMA（直交周波数分割多元接続）

OFDMAは、OFDMを拡張した技術で、複数のデバイスが同時に同じチャネルを共有することを可能にする伝送技術です。OFDMが最初に消費者向け技術として採用されたのは20年以上前の無線LANですが、その後、技術の進歩によりOFDMAは3GPPコミュニティによって、LTE、WiMAX（現在の5Gも）に採用されました。自律分散方式の通信形態であるため幾つか課題があった無線LANでも、802.11axでOFDMA技術が初めて採用されました。

802.11bを除く従来の無線LAN規格ではOFDMが採用されており、複数のデバイスが交代でチャネルを利用していました。OFDMAでは複数のデバイスが同時にチャネルを共有することができます。これにより、20MHz幅のチャネルを最大9台のデバイスで同時通信することが可能になります（図表3-2-5 下）。必要に応じて、1台のデバイスがチャネル全体を使用できるため、デバイス密度の増加がピーク時のパフォーマンスに大きく影響することがありません。OFDMAは双方向性であり、初めて無線LANにアップリンクのマルチユーザ通信をもたらしました。

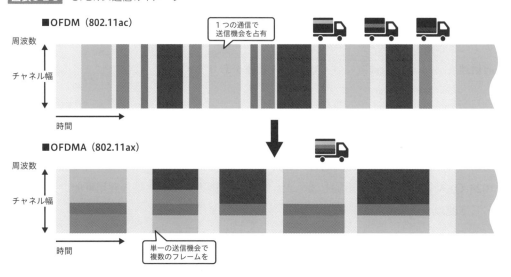

図表3-2-5 OFDMA通信のイメージ

■OFDM（802.11ac）

周波数

チャネル幅

時間

1つの通信で
送信機会を占有

■OFDMA（802.11ax）

周波数

チャネル幅

時間

単一の送信機会で
複数のフレームを

　このマルチユーザ通信を実現するために次の機能が利用されています。

(1) サブキャリア・サブチャネル

　802.11axでは、サブキャリアの間隔は802.11acの312.5kHzの4分の1となる78.125kHz が採用されています。20MHz帯のチャネルでは256のサブキャリアのうち234のサブキャリアをデータ用に利用することができます（図表3-2-6）。

　OFDMAではこのサブキャリアを26/52/106/242/484/996の6種類に分割し、それぞれ別のデバイスに割り当てることで同時に通信が可能となっています。分割したサブキャリアのことをサブチャネル（RU）と呼んでいます。20MHz幅ではRU26を9つ取ることができますので、最大9デバイスが同時に通信できることを意味します。

　OFDMAでは異なるサブチャネル幅を混在させることが可能となっていますので、20MHz幅において RU26 × 5つ、RU52 × 2つのような割り当ても可能です。また、接続しているのが1デバイスのみであれば、242のサブキャリアを占有することも可能です。

　80MHz幅、1ストリーム、ショートガードインターバル利用時のスループットとしては 600.5Mbpsと説明していますが、この場合は RU996 を利用することでこのスループットを実現しています。

802.11ax

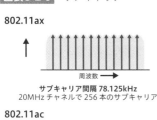

サブキャリア間隔 78.125kHz
20MHz チャネルで 256 本のサブキャリア

シンボル長 12.8μsec
巡回プレフィックス 0.8、1.6、3.2μsec

20MHz チャネル中 234 本の
データサブキャリア

802.11ac

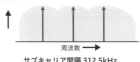

サブキャリア間隔 312.5kHz
20MHz チャネルで 64 本のサブキャリア
＊全てが利用できるわけではない

シンボル長 3.2μsec
巡回プレフィックス 0.4、0.8μsec

20MHz チャネル中 52 本の
データサブキャリア

RU	RU26	RU52	RU106	RU242	RU484	RU996
サブキャリア数	26	52	106	242	484	996
周波数幅	2MHz	4.1MHz	8.3MHz	18.9MHz	37.8MHz	77.8MHz
パイロット信号	2	4	4	8	16	16
データ用サブキャリア数	24	48	102	234	468	980
最大 PHY レート (1SS)	11.8Mbps	23.5Mbps	50.0Mbps	143.4Mbps	286.8Mbps	600.5Mbps

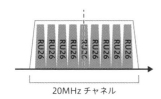

20MHz チャネル

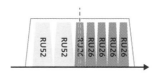

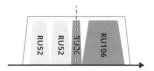

(2) ダウンリンク・アップリンク OFDMA

　無線の送受信でダウンリンク、アップリンクに分かれているのと同様に、OFDMA でもダウンリンク OFDMA とアップリンク OFDMA に分かれます。

　ダウンリンクの場合はアクセスポイントが OFDMA の全ての送信を制御することによって実現をしています（図表3-2-7）。一方、アップリンクの場合は複数のデバイスが個々に送信するとデータがバラバラに届くようになってしまうため、アクセスポイントがデバイスに対して Trigger Frame を出すことで対応しています（図表3-2-8）。Trigger Frame では、データの送信タイミングを制御する他に送信電力調整も行っています。

　デバイスごとに送信電力や伝搬減衰量が異なっているため、電力調整をしていない場合はアクセスポイント側での受信電力に格差が生じてしまい受信が失敗してしまいます。これを避けるためにアクセスポイントは Trigger Frame に送信電力調整を入れることで、アクセスポイントでの受信電力を均一化させデータ受信を可能としています。

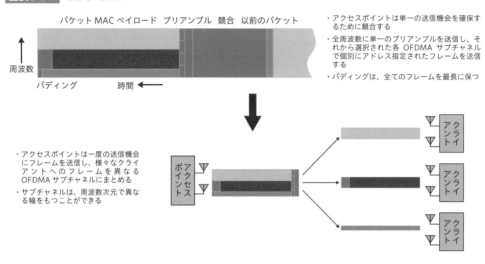

図表3-2-7 DL-OFDMA

パケット MAC ペイロード プリアンブル 競合 以前のパケット

周波数

パディング 時間 ←

・アクセスポイントは単一の送信機会を確保するために競合する
・全周波数に単一のプリアンブルを送信し、それから選択された各 OFDMA サブチャネルで個別にアドレス指定されたフレームを送信する
・パディングは、全てのフレームを最長に保つ

・アクセスポイントは一度の送信機会にフレームを送信し、様々なクライアントへのフレームを異なる OFDMA サブチャネルにまとめる
・サブチャネルは、周波数次元で異なる幅をもつことができる

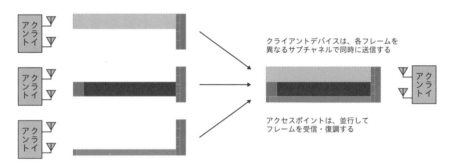

図表3-2-8 UL-OFDMA

クライアントデバイスは、各フレームを異なるサブチャネルで同時に送信する

アクセスポイントは、並行してフレームを受信・復調する

　OFDMAについての技術を解説しましたが、OFDMAを利用した際のメリットにも触れておきます。

　OFDMでのシングルユーザに対してマルチユーザでの通信を実現するということは、Wi-Fiデバイスとアクセスポイントの待ち時間が短縮されるということになります。また、コネクションのオーバーヘッドの低減がされています（図表3-2-9）。

　より多くの802.11axデバイスが接続しOFDMAを使用して通信時間の消費を削減すると、従来の規格が利用できる時間が増えるため、従来の規格で接続している機器のパフォーマンスも向上が期待できるようになります。

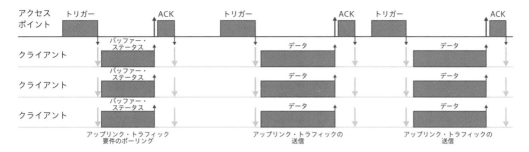

図表3-2-9 マルチユーザ通信におけるトリガー

3 MU-MIMO

MIMO（Multi Input/Multi Output）の技術は無線通信のデータ容量を増加させる技術として802.11nから採用されています。MIMOでは複数のアンテナから同時にデータを送信し、そのデータを複数の受信アンテナで受信することによってスループットを向上させる技術です。

この同時に送るデータの数をストリームと呼び、802.11nでは最大4ストリーム、802.11ac、802.11axでは最大8ストリーム利用が可能となります。4ストリームで考えると、1ストリームでのスループットに対して単純計算で4倍のスループットを出すことができます。

MIMOには大きく分けて2種類の方式があります。「SU-MIMO」と「MU-MIMO」の2種類です。

802.11nではSU-MIMO（シングルユーザMIMO）が採用されています。シングルユーザとある通り、送信側と受信側は1対1の関係で通信が行われます。ある時間軸で切り出した時には通信しているデバイスは1台のみとなっています。アクセスポイントが4ストリーム対応している場合、デバイスは4ストリームまで利用することができます。しかし、例えばデバイスが2ストリームまでしかサポートしていない場合は、アクセスポイント側も2ストリームで動作をします。1対1の通信がなされていますので、アクセスポイントとしては2ストリームの余力があるということになります。

802.11acから実装されたMU-MIMO（マルチユーザMIMO）では、この余ったストリーム数を別のデバイスに割り当てることで、1対多の同時通信を実現しています。

802.11acとしては最大8ストリームを利用できますが、MU-MIMOとしては4ユーザに制限されていました。802.11axでは802.11acと同様8ストリームですが、MU-MIMOとして8ユーザに拡張されています。

802.11acで採用されたMU-MIMOですが、正確にはダウンリンク方向のみのMU-MIMOであり、かつ実装はオプションとなっていたため広く普及しませんでした。

802.11axではアップリンク方向のMU-MIMOも採用されていますが、802.11ax Wave2の機能に含まれていますので、現時点で実装されていないアクセスポイントも多く流通しています。アップリンクMU-MIMOではアップリンクOFDMAと同様にTrigger Frameを利用し送信のタイミングを合わせることで実現しています。これにより、ダウンリンク、アップリンクともに最大8ユーザの同時通信を可能としています（図表3-2-10）。

図表3-2-10 SU-MIMOとMU-MIMO

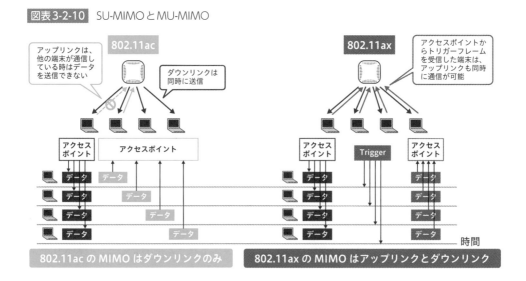

OFDMAとMU-MIMOについて解説しましたが、データ送信として効率化したOFDMAとストリームの使い方を効率化したMU-MIMOを組み合わせることで、802.11axはより効率化が図られた規格であることがわかります。

4 Spatial Reuse（空間再利用）・BSS Coloring

無線LANの通信手順として従来からCSMA/CA方式が採用されています。このCSMA/CAでは無線上の衝突を避けるために通信開始前に同一チャネル内で通信しているデバイスがいるかどうかを確認するキャリアセンスを行っています。

複数のアクセスポイントが近接している状態で同一チャネルを利用している場合には、「さらし端末問題」と呼ばれる事象が発生することがあります。これはアクセスポイントにデバイスが接続し、通信を行っている状況において、近接したアクセスポイントに新たなデバイスが通信しようとする際、既に通信が行われていると判断し、電波環境上は送信が可能な場合でも、新たなデバイスは最初のデバイスの通信が終了するまで送信を止めてしまう問題です。

Spatial Reuse（空間再利用）は他の無線の通信状況を把握することで、通信に影響を与えない場合は新たな通信を開始することを許容する機能となっています。

802.11axでは"BSS Coloring"といった機能でSpatial Reuseを実現しています（図表3-2-11）。

BSS Coloringでは隣接するアクセスポイントごとに違うBSS COLORを設定すると、同一チャネルで干渉していても、BSS COLORが異なる場合は無視することができ、通信開始を可能にします。2.4GHz帯では13チャネルありますが、重複せずに利用可能なチャネルは1、6、11の3チャネルに限られます。5GHz帯においても20チャネル（144ch含む）利用可能となっていますが、チャネルボンディングをすることにより重複せずに利用できるチャネルは少なくなってきます。隣接するアクセスポイントが多いオフィスや公衆Wi-Fi等では802.11axのBSS Coloringを利用することで通信待ち時間が低減でき、効率的に通信を行うことができるようになります。

図表3-2-11 CSMA/CA通信と802.11ax Spatial Reuse

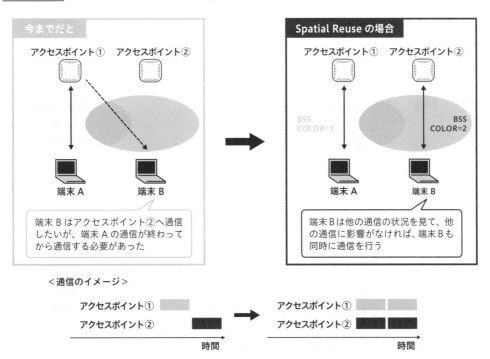

5 Target Wake Time

802.11axでは省電力機能についても機能が拡張されています。

従来の省電力対応としてはデバイス側でスリープモードになることで電力消費を抑えていましたが、アクセスポイント側からはスリープ状態を解除するDTIM（Delivery Traffic Indication Message）を送信しますので、アクセスポイントに接続している全てのデバイス

はスリープモードから定期的（DTIM間隔）に解除され電力消費についての効果はあまりありませんでした（図表3-2-12　上）。

　802.11ahにおいて初めて無線LANシリーズに実装されたターゲットウェイクタイム（TWT）という機能が、802.11axでも採用されています。アクセスポイントとデバイス間で通信を行うスケジュールを設定・共有することで、デバイスはスリープ状態を継続しスケジュールされた期間のみ稼働が可能となっています（図表3-2-12　下）。このようにすることで、デバイスの消費電力を劇的に抑えることができますので、Wi-Fiにおいても例えば数か月電池をもたせることも可能となります。この動作は、頻繁に通信を行わないIoTデバイスに最適です。

　デバイス側だけではなく、アクセスポイント側にもメリットがあります。デバイス側がスリープモードとなっていますので、定期的に使用する制御フレームが大幅に削減されます。これによって、デバイス間の競合も低減します。

図表3-2-12　従来のパワーセーブと802.11ax TWT

【従来のパワーセーブ】

【TWT】

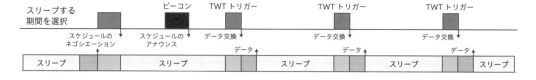

6 AirSlice（メーカー独自機能）

　OFDMAの最も重要なアプリケーションの1つは、Voice over Wi-Fi（VoWi-Fi）です。多くのデバイスがメディアの利用を争っている高密度環境では、待ち時間の増加やジッターが発生します。これらの要因により、音声信号の再生成と再生にギャップが生じ、望ましくない通信品質につながる可能性があります。OFDMAはアクセスポイントがダウンリンクとアップリンクの両方のメディアアクセスを制御できるようにすることで、強力なQoSメカニズムを可能にします。これによりメディアの競合を排除し、アクセスポイントが伝送をスケジュールすることができます。このように、OFDMAによってアクセスポイ

ントはレイテンシとジッターを制御できるのです。

802.11axを使用すると、アクセスポイントは頻繁に短い送信機会を割り当てることができるので、バッファリングする必要なくパケットを送受信できます。これは、待ち時間とジッターを低減して通話品質を向上させることができるため、VoWi-Fiの低帯域幅ストリームでは非常に役立ちます。

既存のワイヤレス・マルチメディア（WMM QoS）規格では、4つのアクセスカテゴリに応じてトラフィックを優先させています。

- 音声（AC_VO）
- ビデオ（AC_VI）
- ベストエフォート（AC_BE）
- バックグラウンド（AC_BK）

そのため、同じアクセスカテゴリ内のアプリケーションに優先順位をつける粒度が不足しています。AR/VRやZoom、Teams、Slackなどのコラボレーション・アプリケーションのように、レイテンシに敏感で帯域幅を必要とするアプリケーションを使用する企業が増えています。これらの新しいアプリケーションでは、レイテンシ、帯域幅およびスループットの点でサービス品質が厳しく要求されるため、これらの新しいアプリケーションやIoTデバイスのサービス品質を向上させる必要があります。

Arubaのアクセスポイントにはユーザとアプリケーション・エクスペリエンスを最適化するために開発された、AirSliceといった機能を提供しています。OFDMAのQoSとArubaのポリシー・エンフォースメント・ファイアウォール（PEF）とディープ・パケット・インスペクション（DPI）を組み合わせることによって、ユーザロールとアプリケーションを識別し、アクセスポイントは、クリティカルなアプリケーションのパフォーマンスをみたすために必要な帯域幅やその他のRFリソースを動的に割り当て、エクスペリエンスの向上を実現しています（図表3-2-13）。

図表3-2-13 AirSliceイメージ

3-3 Wi-Fi 6の適用領域

本節では、802.11axの特徴を生かす、主なユースケースを見ていきます。

1 スタジアム、講堂など多くの人が集まる施設

　802.11axではOFDMAやMU-MIMOが実装され1つのアクセスポイントに対して多くのデバイスが接続できるようになっています。1周波数当たり1024デバイスまでの接続が可能なアクセスポイントも存在しています。

　多くのデバイスが1つのアクセスポイントに接続するようなケースとしてスタジアムや講堂での無線LANサービスが当てはまります。オリンピック開催に向けて、多くのスタジアムが建設され、Wi-Fiシステムが導入されました。試合を見ながら、即座にスマートデバイスでリプレイを見たり、座席から食べ物やドリンクをオーダーしたりするのにWi-Fiが配置されていますが、このWi-Fiが802.11axであった場合、いろいろな通信が頻繁に発生する場合であっても、混信によるパケットロスや送信待ちによる遅延のばらつきを大幅に減らすことができるので、よりスムーズな映像のリプレイの表示ができるようになります。

2 公衆無線LAN

　公衆無線LANサービスにおいて、無線の品質は死活問題です。日本の都市部では無線LANアクセスポイントが多数設置されています。ショッピングモールや公共交通機関で無線LANをONにすると多くのSSIDが表示されます。その表示数を見てわかるように、空いているチャネルはないに等しいです。このようなエリアでは、アクセスポイントを802.11axに置き換えることで、Spatial Reuseを利用できるようになります。無線LANの干渉があったとしても従来の無線規格よりも快適に利用できるようになると考えられます。

　災害時には公衆無線LANにおいて「00000JAPAN（ファイブゼロジャパン）」のSSIDを開放し、ライフラインとして自由に利用されることが想定されています。情報を取得することもできますし、LINEをはじめとするメッセンジャーアプリやSNSアプリを用いてチャットや通話を行うことも可能です。第4節で説明する「Wi-Fi 6E」はWi-Fi 6の利用周波数の拡張となり、技術としては802.11axが利用されています。人が多く集まり、災害やイベントなどで通信トラフィックが急に増加する可能性のある公衆無線LANサービスで

は、その品質を大きく改善できる効果があるため、早期の802.11axへの切り替えが期待されています。

3 学校

　学校では今や無線LANは必須のものとなりつつあります。2020年度の「GIGAスクール構想」で、ほぼ全ての小中学校に対して無線LANが導入されるに至っています。生徒1人ひとりにPCやタブレットを配布し、授業支援ソフトを利用した先生と生徒の双方向での学習や動画を使った説明や、海外の姉妹校と接続した英会話の実習をはじめ幅広く利用されています。

　今後はAR/VRを利用した授業が行われることも期待されます。また、学校は災害時の避難所としても利用されています。公衆無線LANと同様にライフラインとしての利用も期待されているのです。

　学校では、数十名の生徒が教材を同時にダウンロードしたり、同時に質問に対して送信したりする通信形態であるため、より一層無線LAN環境の品質が求められるようになっており、802.11axの利用が主流になると考えられます。

4 IoT

　普及が期待されているIoTに向けては、LPWAサービスや移動通信事業者（モバイルキャリア）のセルラーIoTサービスが広がり始めていますが、市場の実態としてはWi-Fiほど広く様々な形で利用され浸透しているワイヤレスシステムは他にありません。Wi-Fiを利用したシステムとしては、Webカメラ、バーコードリーダなどはもちろん、最近では白物家電にもWi-Fiが搭載されて稼働しており、事実上、IoTとして動いているのが実態です。802.11axではTWTが利用できるようになったことから、今後はセンサなどもWi-Fi利用タイプが増えていき、より一層Wi-FiのIoT需要が広がるものと考えられます。

3-4 Wi-Fiの6GHz帯への拡張 Wi-Fi 6E

米国や英国、韓国では、6GHz帯における無線LAN/Wi-Fi 6の利用が始まっています。日本では、検討が始まったところです。ここでは、米国を例にWi-Fi 6Eを解説します。

「Wi-Fi 6E」はWi-Fi 6の周波数を6GHz帯まで拡張することが世界各国で協議されています。なぜ新しい周波数が必要と考えられたのでしょうか。

1つ目は、テレワークの影響もあり家庭やオフィスにおけるWi-Fiのデータ通信量が飛躍的に増えてきていることです（無線LANビジネスが世界規模で180億ドルを超える市場となってきています）。周波数帯域が十分に確保できることによって、無線LANを快適に利用できるようになるのです。

5Gに対する新たな周波数割り当てが行われていますが、それと同等に、無線LANに周波数を割り当てるのは不可欠と考えられてきました。周波数開放としては、1996年に802.11で2.4GHz、1999年に802.11aで5GHzが利用できるようになり、その後、802.11adで60GHzが追加されましたが、802.11ad以降は大きな周波数追加はされていません。

2つ目は、802.11acや802.11axは、スループットを出せる帯域幅や通信レートがあるにもかかわらず、現状の周波数割り当てでは期待したパフォーマンスが出しにくいということがあります。

スループットを計算するのに「シャノンの法則」というものがありますが、それによるとギガビットのスループットを出すためには最低80MHz幅を必要としているのです。期待したパフォーマンスが出ない理由としては、チャネルの重複を避けるため、40MHz幅や20MHz幅で利用されているケースが多いことが挙げられます。また、DFSに影響されないチャネルを複数選択できないという理由もあります。

3つ目は、モバイルのオフロードとして無線LANが利用されているということが挙げられます。無線LANは、既にモバイルデータトラフィックの80%を運んでいるといわれています。公衆無線LANのほとんどは重複されたチャネルを利用しています。このようなことから、新たな6GHz帯の周波数開放について検討が各国で進められています。

図表3-4-1 802.11acと802.11axのデータレート

空間ストリーム	80MHz	160MHz
1SS	433Mbps	867Mbps
2SS	867Mbps	1.7Gbps
3SS	1.3Gbps	2.7Gbps
4SS	1.7Gbps	3.4Gbps

空間ストリーム	80MHz	160MHz
1SS	600Mbps	1.2Gbps
2SS	1.2Gbps	2.4Gbps
4SS	2.4Gbps	4.8Gbps
6SS	3.6Gbps	7.2Gbps
8SS	4.8Gbps	9.6Gbps

1 各国の対応状況

2020年4月、他国に先駆けて米国FCCにおいて、免許不要帯域として5925MHz～7125MHzの周波数帯で、Wi-Fi 6Eが認可されました。その後、英国において5925MHz～6425MHzが認可され、アジア圏では韓国において5925MHz～7125MHzの周波数帯に認可がされています。その他の各国においても順調に進んでいます。

日本においては、令和2年度の「周波数再編アクションプラン」に初めて組み込まれ、割り当てに向けた調整が始まりました。一刻も早く認可が下りることが期待されています。

2 周波数帯

日本では6GHz帯の開放について話し合いが行われている状況なので、米国FCCで認可された周波数について説明します。

米国ではUNII（Unlicensed National Information Infrastructure）5～8のアンライセンスバンド5925MHz～7125MHzの周波数帯が利用できるようになっています。

図表3-4-2 FCCで認可された周波数帯

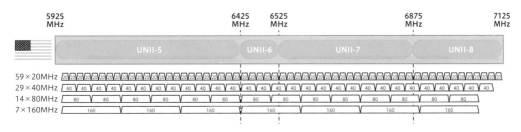

5925MHz～7125MHzの周波数帯で利用できるチャネルは20MHz幅では59チャネル、40MHz幅では29チャネル、80MHz幅では14チャネル、160MHz幅では7チャネルを割り当てることが可能となります（図表3-4-2）。

日本ではW52、W53、W56 合わせて20MHz幅のチャネルが20チャネル（144チャネル含む）となります。このチャネル数と比較をすると広大な周波数帯域が無線LANとして利用できるようになったことがわかります。利用できる周波数が増えることは無線の干渉が低減されることを意味します。

また、この周波数帯は固定業務と固定衛星業務にも利用されていますが、米国では、従来のDFS（Dynamic Frequency Selection）のようにレーダ波を受信するたびにチャネルを変更する方式ではなく、AFC（Automated Frequency Coordination）といったデータベース方式の周波数共用が採用されたため、事前に利用周波数情報を得ることで干渉を回避できるようになっています。

6GHz帯を利用することによりレイテンシやジッターが5GHz帯を利用するよりも明らかに低減されることが無線LANチップメーカーの検証で実証されています。

3 Low Power Indoor AP / Standard Power AP

Wi-Fi 6Eのアクセスポイントは利用用途に従ってLow Power Indoor APとStandard Power APの2つに分かれています（図表3-4-3）。

Low Power Indoor APは文字通り、屋内利用に限られています。5925MHz ～ 7125MHz（1.2GHz）全域で利用可能となりますが、出力が5dBm/MHzとなります。占有周波数帯域幅としては、Wi-Fi 6の160MHz幅に加え320MHz幅まで利用が可能となります。アクセスポイントのアンテナとしては内蔵アンテナに限定されています。

Standard Power APはEIRPとして36dBmまで出力できますが、UNII-5（5925MHz ～ 6425MHz）及びUNII-7（6525MHz ～ 6875MHz）での利用に限られています。屋外の利用も可能となっていますが、AFC（Automated Frequency Coordination）の利用が必須となっています。

図表3-4-3 Low Power Indoor APとStandard Power AP利用可能な周波数帯

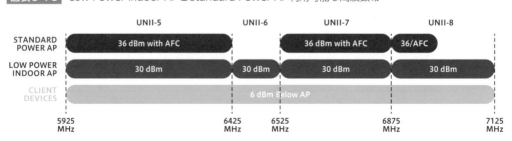

4 AFC（Automated Frequency Coordination）

6GHz帯において、既存で利用されている固定業務と固定衛星業務を保護するため、AFCデータベースを利用することにより、事前に既存で利用されているチャネルの利用を除外します。

従来の5GHz帯ではDFS（Dynamic Frequency Selection）といった方式を利用していますが、DFSの場合はアクセスポイントがレーダ波を受信した場合には即座に停波を行い、少なくとも1分間それ以外のチャネルがレーダに使われていないかを監視してからチャネルを変更する必要があります。このために、無線LANは利用できない状態になっていました。AFCでは事前に利用チャネルがわかり、利用を除外するためDFSのような急な停波、チャネル変更は行われません。安定したチャネル運用が可能となります。

3

SECTION

3-5 Beyond Wi-Fi 6

IEEE 802.11委員会では、数多くの規格が議論されています。Wi-Fi 6以降に予定されているもののうち、特に注目されている規格について紹介します。

1 802.11be

今後出てくる規格で大きな注目がされている規格は「802.11be」ではないでしょうか。

802.11beは「Wi-Fi 7」になるともいわれています。802.11nがHT（High Throughput）、802.11acがVHT（Very High Throughput）、802.11axがHE（High Efficiency）となりますが、802.11beはEHT（Extremely High Throughput）となるといわれています。技術的には802.11axの拡張となり、2.4GHz、5GHzおよび6GHzの利用が前提になっています。Extremely High Throughputという文字通り、スループットの高速化を目的として計画されています。

主な機能の候補としては以下の通りです。

- 最大スループットを最低でも30Gbpsにする（11axでは9.6Gbps）
- 一次変調方式としては4096QAM（11axでは1024QAM）
- チャネルボンディングは320MHz幅（11axでは最大160MHz幅）
- MIMOのストリーム数は16（11axでは最大8）
- マルチバンドでのリンクアグリゲーション

ここまで早いスループットになると有線LAN側の帯域も心配になってきますが、802.11beの策定ロードマップによると、2024年に策定完了が予定されています。802.11acや802.11axのように策定完了を待たずドラフト版で出てくることも考えられますので、今のうちに有線LANの拡張を計画してもよいかもしれません。

2 その他の新規格

　802.11beの他に期待する規格としては、「Wi-Fi CERTIFIED Vantage™」(Wi-Fi Vantage)と「802.11bc」ではないでしょうか。

　Wi-Fi Vantageは、学校、ショッピングモール、カフェ、スタジアム、空港など、様々な場所で使われる公衆Wi-Fiネットワークを快適に使えるようにするための認証プログラムです。2017年に最初の規格がWi-Fi Allianceから発表されましたが、2020年11月には、Wi-Fi 6を新たにサポートしセキュリティの強化と利便性の向上などの機能改善を加えた新バージョンが策定されています。

　Wi-Fi Vantageを取得しているアクセスポイントはまだまだ少ないですが、今後様々なアクセスポイントで認定が進めば、Wi-Fi 6、Wi-Fi 6Eと合わせて日本の公衆無線LANがかなり良いものになると期待しています。

　一方、802.11bcは現在策定中の状況であり、Wi-Fiを利用してテレビのようなブロードキャスト放送を行うような規格となっています。

3

Chapter

4

Wi-Fi 6の導入と活用

第1節では、無線LANがどのような形で発展してきたのかを整理・分類し、それぞれの利用形態においてWi-Fi 6がどのようなメリットをもたらすのか解説します。第2節では、公衆系無線LANサービスの進化のプロセスを振り返った上で、Wi-Fi 6によってどのようにサービスが高度化するのか解説します。第3節では、プライベート系無線LANの発展のプロセスを振り返り、Wi-Fi 6の導入と活用の効果をみていきます。第4節では、教育分野、商業施設、自治体の3分野におけるWi-Fi 6導入のメリットを紹介するとともに、今後それぞれの分野でどのように発展していくか解説します。第5節、第6節、第7節では、Wi-Fi 6の具体的な導入事例を紹介します。

4-1 無線LANの利用形態とWi-Fi 6のメリット

無線 LAN は免許不要のワイヤレスシステムであることから、様々な分野で利用され、発展してきました。利用形態別に分類し、それぞれの進化のプロセスと、Wi-Fi 6 導入によるメリットを解説します。

1 無線 LAN の利用形態

無線 LAN は、携帯電話（モバイル通信）と異なり、誰でも自由に電波を利用できるというメリットがあることから、様々な利用形態で使われてきました。

本節ではまず、実際に導入されている無線 LAN について、利用形態別に分類します。

(1) 公衆系無線 LAN

公衆系無線 LAN とは、アクセスポイントを誰でも使える無線 LAN を表します。誰でも使えるので「公衆系」と呼びますが、この場合、利用の前提としてメールアドレスなどの個人の情報をもとに登録手続きなどが必要なものも含みます。

公衆系無線 LAN サービスは、事業者が有料で提供するものと、無料で提供するものとがあります。通信事業者が提供する「キャリア Wi-Fi」は有料が基本ですが、それ以外は無料で利用できるものがほとんどとなっています。

この分類に入るキャリア Wi-Fi、自治体 Wi-Fi、エリアオーナ Wi-Fi は、設置したり運用したりするコストは基本的に設置する側が負担します。公衆系無線 LAN サービスは、コストを負担する側の種別で図表4-1-1の通りに整理・分類することができます。

図表4-1-1 公衆系無線LANサービスの分類

種類	サービスエリア	提供主体	目的	事例
キャリアWi-Fi	人の集まるところ（モバイルトラフィックが多いところ）	モバイルキャリアなど	モバイルトラフィックオフロード、災害時の通信手段 [2]	0001docomo、au_Wi-Fi2、0002Softbank　など
自治体Wi-Fi	自治体の施設内（役所、公民館、公園、避難所など）	自治体 [1]（政府補助金の活用）	住民サービス提供、観光客の利便性、災害時の通信手段	TOKYO FREE Wi-Fi、KYOTO Wi-Fi　など
エリアオーナWi-Fi	交通機関（鉄道、空港など）	エリアオーナ [1]	利用客の利便性、災害時の通信手段	JR-EAST FREE Wi-Fi、FREE Wi-Fi NARITAなど
	大型商業施設（モール、デパート、地下商店街）		利用客の利便性、災害時の通信手段	PremiumOutletsJP、AEON MALL　など
	エンタメ施設（スタジアム、テーマパークなど）		施設内エンタメ、利用客の利便性、災害時の通信手段	FRONTALE FREE Wi-Fi、NagoyaDome_Free_Wi-Fiなど
	個別店舗（カフェ、コンビニ、ファーストフード）		利用客の利便性、災害時の通信手段	7 SPOT、00_MCD-FREE-WIFI、at_STARBUCKS_Wi2など
	個別店舗（その他）		利用客の利便性など	―

＊1：実際には、大規模な場合はWi-Fiキャリアや固定キャリアが、中小規模の場合は地域キャリアやSI事業者がサービスを提供
＊2：災害時には契約キャリア以外の端末も利用可能な「00000JAPAN」を提供

　これらの公衆系無線LANサービスは、高速の通信回線の提供が第一のポイントですが、ポータルページを用意して利用者に役立つ情報提供を目的としたものや、Wi-Fiと連携した映像配信サービスの提供などが行われているものもあります。

　なお、複数の無線LANサービスを1つのアクセスポイントに相乗りすることができるので、コストダウンのため、キャリアWi-FiとエリアオーナWi-Fiを共通のアクセスポイントで実現する事例が数多く見られます。また、災害時のライフラインとしてのWi-Fiを、キャリアの枠を超えて全てのユーザに提供する防災に対する取り組みなども行われています。

(2) プライベート系ビジネス用無線LAN

　公衆系のような不特定多数向けではなく、特定のユーザを対象としたプライベート系の無線LANサービスは、無線LANのもう1つの利用形態の分類となります。

　企業が有線で構築した業務用LANを無線LAN化して利用するとともに、その施設の来訪者・利用者などの対象者に対してWi-Fiをサービス提供することが広く行われています。

図表4-1-2に、その利用形態の分類を示します。

図表4-1-2　プライベート系ビジネス用無線LANサービスの分類

種類	施設種別	サービス利用者	利用場所
業務用Wi-Fi	オフィス	従業員	オフィス内全て
	工場など	従業員	工場内全て
	ホテルなど宿泊施設	ホテル従業員	ホテル内全て
	学校など教育施設	教職員など	施設内全て
	病院など医療機関	医師、看護師、職員	病院内全て
	その他施設	施設内職員	施設内全て
お客様用Wi-Fi	ホテルなど宿泊施設	宿泊者	客室内、レストラン内など
	学校など教育施設	学生、受講者など	教室、図書館、体育館など
	病院など医療機関	受診者、入院患者	待合室、病室など
	その他施設	施設利用者	施設利用エリアなど

　ホテル、学校、病院などはそこで従事する人向けに業務用無線LANを導入していますが、それを利用して、あるいはそれに付加して宿泊者、学生、受診者向けに無線LANサービスを限定的に提供しています。公衆系無線LANサービスのように広く誰でも使えるということを想定しておらず、プライベート系でのビジネス用途となるわけです。

　例えば学校について見ると、教職員が利用する無線LANはまさに業務用教務用としてクローズドに運用されていますが、GIGAスクール構想により、全国の学校の児童生徒向けに1人1台の端末を配布し、高速大容量の通信ネットワークを一体的に整備する施策が始まっています。これにより、各学校の教室には全て無線LANのアクセスポイントが整備されることになります。教室では、教材の配布や生徒から回答の送信など同時に多数の端末が通信を行うことになるため、その環境に対応した設備が必要となります。

(3) プライベート系家庭用無線LAN

　一般のユーザが自宅で利用する無線LANは、ビジネス用途とは異なるプライベート系家庭用無線LANに分類されます。
※本書では、公衆系、並びにビジネス用を対象としているので、家庭用無線LANについての詳細な説明は割愛します。

2　無線LAN普及のプロセス

　1990年代後半に登場して以来、無線LANはいろいろな利用形態で、用途と分野を拡大しながら、普及してきました。そのプロセスを振り返り、ポイントを整理します。

(1) 企業内LANの無線化とホットスポットサービス

今は誰しも当たり前に利用している無線LANですが、当初は、オフィス内の有線LANをワイヤレス化することから始まりました。しかも、有線LANが10Mbpsなのに対して無線LANは2Mbpsしか速度が出ず、価格も高く導入はなかなか進みませんでした。

1999年に汎用的な規格（IEEE 802.11a/b）がリリースされたことにより、通信速度が一気に向上し、802.11aが54Mbps、802.11bが11Mbpsというスピードとワイヤレスの利便性からオフィスの無線LAN化が進み始めたのです。

2000年からはノートパソコンの普及とともに、通信事業者が相次いで公衆無線LANサービスをスタートしました。サービスエリアは駅・空港・ホテル・カフェなど人の集まるところを中心に広がり、携帯電話（モデム56kbps）やPHS（64kbps ～ 128kbps）、さらには2001年ころからスタートした3G（当初の速度は384kbps）よりも高速通信が可能であったことから、インターネットにアクセスする手段としてWi-Fiは最も便利で安く使い勝手のよいものとして急速に普及しました。さらにインテルがWindowsパソコンにCentrinoを導入しノートパソコンにWi-Fiが標準搭載されるようになって、普及が加速しました。

(2) スマートフォンの普及とモバイルトラフィックオフロード

2008年のスマートフォンの普及でWi-Fiの位置付けが大きく変わりました。それまでは企業の社員が会社支給のノートパソコンで業務用アクセスとしてモバイルコンピューティングを行っていたものから、個人が携帯電話の代わりにスマートフォンを利用し、インターネットの新しいサービスを利用し始めたからです。

特にFacebookやLINEなどのSNSが普及したことにより、通信量が急激に増加し携帯電話のデータ通信が混雑して使いづらいといった事象が発生してきました。移動通信事業者（モバイルキャリア）はこれを解決するため、2010年ころから、人の集まるエリアにキャリアWi-Fiサービスを提供し、スマートフォンユーザにそのエリアでWi-Fiを使ってもらうことにより携帯電話の混雑を緩和する取り組みを行いました。これがいわゆるモバイルトラフィックオフロードと呼ばれるもので、全国に3キャリア合わせて100万台近くの公衆アクセスポイントが設置されることになりました。

(3) プライベート系無線LANの普及

こうした公衆サービスの普及とともに、高速で低廉化した無線LANを活用して、企業内の有線ネットワークをワイヤレスに変更する取り組みが着実に進行し、企業の通信基盤の1つになっていきました。工事不要のワイヤレスの利便性によりオフィスのレイアウトも大きく変わり、フリーアドレスが企業で取り入れられるようになりました。

企業の基幹業務にも積極的に取り入れられるようになりました。とりわけ流通小売業の現場、オフィスや大学、医療現場には広く普及し、業務を支える重要なインフラとなりました。また、スマートフォンの普及の中で、自治体が設置した市民向けWi-Fiサービスが一般的になり始めています。

現在、国内における無線LANは図表4-1-3のように、物流、FA、流通、医療など多くの作業現場に導入され、その現場で様々な業務で利活用されています。また観光や商業施設、宿泊施設などの公衆無線LAN用途での利用もあり、広範囲な分野で導入されています。

図表4-1-3 さまざまな分野で利活用されているWi-Fi

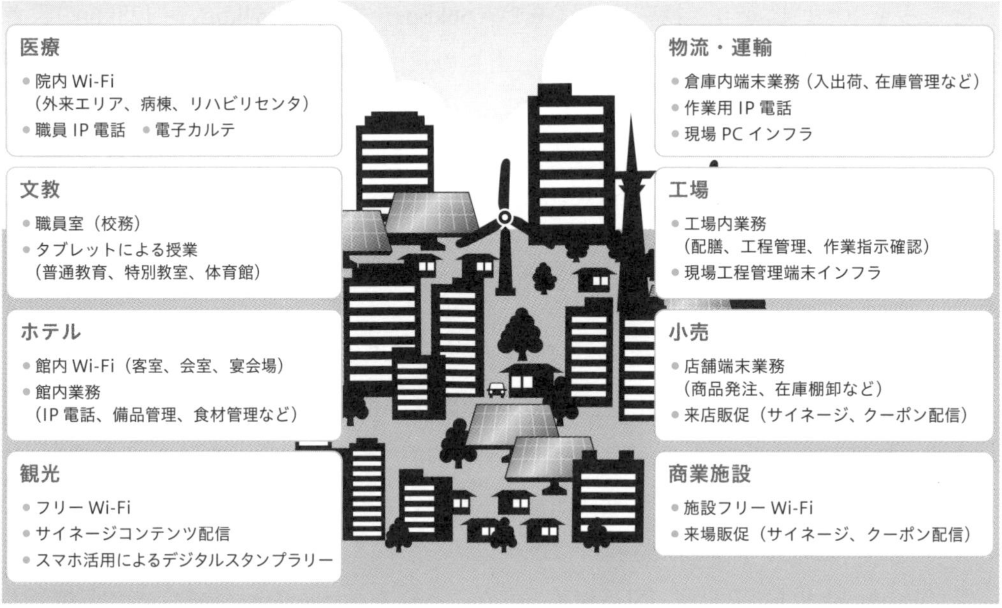

医療
- 院内 Wi-Fi
  （外来エリア、病棟、リハビリセンタ）
- 職員 IP 電話 ・ 電子カルテ

文教
- 職員室（校務）
- タブレットによる授業
  （普通教育、特別教室、体育館）

ホテル
- 館内 Wi-Fi（客室、会室、宴会場）
- 館内業務
  （IP 電話、備品管理、食材管理など）

観光
- フリー Wi-Fi
- サイネージコンテンツ配信
- スマホ活用によるデジタルスタンプラリー

物流・運輸
- 倉庫内端末業務（入出荷、在庫管理など）
- 作業用 IP 電話
- 現場 PC インフラ

工場
- 工場内業務
  （配膳、工程管理、作業指示確認）
- 現場工程管理端末インフラ

小売
- 店舗端末業務
  （商品発注、在庫棚卸など）
- 来店販促（サイネージ、クーポン配信）

商業施設
- 施設フリー Wi-Fi
- 来場販促（サイネージ、クーポン配信）

また、文部科学省「GIGAスクール構想」に基づいて、タブレット端末とWi-Fi環境整備の補助事業を単年度施策で実施し、全国の公立私立小中学校、高等学校においてWi-Fiが導入され、推計で約50万台のWi-Fiの整備が進みました。

Wi-Fiは仕事や生活をする中で、ライフライン的な役割を担う、新しいインフラとして定着したといえます。

(4) 自治体の無線LANサービスの拡大

観光立国日本の方針で外国人旅行者を増やすために、フリー Wi-Fi環境が十分ではないという外国人旅行者アンケート結果をもとに、訪日外国人が観光やショッピングで回遊する場所にフリー Wi-Fiが整備されてきました。観光庁からの補助金をベースに自治体で積極的に導入が進みました。

該当のWi-Fiに接続すると、多言語のポータルページに誘導され、観光地の情報などが取得できるような仕組みが導入されています。

　また、阪神淡路大震災や東日本大震災のような、携帯電話ネットワークが障害や輻輳で使えないような大規模災害時に、避難所などにおいてWi-Fiが安否を確認するための貴重な通信手段となりました。それにより、地域の防災拠点では、災害対策として、防災、公共利用目的のフリーWi-Fiが総務省の補助金などにより、着実に整備されてきています。

(5) モバイル通信と並走してきた免許不要の無線LAN

　Wi-Fiがここまで普及してきたのは、免許不要の無線システムなのでユーザが自由に素早く導入することができたこと、高速通信が求められるインターネットアクセスにおいて絶えず高速化を実現してきたこと、無料ないし低廉なサービスで提供され構築費用も低廉であったこと、ソリューション開発に積極的に取り組んで様々な用途が提供されたことなどによるものです。同時期、急速に伸びてきた携帯電話とともに普及してきたといえます。図表4-1-4に絶えず高速化を実現してきたこれまでの規格の変遷を示します。

図表4-1-4 Wi-Fi規格の変遷

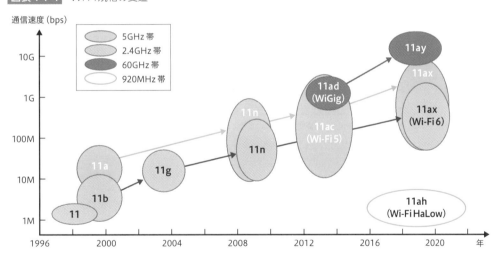

　2019年、高密度空間で高いパフォーマンスを出せるIEEE 802.11ax（Wi-Fi 6）が規格化されました。これまでのいろいろな課題を解決し、最新の無線技術を全て盛り込んだ規格となっています。

　今後、このWi-Fi 6がこれまで述べてきた様々な利用分野で使われていくものと期待されています。

3 Wi-Fi 6の新機能とメリット

第3章で説明したように、Wi-Fi 6にはこれまでにない新しい機能が具備されていて、ユーザ向けの体感を改善してくれます。図表4-1-5に、第3章で説明した新機能がどのようなメリットをもたらすのかを一覧にしています。

以下、主な機能がどのようなユースケースでどのような効果があるのかを説明します。

図表4-1-5 Wi-Fi 6の新機能とメリット

実施内容	新技術	特長	具体的なメリット
変調方式の高度化	1024QAM	高速化	最大伝送速度が25%増加
	OFDMA（上り下り）	大容量化	同時に複数の端末と通信が可能となるので通信容量が増加（端末ごとに送信データ量が異なってもOK）
		低遅延化	少量のデータ送信はOFDMAの隙間に入れることができるので、送信待ちの頻度が激減するため低遅延
	MU-MIMO（上り下り）	大容量化	同時に複数の端末と通信が可能となるので通信容量が増加（端末ごとに送信データ量が異なってもOK）
空間多重の実現	BSS coloring	大容量化（混信防止）	同じ周波数を使う別のアクセスポイント／端末の影響を受けにくい。より高密度にアクセスポイントを配置することが可能
省電力機能の追加	Target Wake Time	省電力化	時間を指定してスリープすることが可能になるため端末の省電力を実現（電池駆動の端末などが可能に）
セキュリティの向上*	WPA3	暗号化技術	総当たり攻撃などによるパスワード解読は不可など
	Enhanced Open	暗号化技術	暗号化なしで提供されてきたフリー Wi-Fiサービスの暗号化を実現

＊：Wi-Fi 6の機能ではないが、同時期に策定された新機能（最新の装置にのみ導入）

(1) 高速化

Wi-Fi 6では一次変調方式に1024QAMを利用できることになったので、これまでの256QAMに比べて25%最大通信速度が増加しました。最大通信速度が6.9Gbps（Wi-Fi 5）から9.6Gbps（Wi-Fi 6）になった主要因がこれになります。

1024QAMが利用できるのは、アクセスポイントから近いエリアのみになるので、特に近い距離で1対1の通信をする場合などには、この差を明確に感じることができます。それより遠い通常のユースケースではそれほど大きくは変わりません。

(2) 大容量化

Wi-Fiはベストエフォートであり、端末数の方式上の制限がないため、端末数が増加したり、各端末の通信量が増加したりすると、全体的な性能が低下するという欠点があありま

した。Wi-Fi 6にはこの欠点を解消する目的で通信を大容量化する機能が組み込まれました。これがWi-Fi 6の最も大きなメリットです。

　OFDMAやMU-MIMOにより複数の端末の通信を束ねられることになったので、特に端末が多く存在する場合に、アクセスポイントの配下の全体容量が増加することになります。MU-MIMOでは単にアクセスポイントのアンテナの数（通常はアンテナ2本、ビジネス向けは多くても3本〜4本）だけを束ねるので、その倍数だけの効果ですが、OFDMAの場合は、サイズの違うデータパケットをうまく組み合わせて1つの箱に入れる（図表4-1-6）ことができるので、多くの端末（現在の実装では最大8端末程度）が、サイズの異なるパケットを出す場合でも、うまく1つのタイミングで多重することができます。これにより、端末の送受信機会が多いユースケース、つまり1つのアクセスポイント配下に多くの端末が存在する場合（駅やイベント会場など）に大きな効果を発揮します。

図表4-1-6　パケットの多重による容量の増加

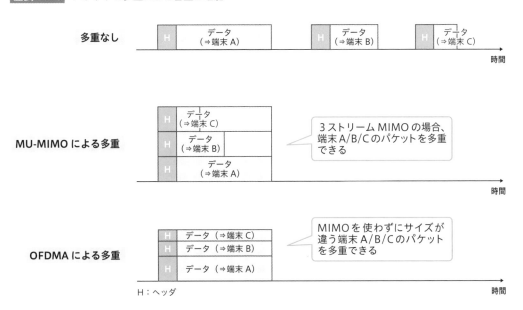

　BSS Coloringによる大容量化については、他のものと異なり、アクセスポイントが複数ある時のみ効果を発揮します。イベント会場のように、同じ周波数を使う別のアクセスポイントが近くに存在する場合、これまでは他のアクセスポイント及びその配下の端末が送信している時には、通信がかぶらないように送信を待機していましたが、この機能によって送信することが可能になり、お互いに目の前のアクセスポイントと通信することが可能になります。機会が得られなかった場合にも送信することが可能になりますので、通信容量が増加します。うまく設計すれば、もっと稠密にアクセスポイントが配置できることになるので、イベント会場全体の容量を増やすことができるようになります。

(3) 低遅延化

　OFDMAの導入による大容量化により、付随的に改善するのが遅延時間の低下です。図表4-1-6からわかるように、今まで順番に送信していたものが、1つにまとめて送信できるようになったことで、結果的に遅延時間を低下させることができます。遅延時間の低下により、Wi-Fiを利用した時の体感が大きく向上します。

　この効果は、端末数や通信容量が大きい駅やイベント会場などでの通信環境を大きく改善することが期待できます。

(4) 省電力化

　省電力化（TWT：Target Wake Time）の機能は、もともとIoT用の無線LAN規格、802.11ahの機能ですが、同じWi-FiファミリーであるWi-Fi 6にも組み込まれました。802.11ahと同様に深くスリープすることが可能になったので、間欠的にしか送受信しないセンサなどの端末に対して大きな省電力化が期待できます。地味な機能追加ですが、今後、無線LANのIoT利用の拡大が期待できます。なお、802.11ahと比較すると、基本の送受信帯域が20MHz（802.11ahは1MHz）であり消費電力そのものが大きいため、端末の電池のもちは802.11ahほどよくはありません。

(5) 暗号化技術

　この機能はWi-Fi 6と同じようなタイミングでリリースされましたが、提供される暗号化技術はWi-Fi 6だけでなくWi-Fi 5以前の方式にも適用可能なものです。実製品への実装状況では、Wi-Fi 6製品には実装されていますし、Wi-Fi5でも実装、あるいはファームアップで対応する機種がほとんどとなっています。

　WPA3はWPA2をさらに強化した暗号化方式で、例えばキーワード（PSK）で暗号化した時に、これまで解読される可能性のあった総当たり方式では解読が極めて難しくなりました。これらは、ホテルなどキーワードを設定して提供しているユースケースのセキュリティを向上します。

　一方Enhanced Openは、これまで自治体Wi-Fiなどにおいて、Open（暗号化なし）でサービス提供していたユースケースに対して、通信の暗号化を提供するもので、今後の普及が期待されています。

　Wi-Fi 6のアクセスポイントではこれらの機能が具備されているので、ユースケースに合わせて効果的に活用することが可能になります。

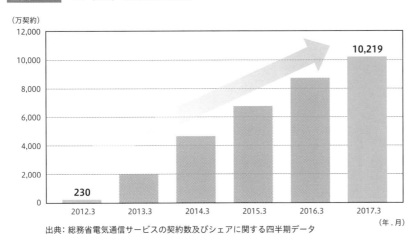

SECTION

4-2 公衆系無線LAN サービスとWi-Fi 6

公衆系無線LANサービスの発展のプロセスを振り返り、Wi-Fi 6の導入によってどのように進化するのか解説します。

1 公衆系無線LANサービスの普及と特徴

(1) キャリアWi-Fiの発展

携帯電話のフィーチャーフォンからスマートフォンへの移行に伴い、1端末当たりの送受信頻度やコンテンツ容量が一気に増え、これに伴いモバイル通信トラフィックが激増しました。

図表4-2-1に4G（LTE）の契約数の推移を示します。スマートフォンの急速な普及が牽引して、4Gの契約数が伸長していることがわかります。図表4-2-2に移動通信トラフィックの推移を記載します。スマートフォンの普及を反映して、契約数の伸びに比して、トラフィック量の著しい増加傾向がみられます。

図表4-2-1 4G（LTE）の契約数の推移

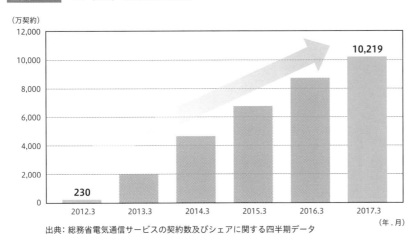

出典：総務省電気通信サービスの契約数及びシェアに関する四半期データ

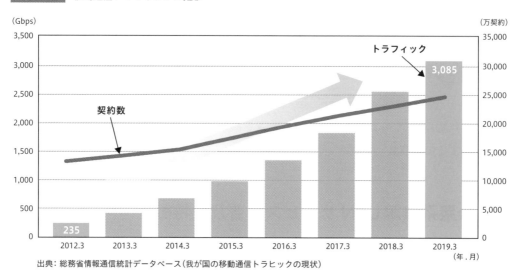

図表4-2-2　移動通信トラフィックの推移

（Gbps）

3,500

3,085

3,000

トラフィック

2,500

2,000

契約数

1,500

1,000

500

235

0

2012.3　2013.3　2014.3　2015.3　2016.3　2017.3　2018.3　2019.3

（万契約）

35,000

30,000

25,000

20,000

15,000

10,000

5,000

0

（年.月）

出典：総務省情報通信統計データベース（我が国の移動通信トラヒックの現状）

　この間、モバイル通信は、通信量の増加にネットワークの拡大が追い付かず、繁華街などの人の集まるところで、混雑によって通信速度の低下するエリアが出てきました。そこでモバイル各社は、増大する端末のトラフィックを、スマートフォンに搭載されていた無線LAN経由でインターネットに逃がすトラフィックオフロードを進めました。

　図表4-2-3に日本のモバイルトラフィックのWi-Fiへのオフロード量を示します。

図表4-2-3　モバイルトラフィックのWi-Fiへのオフロード

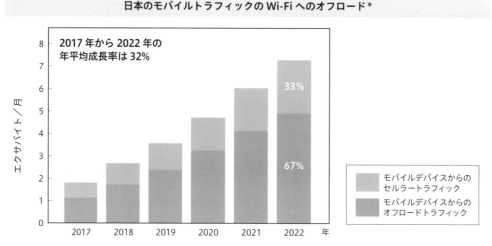

日本のモバイルトラフィックの Wi-Fi へのオフロード＊

**2017 年から 2022 年の
年平均成長率は 32%**

33%

67%

2017　2018　2019　2020　2021　2022　年

エクサバイト／月

モバイルデバイスからの
セルラートラフィック

モバイルデバイスからの
オフロードトラフィック

**2022 年までに、モバイルトラフィックの 67% がオフロードされる見込み
2017 年には、モバイルトラフィックの 63% がオフロードされた**

＊オフロードには、デュアルモードデバイス（セルラーと Wi-Fiの両方をサポート、ただし PCを除く）から
　Wi-Fiやスモールセルネットワークに伝送されるトラフィックが含まれる
出典：CiscoVNI：全世界のモバイルデータトラフィックの予測、2017〜2022年

キャリアWi-Fiは駅や空港、繁華街、スタジアム、イベント会場など、スマートフォンやタブレットなどのモバイル端末が多数存在するエリアでモバイルトラフィックをWi-Fiにオフロードすることを主眼に発展し、安定した通信環境を提供することがポイントとなってきたのです。

そして、インターネットアクセスやコネクトを軸としたサービスから、より高品質のコミュニケーションサービス、付加価値サービスへの進化が求められる段階に入っているといえます。

(2) 自治体Wi-Fiの広がりと進化

自治体でWi-Fiが本格的に導入され始めたのは、2013年の訪日外国人観光客が1000万人を突破したのを契機に、「インバウンド」「インバウンド国内需要」が取り上げられた頃からです（図表4-2-4）。

観光庁や中小企業庁がインバウンド需要に対し自治体や観光地、民間企業を後押しして、様々な施策を講じましたが、その1つとしてWi-Fi環境の整備を推進しました。特に政府などが実施した訪日外国人へのアンケート調査などでWi-Fiの整備が重要な課題とされたこともあり、国を挙げて整備が加速されました。

図表4-2-4 訪日外国人観光客統計推移（単位：千人）

	2012	2013	2014	2015	2016	2017	2018	2019
訪日外国人数	8,358	10,364	13,413	19,737	24,039	28,692	31,192	31,882
前年比／伸長率	34.4	24.0	29.4	47.1	21.8	19.3	8.7	2.2

出典：JNTO　日本政府観光局「年別　訪日外客数、出国日本人数の推移」

各自治体は、観光客を誘引するために、その導線である空港や鉄道、バスはもとより、美術館、博物館などの公的な施設や地下商店街、公園など訪日外国人が頻繁に利用する施設に対して、エリアオーナと連携して、無料Wi-Fiの導入を進めました。飛行機、バス、鉄道、地下鉄、船舶など交通機関でのWi-Fi導入も目覚ましいものがあります。

そこでは、単にインターネットアクセスを提供するだけでなく、その地域の情報を多言語でポータルページとして発信することにより、観光地の周遊の支援やさらなる購買の誘因などの効果を上げています。

また、もう1つの目的として、災害時の通信手段としてのWi-Fiの整備が行われています（図表4-2-5）。国からの補助金により、防災、公共利用目的で地域の防災拠点を中心にWi-Fiの整備が進められてきました。

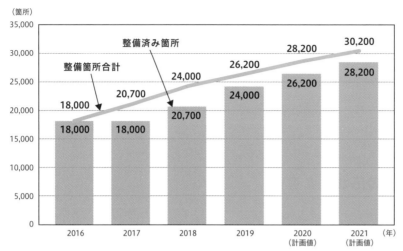

図表4-2-5 自治体防災拠点3万箇所の整備に対してのWi-Fiの整備状況

注：主要な防災拠点等（避難所・避難場所等）およそ3万箇所の整備を推進する計画に対し、
　　Wi-Fi整備済み箇所の2016年度からの整備進捗状況を示す
出典：総務省「防災等に資するWiFi環境整備の推進」資料を元に作成

　これはもともと2011年に発生した東日本大震災において、携帯電話をはじめとする通信インフラの被災により、多くの避難者の通信手段が奪われたことが始まりになっています。スポット的に設置されていたWi-Fiが被災時に通信手段として当時有効に機能したという実績により、避難場所に指定された施設や、災害時の臨時の避難所として利用されるエリアにWi-Fi設備をあらかじめ設置しておくことで災害時の通信手段の確保を実現しようとするものです。

　普段は公営施設の無料Wi-Fiとして利用しつつ、ひとたび災害になると避難所のWi-Fiとなり、ライフラインの1つとして活用されることになります。

　なお、自治体におけるW-Fi環境整備は図表4-2-6のように、①施設・市民向け、②観光地・観光者向け、③避難所・防災向け、④庁舎・業務向けに分けることができます（①と③は第4節で紹介します）。

		目的	運用・利用方法	利用形態
①	市民向け公衆無線LANサービス	市民が行政施設に来訪した場合、市民向けのサービスとしてWi-Fi環境を提供する	SNSアカウントや利用者のメールアドレスを用いた本人確認を実施して利用する	行政側の運用ポリシーに合わせて、1回あたりの利用時間や1日の利用回数などを設けている場合が多い
②	観光者向け公衆無線LANサービス	自治体内の観光地や道の駅など、観光客が多く集まる場所にWi-Fi環境を用意して、観光者にインターネット接続の環境を提供する	市民向けと同様にSNSやメールアドレスを用いた本人確認もあるが、外国人などに対しては通信キャリアが提供するスマートフォン用のアプリケーションを提供して接続する利用方法も少なくない	同上
③	避難所など防災Wi-Fi環境	災害発生時など、有事の際に自治体として提供する避難所や避難場所において、避難者が簡便にインターネット接続できるWi-Fi環境を提供する	災害発生時に限定したサービスのため、対象としている避難者がより簡便に接続できる必要があるので、オープン環境のWi-Fiが多い	オープン環境のWi-Fiサービスとなるが、近年は災害用統一SSID「00000JAPAN」などを採用する自治体が増えてきている
④	行政庁舎内職員向けWi-Fi環境	LGWANの下で、Wi-Fiを整備して、職員のインターネット接続ができる環境を提供する	総務省発行の「地方公共団体における情報セキュリティポリシーに関するガイドライン」を参考にして、各自治体で運用方法を決定する	利用方法などについて、ガイドラインの内容に沿った運用を行う

(3) エリアオーナWi-Fiの普及と拡大

通信キャリアが展開する公衆通信サービスとしてのキャリアWi-Fiサービスとは別に、2013年頃からWi-Fiを活用したスマートフォン・タブレット向けの情報配信ビジネスが始まりました。

最初は、任天堂がNINTENDO 3DSにWi-Fiを組み込み、ゲームのアップデートやキャラクター配布など付加価値の配信に利用しました。ポケモンゲームのモンスターを配信するためにおもちゃ売り場などに任天堂ゾーンと称するWi-Fiを設置。そのWi-Fiにより新しいキャラクターを配信することで、おもちゃ売り場などに子供たちを集客し、ゲームだけではなくカードやフィギュアなど様々なコンテンツを提供しました。それが、ポケモンの世界観を醸成し誘客することに成功しました。

これがエリアオーナWi-Fiの草分け的な利用例です。ユーザがWi-Fiを利用することに対する直接的な課金ではなく、その場所へ集客し購買を誘因することにより間接的に売上の増加を狙うというビジネスモデルです。

このモデルはコンビニエンスストア（図表4-2-7）やショッピングモールなどにおいて積極的に展開されていきます。例えば、ショッピングモールではフードコートやロビーなど人が滞留する共用部分にフリーWi-Fiを設置し、利用客の利便性向上を図ることにより集客を図るとともに、ポータルページを利用してキャンペーンの案内やクーポンの配布を行い、販売促進やマーケティングに役立てていました。

図表4-2-7 コンビニエンスストアのWi-Fi利用の広がり

コンビニエンスストアのエリアオーナWi-Fi利用
- 利用者の利便性向上
- マーケティング利用
- 災害時防災拠点としての通信手段
- 業務利用（商品管理、POS連携…）

さらに、個人の認証を行うことによりその利用者の属性にあった情報を提供するOne to OneマーケティングもWi-Fiを通じて行われるようになってきています。

また、カフェなど飲食店のエリアオーナWi-Fiは、その店舗にお客様が来店し飲食などをしながらインターネットを楽しんだり、仕事上の簡易な会社との報告メール、チャットなどの連絡を行うことに利用されたりしています。このようにカフェやレストランなどにとっては、もはやWi-Fi環境はお客様のためになくてはならないサービスの1つとなっています。

コロナ禍の最近では、仕事や勉学での利用などサテライトオフィスにおけるテレワーク（オンライン会議やリモートアクセス）のような利用方法も目立つようになっています。

また、近年、大規模なスタジアムやイベント会場などにもWi-Fiが整備されています。スタジアムにおいては、観客席に高密度にアクセスポイントを設置しWi-Fiサービスを提供しています。これらのWi-Fiを使い、選手やチームの紹介を含むWebページを用意し、訪れた利用者に情報提供を行うとともに、試合を見に来てくれた利用者にリプレイ動画を配信したり、ゲームやクイズを行い賞品に壁紙などをプレゼントしたりするサービスも提供されています。

スマートフォンで購入したチケットを現地で確認するためのチケッティングシステムへの活用、スタジアム（ピッチ上）の温湿度情報提供やトイレの入口の混雑状況などを伝えるようなサービスも出てきています。エリアオーナWi-Fiがユーザエクスペリエンスを向上させることにひと役買っています。

このように、今後のWi-Fi整備は単純なインターネット接続サービスだけではなく、利用者により快適な情報環境を提供すること、さらに施設提供者側には、ビジネス上より効果的な仕組みを構築することが課題となってきます。特に、スタジアム関連施設のトレンドとして、スタジアムでの試合観戦のみならず、周辺施設を充実させボールパークとし

て1日中楽しむことができる施設も増えてきており、それら周辺施設でもスタジアム内の Wi-Fiと連携したサービスが展開されようとしています。

(4) マルチSSIDによる複合的な利用形態

Wi-Fiのアクセスポイントには「マルチSSID」という機能があり、1つのアクセスポイントで同時に複数のサービスを提供することができるため、実際の公衆系Wi-Fiサービスについては、これまで説明した(1) ～ (3)単独だけでなく、(1) ～ (3)を複数サポートしたアクセスポイントが設置されています。

これにより、設置コストや通信回線費用などの運用コストを複数サービスで按分することができるのでコスト削減につながります。また、複数の通信キャリアを束ねることも可能になるので、公共エリアでは、アクセスポイントを同じ場所に複数（キャリア数）設置する必要がなくなり、コストダウンだけでなく省スペースを実現することができます。

また逆に、当初、(1)や(3)の単独目的で作られたアクセスポイントに対して、後から追加で自治体のサービスを設定することも可能で、駅や空港から公共施設、観光地を全て同一のSSIDでカバーすることにより、訪日外国人にとって、一度どこかで登録さえすればその地域のどこへ行っても手続き不要で使えるなど利便性を大きく向上させることができます。

(5) IoTへの展開

近年、様々な機能をもつIoTセンサが発達し、そのデータを分析・活用するAIも高度化してきています。Wi-FiにIoTセンサを収容したり、他の自営無線システムと組み合わせたりしてデータ収集しAIで分析するソリューションとして提供することにより、エリアオーナに新しい価値を創造・提供することができるようになります（図表4-2-8）。

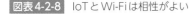

図表4-2-8　IoTとWi-Fiは相性がよい

IPで駆動するIoTセンサをWi-Fiネットワークに接続することが容易にできます。Wi-FiはIPベースで動作する機器とデータの流通、加工、蓄積が容易であり、既存のシステムなどのリソースがそのまま利用可能となります。そのため、独自のプロトコルを採用する無線方式ではなくWi-Fiに接続させるとIPベースでデータのやり取りが可能になります。

また、IoT機器はその特性上、センサなどを常に設置、増設拡大、仕様変更などを繰り返し進化していくという特徴があります。これを、収容するネットワークのもつべき特性としては、自由かつ安価にネットワークを構築・増設できることで、センター側で多くの制御を必要しないことが重要です。

このようなネットワークは、アンライセンスバンドを利用しアーキテクチャとして自律分散型でアクセス回線が自由に構築・増設でき、世界的に普及し安価に構築できるWi-Fi以外にはないので、非常にIoTと相性がよいといえます。膨大な数の人とモノが繋がるIoTの無線アクセス基盤としてWi-Fiは最適なネットワークであるといえます。

新たな付加価値の提供やIoTセンサなどを収容するためにWi-Fiを導入、更改する場合には、多種多様な端末が存在する稠密環境での利用などを想定した高効率で高速、大容量のWi-Fi 6を用いることが最適です。

Wi-Fi 6には、OFDMA、MU-MIMOなどによって多くの端末と効率よく通信を行う機能をもっています。IoTでは比較的小さいデータを多数のセンサから送信するため、単位時間当たりの周波数チャネルを複数の端末でシェアできるOFDMAを具備しているWi-Fi 6が有利となります。また、MU-MIMOにより複数端末からのアップリンクも同時通信が可能となったことから、狭いエリアに稠密にセンサ機器を設置しても良好な通信環境を整備することが可能です。

また、Wi-Fi 6は2.4GHz帯、5GHz帯の周波数を利用することが可能になっています。2.4GHz帯は5GHz帯と比較してカバーエリアが広がるメリットがあります。そこで、IoTセンサは2.4GHz帯を、PCなど大容量の通信を必要とする機器には5GHz帯というように使い分けが可能になったことにより、効率的なネットワーク設計、置局設計ができるようになります。

TWT（Target Wake Time）も有効な機能です。TWTにより通信タイミングを最適化することによりバッテリーの消費電力を最小化することができるため、IoTセンサの電池交換などのメンテナンスにも有利となります。Wi-Fi 6は今後のIoTの進化にあわせた機能を具備し、エリアオーナ、利用者双方に新たな付加価値を提供することができるWi-Fi規格です。

(6) コロナ禍におけるWi-Fiの新しい利用形態

2020年、新型コロナウィルスが世界的に蔓延し、訪日外国人が激減し、国内の旅行者も大幅縮小、東京オリンピック／パラリンピックも1年延期されるなど、観光需要の急激

な変化が生じました。

　また、コロナ禍での新しい日常生活や仕事のスタイル、例えば在宅勤務、遠隔授業など
リモートを基本とした働き方への変化や、会社・学校に通う場合でも通勤、通学時間帯の
シフトなどニューノーマルが定着してきました。

　企業活動においては、以前から指摘されている生産性の向上、ITを活用したビジネス改革、
働き方の改革を実施するDXの推進がさらに求められていくことになります。こうした変化
の中で、エリアオーナWi-Fiの付加価値提供の取り組みも変化してきています。

　一例を挙げますと、既にサービスされている郊外のショッピングモールなどでは、エリ
アオーナWi-Fiに接続するとスマートフォンにフロア案内図や店舗のキャンペーンなどの
情報が配信されるようになっています。これにより利用者はモール内を周遊し、「ついで
買い」なども誘発して売り上げ増加を狙うわけです。このような利用者の利便性向上にプ
ラスして業務での利用や安心安全を提供することなどWi-Fiの利用目的を再定義すること
により、利用者・エリアオーナ双方の課題解決につながる活用を進めています。

　業務利用としては、以前から店内のサイネージへの情報配信や商品価格表示などにも使
われており生産性向上がなされています。さらにWi-Fiによって、ショッピングセンター
内の場所ごとの大まかなお客様人数（Wi-Fiを使うスマートフォンの台数）を把握し、空
調を制御する情報として活用したり、「密」を検知しそれを回避するために人の流れを変
える案内をするなどの運用と組み合わせてより安心安全な環境を提供することが可能にな
ります。

　このような利用形態は、コロナ禍が落ち着いた後も利用が続いていくと思われます。

(7) 災害用の無料Wi-Fi（災害用統一SSID「00000JAPAN」）

　地震や豪雨災害など大きな災害が起きると、いろいろな場所が避難所となり、多くの
人々が避難生活を余儀なくされます。モバイル通信が不通になったり、災害時の通信の
輻輳で、通信機器そのものが使えなくなったりするような甚大な被害災害においては、
Wi-Fiによる通信が有用です。

　通常、各通信会社のキャリアWi-Fiは認証が必要であり、自分が契約している通信会社
のWi-Fiにしか繋がりませんが、一定の規模以上の災害が発生した場合には、利便性を考
慮し、通信会社各社が、わかりやすい共通のSSID「00000JAPAN（ファイブゼロジャパン）」
（図表4-2-9）を自社のキャリアWi-Fiから送信することにより、認証不要のWi-Fiを提供
する取り組みを行っています。この取り組みは、通信キャリアを含め無線LAN関連の会社
が加盟する無線LANビジネス推進連絡会において進められています。

図表4-2-9 00000JAPANのロゴ

　また、自治体Wi-Fiにおいても、普段は利用時に必要とされる利用登録を、災害時には一定期間不要とし、広く開放する措置をとるようになっています。さらに、避難所に限らず学校やコンビニエンスストアなど地域拠点のエリアオーナWi-Fiにおいても無料開放されるような仕組みが組み込まれています。

　これらの防災目的の無料Wi-Fiは今後も着実に整備され、災害時においても人々に安心、安全を提供していくことになります。

2　公衆系無線LANにおけるWi-Fi 6のメリット

　公衆系無線LANに対するWi-Fi 6のメリットとしては、Wi-Fiサービスの種別というよりも、Wi-Fiが設置されるエリアの種別によって変わってくるため、ここではエリア種別ごとに、Wi-Fi 6のメリットを説明します。

　なお、Wi-Fi 6の直接の機能ではありませんが、セキュリティの向上が図られているので、特にこれまで暗号化なしで通信していた自治体Wi-FiやエリアオーナWi-Fiでは、Enhanced Openの機能により、大きく改善することが可能になります。

(1) 鉄道の駅、空港など人の集まるエリア

　人が多く集まるエリアでは、そもそも携帯電話の4Gが混雑していて使いにくい上に、Wi-Fiについても混信などの影響により通信の不安定性が発生しています。Wi-Fiは簡単にアクセスポイントを設置できるというメリットがありますが、実際は利用できる周波数が限られているため、簡単には解決できません。

　そこで、ユーザのトータルとしての体感品質を上げるために、同時接続数の制限や、電波強度に応じた接続の制限、さらには動画のダウンロードなどの一部の利用形態の速度制限などを細かく行ってきました。

　こうした中で、Wi-Fi 6は第1節に示した通り、通信速度の向上や通信容量の大容量化（同時接続数の向上を含む）により通信品質の向上が可能な方式であり、人の多く集まるエリアの通信品質を改善する切り札となるものです。

　これまで、不特定多数の利用者が出入りするような環境において、同時通信ができなかったことで、通信の「待ち行列」が生じることにより遅延が増加し、結果としてスルー

プットの大幅な低下を招いていました。

　こうした場所では、同時に複数の端末の通信が可能となるOFDMAやMU-MIMOの機能
をもつWi-Fi 6を導入することによって、時間帯によって通信品質が悪くて使いにくい、ま
たは利用可能な範囲が狭く絞られていたり、接続端末数を制限されていたようなエリアで
は、これまでの通信品質にかかる課題が劇的に改善する可能性が高くなります。

(2) 大型商業施設など

　まず、商業施設内には人が多く集まる場所が存在するので、駅や空港と同様にそうした
エリアでは混雑回避が必要です。Wi-Fi 6の大容量化は利用環境改善の重要なポイントに
なります。

　また、大型商業施設においては、利用者が施設のどこにいても簡便・快適にWi-Fiを利
用できる仕組みを提供する必要がありますが、商業施設としてのWi-Fiと施設内のテナン
ト独自のWi-Fiとの両立が必要になります。図表4-2-10に、このような状況におけるBSS
Coloringの効果を示します。

図表4-2-10 大型商業施設におけるBSS Coloringの効果

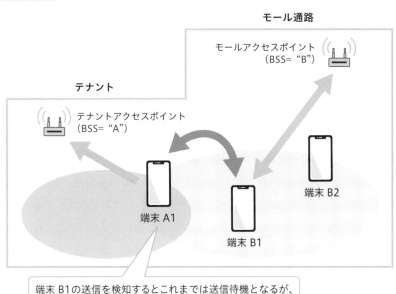

モール通路

モールアクセスポイント
（BSS= "B"）

テナント

テナントアクセスポイント
（BSS= "A"）

端末 A1

端末 B1

端末 B2

端末 B1の送信を検知するとこれまでは送信待機となるが、
端末 B1がモールアクセスポイントに送信していることを
検知し、同じタイミングでテナントアクセスポイントに送信
することが可能

　Wi-Fi 5までは、商業施設のWi-Fiを利用している人がテナントWi-Fiの周辺にいて、送
信をしていたとすると、テナントWi-Fiに接続している人はその送信が終わるまで待たさ
れてしまいますが、Wi-Fi 6の場合は状況に応じて送信が可能となります。これにより結

果的に通信の容量が増えるという効果があります。

Wi-Fi 6を導入することで、利用者はストレスを感じることなくWi-Fiサービスを特定の
エリアだけでなく、広く施設内で満喫することができるようになります。

(3) エンタメ施設

野球のスタジアムや展示会などが開催されるイベント会場、さらにエンタメ施設などで
は、該当エリアにWi-Fiのアクセスポイントを多数配置して、お客様に大容量のインター
ネットへのアクセス手段を提供する必要があります。エンタメ施設において、撮影したイベ
ントの内容（写真や動画）をリアルタイムにSNSに送信するといった需要があるからで
す。

このためには、できるだけ多くのアクセスポイントを設置する必要があります。

Wi-Fi 6の高速化、大容量化はまさにこの目的に合致していますし、BSS Coloringも商
業施設と同様の理由で、送信する機会が増えることになります。また、施設サイドからみ
ると、通信量が同じであればアクセスポイントの間隔を広げることが可能になり、結果的
にコストダウンが図れることになります。

(4) 個別店舗

エリアオーナWi-Fiは、施設の利用促進や集客などのために、利便性向上、ユーザエク
スペリエンス向上を目的として設置されているものが多く、利用者には多くの場合無料で
提供されています。Wi-Fiの提供コストはエリアオーナが負担しているため、低コストは
必須の条件となります。

そこで、通常1つの店舗に1台のアクセスポイントを設置することになります。お客様
の利用の方法はまちまちで、コンテンツをダウンロードする人、YouTubeを観る人、チャッ
トをする人、テレワークをする人など様々なコンテンツの送受信があるため、これまでの
Wi-Fiでは送信の衝突が発生しうまく通信できないケースも起きていましたが、Wi-Fi 6で
はOFDMAなどによりいろいろなトラフィックを1つにして送受信できるので、通信環境
は大きく改善することが期待できます。

3 公衆系無線LANにおけるWi-Fi 6導入の留意事項

公衆系無線LANにおけるWi-Fi 6の導入にあたっては、既設のエリアではハードウェア
の交換が必要となります。以下に、導入に際して留意すべき点を挙げます。

まずは、アクセスポイントの機器の選定についてです。Wi-Fi 6で新たにサポートされ
た機能において、1024QAMやMU-MIMOのアップリンクの対応、ダウンリンクの8ユー

ザ対応（4ユーザは必須）はオプションとなりますので、機器によってサポートの範囲が異なります。実際の利用形態を踏まえて必要な機能が何かを検討した上で、必要となる機能がサポートされている機器を選定するとよいでしょう。

　また、Wi-Fi 6としての規格とは別に、Wi-Fi 6に対応した世代の機器では、多くがWPA3やEnhanced Openなどセキュリティ面の強化にも対応されていますので、併せて確認することが必要です。

　さらに、これまで利用していたアクセスポイントを置換するといった場合には、既存の上位のネットワーク回線やLANケーブル、スイッチングハブの性能などを確認し、Wi-Fi 6のポテンシャルを生かせる環境にあるのかを確認する必要があります。公衆無線LANではインターネット回線に接続する形となりますが、そのインターネット回線が低速のままではそこがボトルネックとなり、無線区間が高速となっても十分なスループットの改善効果が得られません。近年、安価な10Gbpsの光インターネット回線も提供され、順次エリアも拡大されているので、そうした回線の利用も検討するとよいでしょう。また、LANケーブルもカテゴリによって性能が異なります。10Gbpsに対応するのであれば、CAT6A以上が必要となります。

　最後に、Wi-Fi 6の性能を生かすために必要なアクセスポイントの設置の設計も重要になります。従来からいわれていることですが、ただ電波が届けばよいということではなく、電波の減衰や利用人数の想定などから、必要なアクセスポイントの台数や配置、設置する高さや角度などを設計する必要があります。

　特にWi-Fi 6において気を付けるべき点としては、リンク速度の性能向上を最大限に生かそうとすると、4ch（80MHz）の連続したチャネル確保が必要となります。5GHz帯で4ch（80MHz）ごとに帯域を確保しようとすると4つか5つ分のみしか確保できません。面でカバーしようとした際のチャネル数に余裕がないため、どのようにチャネルを確保するかが重要となります。複数の用途での無線LAN設備が混在しているような場所では、こうした既存の無線LAN設備の整理も必要となります。

　公衆系無線LANサービスは、その用途も拡大していますが、Wi-Fi 6の性能を生かした利用やサービスの提供を行う場合は、これまで以上に事前の準備や丁寧な設計が必要です。こうした対応は決して他の通信方式に比べてハードルの高いものではなく、これまでの課題の解決や新たな領域への活用が期待できるので、サービスの提供事業者や取り扱いベンダに相談してみるとよいでしょう。

SECTION

4-3 プライベート系 無線LANとWi-Fi 6

公衆系無線LANサービスとは異なり、特定の利用者に限定されるプライベート系ビジネス用無線LANは独自の発展を遂げてきました。Wi-Fi 6によってどのように進化していくのか、説明します。

1 プライベート系ビジネス用無線LANの利用形態

プライベート系ビジネス利用では、公衆系のように不特定多数の利用者ではなく、利用者が限定されるタイプとなりますが、①企業の業務で従事者がWi-Fiを利用する形態と、②企業が来訪者・施設利用者・お客様にWi-Fiを提供する形態の2つが存在します。

(1) 業務用Wi-Fiの利用形態

まず、最も一般的なのがオフィスの通信基盤としてWi-Fiを利用するケース（有線LANネットワークの無線化）です。社員の増減や組織の変更などに対して、わざわざ配線を変更し工事でケーブルを引き直すことなく自由にレイアウトを決めることができるので、最近ではほとんどのオフィスでWi-Fiが使われています（図表4-3-1）。

図表4-3-1 オフィスLANの無線化

また、学校における職員ネットワークや、ホテルにおける業務用ネットワーク、さらには病院における医療関係者のネットワークなどにおいても、業務用パソコンはもちろんスマートフォン／タブレットなどからWi-Fi経由で業務用ネットワークにアクセスできるよ

うになっています。

　一方、工場などがある企業では、工場内の稼働状況のモニターや従事者の連絡などの通信に加えて、製造ラインの制御などにWi-Fiが使われています。製造ラインは製品が変わるたびに再構築されるので、無線を用いることにより柔軟で安価にレイアウトを変更できるメリットがあります（図表4-3-2）。

　工場内の無線LANによる通信・制御

　病院などにおいても、医療現場などの病棟やリハビリ棟において、先生や看護師が利用する検診用の端末機器のWi-Fi環境もこれに該当します。

　自治体では、行政専用のネットワークである総合行政ネットワーク（LGWAN）の整備を行い、自治体間のコミュニケーションの円滑化、情報の共有による情報の高度利用を推進し、さらに政府共通ネットワークとの相互接続により、国の機関との情報交換を行っています。

　これらの業務用Wi-Fiは、それぞれの業態ごとに利用形態は違いますが、インターネットアクセス利用よりも、業務用イントラネットとしての利用がメインとなります。したがって、組織の内部情報（機密情報や個人情報など）のやり取りを、無線を通して行う可能性があり、情報漏えいを防ぐためにWi-Fiのセキュリティは重要な課題になっています。

(2) お客様用Wi-Fiの利用形態

　(1)の業務用Wi-Fiがもっぱらその場所で働く従業員向けであるのに対して、企業の来訪者・施設利用者・お客様にWi-Fiを提供するのは、その場所に来るお客様向けのWi-Fiの利用形態となります。ここでWi-Fiの満たすべき条件として、それぞれのお客様に対応するどのようなサービスを提供するかがポイントになります。なお、コストを押さえるため、(1)の業務用のWi-Fiと同じアクセスポイントを共用でお客様に開放している場合がほとんどです。

この利用形態においてWi-Fiに求められる条件はどういうものか、主な分野・施設ごとに、それぞれの特徴を述べます。

(a) ホテルなどの宿泊施設でWi-Fi環境を提供するケース

ホテルなどの宿泊施設では、宿泊者向けWi-Fiを提供しています。スマートフォンの普及に伴い、無料Wi-Fiが使えないホテルは敬遠されるようになったため、現在ではほとんどのホテルが客室でWi-Fiが使えるようになっています（図表4-3-3）。

図表4-3-3 ホテルの客室のWi-Fi

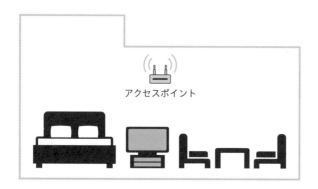

宿泊者以外の人が使えないようにするために、通常はWPA2などでキーワードを設定して宿泊者にのみ知らせる方式が用いられています。キーワード自体は、チェックインの際に知らせたり、客室に掲示したり、あるいは客室のテレビにホテル専用のチャネルを用意してキーワードを表示するなどの方法がとられています。

基本的な利用形態は、ビジネスホテルであればメールの送受信、テレワーク（オンライン会議）の利用などビジネスマンの利用が中心になり、行楽地のホテルであればスマートフォンによるSNSの利用などが主体となると考えられます。

(b) 学校などの教育施設でWi-Fi環境を提供するケース

学校などの教育施設では、生徒向けにWi-Fiを提供します。GIGAスクール事業は、小中学校の生徒全員にタブレット端末を配布し、学校にサーバやWi-Fiのアクセスポイントを設置して授業を行う取り組みが推進されていますが、コロナ禍の影響によりさらに加速されています（図表4-3-4）。

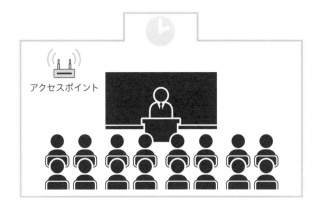

アクセスポイント

　学校でのWi-Fi利用は、他の場所と比べ特殊な環境になると想定されます。例えば授業中においては、1つの教室で35名〜40名の生徒全員が1人1台のタブレット端末を使って通信することになります。

　授業の最初などにはコンテンツのダウンロードが必要であったり、生徒全員が問題に対する回答を一斉に送信したり、Wi-Fiにとっては条件の厳しい利用形態となります。

　通常のアクセスポイントでは、2.4GHz帯と5GHz帯のデュアルバンドが使われますが、学校の場合、約40名の生徒が同時通信する可能性があるため、5GHz帯の送受信モジュールを追加したトライバンドのアクセスポイントを使うという事例が出てきています。

　教育施設でも、宿泊施設と同様にセキュリティに関しても十分留意する必要があります。

(c) 病院などの医療施設でWi-Fi環境を提供するケース

　病院などの医療施設では、業務用Wi-Fiについては電子カルテや医療従事者間の連絡などWi-Fiを導入する必要性は考えられますが、受診患者や入院患者に対してWi-Fiアクセスを提供することは、これまで必ずしも必要と認められてきませんでした。治療に最適な病院を選択するのが基本で、Wi-Fiの有無が病院選択の判断基準には必ずしもなりませんでした（図表4-3-5）。

図表4-3-5 病室のWi-Fi整備

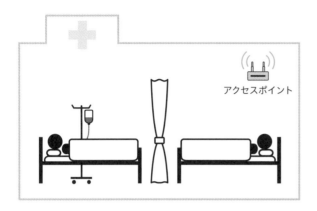

アクセスポイント

　しかしながら、コロナ禍により、コロナ感染者に限らず入院患者に対する病室への面会が禁止されるケースが増加し、入院患者にとって家族や親しい人と会話するためには病院の通信環境が不可欠となりました。

　特に長期にわたって入院している患者にとっては、携帯電話の通信料のことを考えると、病室での無料Wi-Fiの提供が強く要望されています。

　今後は、既に業務用Wi-Fiが導入されている病院については、既存の設備を活用して、患者向けに新たなSSIDを発行し、利用してもらうように機能アップすることが必要となります。またそういった設備のないところについては政府の補助金なども活用して、新たに設備の導入をしていくことが望まれます。

　なお、高齢者の療養施設などについてもコロナによって面会不可といった対応をしているところもありますので、同様にWi-Fi設備の提供が必要となってきています。

2 プライベート系ビジネス用無線LANとWi-Fi 6

(1) 業務用Wi-Fiに対するWi-Fi 6のメリット

　オフィスなどにおける業務用Wi-Fiは有線LANの代替手段という役割なので、高速・大容量化は通信環境を改善する有効策となります。既にWi-Fi設備を導入しているところは、Wi-Fi 5までの機種をWi-Fi 6に更改することで、直接的に通信速度が向上します。特に1つのアクセスポイントに数十台が同時に接続・通信しているような環境の場合、これまでは端末間で送信が衝突したり、送信を待ったりすることにより通信速度が低下していたものが、著しく改善します。

　具体的にはこれまでは50台くらいが最大といわれてきたものが、Wi-Fi 6では100台〜200台くらいまで接続・通信できます。やり方によっては、更改時に、アクセスポイン

トの数を間引くことにより、全体性能は同じでコストが安くなることも考えられます。

　工場なども同様で、送信が衝突したり、送信を待つような機会が圧倒的に少なくなるので、結果的に通信の遅延時間も低下し、パケットロスなどによる不具合の確率も低下します。

　なお、セキュリティついても、Wi-Fi 6と同じタイミングでWPA3がリリースされました。単に新しい暗号化方式が追加されただけでなく、キーワードについても、これまで総当たり攻撃で類推してきた方法がWPA3では使えなくなったので、セキュリティは大きく向上しました。

(2) お客様用Wi-Fiに対するWi-Fi 6のメリット

　お客様利用も業務利用も全くメリットは同じになります。ホテル、学校、病院などにおいては、Wi-Fi 6にするだけで、端末の干渉が少なくなり通信容量が大きくなるので、使い勝手が著しく改善します。

　セキュリティに関しても、現在パスワードなしで運用しているところはEnhanced Openが、またWPA2で運用しているところはWPA3が使えるようになるので、お客様向けによりセキュリティの高い回線が提供できます。

　お客様用Wi-Fiの各エリアではそれぞれ以下のようなメリットが考えられます。

(a) ホテルなどの宿泊施設のWi-Fi 6のメリット

　宿泊施設における宿泊者向けWi-Fiは、客室ごとにアクセスポイントを設置している場合が多く、客室の端末からは隣室のアクセスポイントなど多くのアクセスポイントが見える状態になっています。

　同じ周波数（チャネル）を使っている近くの客室のアクセスポイントが見える場合は、干渉しているように見えますが、実際には自室のアクセスポイントの電波が強いために、同時に通信しても問題ありません。

　こういったときにWi-Fi 6の新機能であるBSS Coloringが有効に働きます。干渉しているアクセスポイントの通信状態にかかわらず自室の通信が独立してできるため、通信速度の向上につながることがわかります。

(b) 学校などの教育施設のWi-Fi 6のメリット

　教育施設では、例えば授業においては、1つの教室で40名程度の生徒が同時に通信することになりますが、他のエリアと異なり、40台の端末が同時に通信する機会が頻繁に発生することから、Wi-Fi 5の場合、この多端末の負荷に対応するため、従来のデュアルバンドアクセスポイント（2.4GHz帯 + 5GHz帯）にさらに5GHz帯の無線モジュールを追加したトライバンドアクセスポイントが使われています。

Wi-Fi 6の場合は、新機能のOFDMAにより倍以上の端末の同時接続をカバーでき、通信容量自体も大容量化されているので、トライバンドにする必要がなくなります。結果としてコストが低下するとともに、これまで容量が大きく扱いづらかった4Kの動画コンテンツや、AR/VRなどの特殊コンテンツなども利用可能になると考えられ、教育の幅が広がることが考えられます。

(c) 病院などの医療施設のWi-Fi 6のメリット

コロナ禍により、病室に常時滞在している入院患者にとって、通信環境が不可欠となりました。病院は、ホテルや喫茶店のようにWi-Fiの導入によってお客様を増やすといった職種ではないので、Wi-Fiのコストは最小限に抑えたいところです。

Wi-Fi 6を導入することにより、通信容量や収容端末数を増やすことができるため、アクセスポイント数を減らすことができ、院内の配線などの設置工事費などのコストの削減も可能となります。

3 プライベート系ビジネス用無線LANにおけるWi-Fi 6導入の留意事項

Wi-Fi 6導入の留意事項としては、公衆系無線LANと同様の内容となります。Wi-Fi 6自体が多くの機能をもっているので、実際に設置するエリアにおいて、どのような通信を行うかを想定した上で機種選定をしていく必要があります。

特にアンテナの本数については、通信速度、電波の飛ぶ範囲、物品コストのトレードオフになりますので、ネットワーク側（インターネット側）の最大速度も意識した上で、オーバースペックにならないように機種選定する必要があります。

Wi-Fi 6の性能を生かすために必要なアクセスポイントの置局設計も重要になります。Wi-Fi 6の性能を生かした利用やサービスの提供を行う場合は、専門家であるサービスの提供事業者や取り扱いベンダに相談してみるとよいでしょう。

4-4 学校、商業施設、自治体の Wi-Fi 6の導入と活用

学校、商業施設、自治体の3つの分野でのWi-Fi 6導入のメリットを紹介するとともに、今後の発展の方向性について説明します。

1 教育分野におけるWi-Fiの新たな活用

(1) 教育環境における無線LAN（GIGAスクール構想）

GIGAスクール構想が実施される前の文教分野では、Wi-Fiの整備は進んでおらず、ICT活用による授業の環境は全国で均一には整ってはいませんでした（図表4-4-1）。タブレット端末導入やWi-Fi環境整備の地域格差が激しく、全国平均値としては次のような状況でした。

- 教育用コンピュータ（タブレット端末含む）　生徒約5人に1台
- 大型提示装置（モニタやプロジェクタ）の整備率　約60%
- 普通教室におけるWi-Fi環境整備率　約49%

図表4-4-1 普通教室におけるWi-Fi環境整備率と都道府県別整備状況

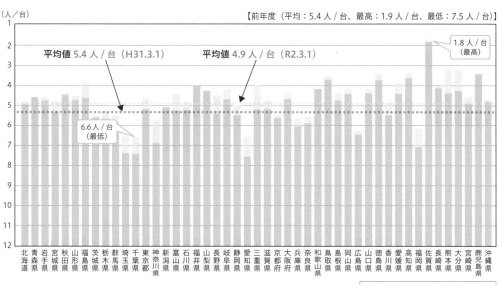

出典：文部科学省 令和元年度学校における教育の情報化の実態等に関する調査結果（概要）

日本のこうした状況は世界的に見ても遅れをとっており、学校の授業におけるデジタル機器の利用時間はOECD（欧州含めた米国等の経済開発協力機構加盟国37か国）の中では最下位となっていました。政府、文部科学省はこれを危機的な状況と捉え、GIGAスクール構想の実現へ取り組みを進めたわけです。

GIGAスクール構想のハード面の整備ポイントは、図表4-4-2のようになります。GIGAスクール構想の骨格は「小中学校生徒1人に対して1台のタブレット端末を配備し高速大容量の通信ネットワークを一体的に整備する」ことで、2020年度中には全国の小中学校には1人1台のタブレット端末が整備され、合わせてそれに対応したWi-Fi環境が全ての小中学校と高等学校の普通教室エリアや理科室や図書室等の特別教室エリアに整備されることになります。

図表4-4-2 GIGAスクール構想のハード面の整備ポイント

整備項目	整備内容	目的
タブレット端末整備	小中学校生徒1人に対して1台のタブレット端末を配備する	生徒が生徒専用のタブレット端末を保有することで、ICT環境による授業の定着化を図る
同上（LTEモデル）	同上	目的は同じになるが、校内のWi-Fi環境やインターネット環境の整備はせずに、LTEモデルでタブレット活用する導入モデル
校内通信ネットワーク環境の整備	校内通信ネットワークとしてカテゴリ6A以上の配線及び1Gbpaに対応したスイッチングHubによる校内整備を実施する	クラウド活用はもとより、大容量の動画視聴やオンラインテストをストレスなく行えることを前提とした有線ネットワーク環境の統一化を図る
校内Wi-Fi環境の整備	校内通信ネットワークの整備に合わせて、整備が遅れているWi-Fi環境を校内の全ての学習環境に整備を実施する	普通教室、特別教室エリアにて生徒達がタブレット端末を利活用する場所全てにおいて、Wi-Fi環境の整備を行う
インターネット接続環境の変更	従来のインターネット接続する経路である、センター集中型接続から、学校単位の接続にブレイクアウトさせる環境整備を実施する	従来のセンター経由接続だと学校間通信網がボトルネックになるケースが少なくないので、その環境を大きく改善させるため、学校単位のインターネット接続環境の整備を行う

そして、GIGAスクールを目指して新しい学校ネットワーク環境を整備、2021年度から新たな授業が開始されています。

GIGAスクール事業で整備されるWi-Fi 6の環境下では、今までにない環境でタブレット端末の授業を行うことができるようになります。まず1教室35名〜40名の生徒全員が1人1台のタブレット端末を授業で利用します。

合わせて授業支援システムといわれる先生や生徒が利用するツールが、従来のオンプレミス環境（学校にサーバがある環境）からインターネット上のクラウドベースの仕組みとなり、利便性が高まることになります。

しかしながら、Wi-Fi環境において、その接続性と接続安定性について、以下の条件を満足させる必要性が出てきます。

- 教材コンテンツの種類やコンテンツの容量による35台〜40台の端末応答性能の確認
- クラウドにデータを書き込む時の端末応答性能の確認
- 1教室だけではなく複数教室、例えば各学年で1教室が同時にタブレットを利用した授業を実施するなど、徐々に教室数を増やしその時の接続安定性を確認

Wi-Fi 6製品は従来のWi-Fi 5（11ac）と比較し、多端末接続、高密度通信、高速通信、安定接続性に優れており、無線空間の性能や有線側データ送受信制御について高い性能を発揮しますので、最適な方式だといえます。

なお、多数のタブレット端末の通信品質や接続安定性は、無線部分だけでなく、有線ネットワークやインターネット接続回線など、全体最適化の取り組みを進めることが必要となるので注意が必要です。

それがすべてそろってはじめて最適かつ最大の接続パフォーマンスが確保できます。Wi-Fi 6を導入することによって、授業の進め方において図表4-4-3のような変化が出てくることが想定されます。

(a) タブレット端末のストレスからの解放

1教室生徒40名で、タブレット40台と先生用タブレットを接続して授業を行った場合、利用する授業支援システムにもよるところはありますが、生徒も先生もストレスを感じることなく授業でタブレットを利用することが可能となります。

(b) 動画コンテンツを利用した授業が変わる

従来、インターネット経由で動画教材などを利用した授業は、先生のタブレット端末のみ動画教材を再生して、それを大型提示装置（モニタやプロジェクタ）に投影して生徒に見せながら授業をしていましたが、大型提示装置に投影しながら生徒のタブレットにも同じ動画を投影した授業をすることができます。

Wi-Fi 5でも同様の性能をもった製品があり、ある程度安定した環境下で利用されていますが、Wi-Fi 6であれば再生の遅延が少なくなりスムーズに動画再生をしながら、安定した通信環境下で動画コンテンツを活用した授業を行うことができるようになります。

(c) 高精細な教材コンテンツを利活用できる

　高精細3D画像教材などを用いて授業をした場合も、これまでと違って、先生のタブレットと同じ画像教材を生徒1人ひとりのタブレットに表示させることができ、生徒はその教材を自由に動かして、学んでいくことができる授業が行えるようになります。

図表4-4-3 Wi-Fi 6で変わる学校の授業

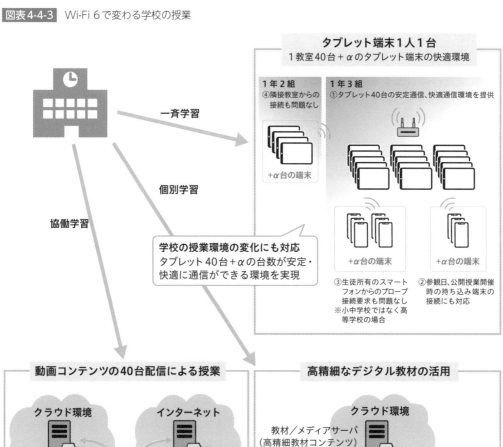

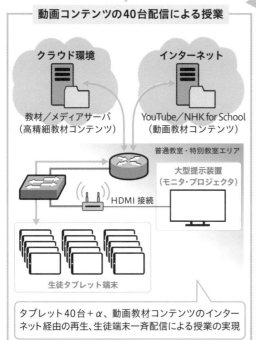

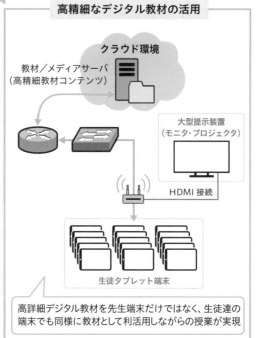

(2) Wi-Fiの新たな活用

　新たなインフラ環境が整い、安定したWi-Fi環境でタブレット端末がどのように使われていくのか。その方向を示しているのが、文部科学省と経済産業省が協力して取り組んでいる「未来の教室」プロジェクトです。

　これはタブレットを利活用した教育環境において、子供たち1人ひとりが「価値を創出する力を身につけて」「誰1人取り残しをしない、留めておかない」学習機会を創出する、それを実現するために学校教育では文部科学省が学習指導要領でのカリキュラム・マネジメントの必要性を明示、教育産業全体では経済産業省、産業界・大学・研究機関など、産学官が連携をして教育の再デザイン化を進めるものです。

　ここで授業モデルとして大きく変化するのが、従来のWi-Fiにタブレット端末を接続してクラウドの授業支援システムを活用するだけではなく、さらにデジタル化された学習コンテンツを有効に利活用する授業が増えてくることです。

　図表4-4-4に示すように、Wi-Fi環境による動画転送による授業や一斉放送機能を活用した学年全体の授業なども新たなWi-Fiの利活用モデルとなります。

　また、学校間をインターネット環境で接続できる環境があれば、学校間の遠隔授業を実現することも可能となり、その際デジタル化された学習コンテンツを一斉配信で利用することもできるようになります。

図表4-4-4 新たな学習環境に向けた Wi-Fi 環境の活用

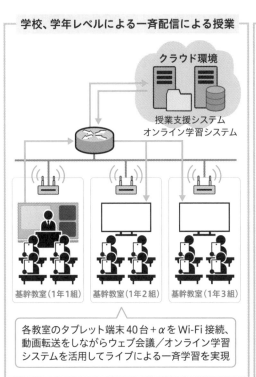

学校、学年レベルによる一斉配信による授業

クラウド環境

授業支援システム
オンライン学習システム

基幹教室(1年1組)　基幹教室(1年2組)　基幹教室(1年3組)

各教室のタブレット端末40台+αをWi-Fi接続、動画転送をしながらウェブ会議／オンライン学習システムを活用してライブによる一斉学習を実現

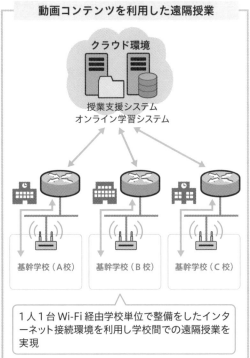

動画コンテンツを利用した遠隔授業

クラウド環境

授業支援システム
オンライン学習システム

基幹学校（A校）　基幹学校（B校）　基幹学校（C校）

1人1台Wi-Fi経由学校単位で整備をしたインターネット接続環境を利用し学校間での遠隔授業を実現

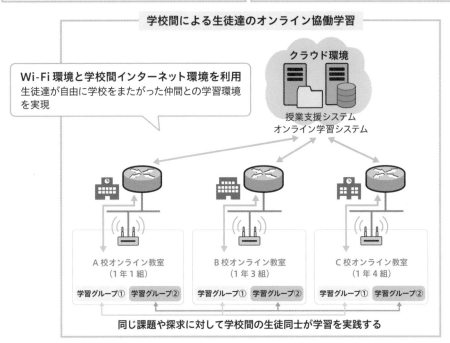

学校間による生徒達のオンライン協働学習

Wi-Fi環境と学校間インターネット環境を利用
生徒達が自由に学校をまたがった仲間との学習環境を実現

クラウド環境

授業支援システム
オンライン学習システム

A校オンライン教室
（1年1組）

B校オンライン教室
（1年3組）

C校オンライン教室
（1年4組）

学習グループ①　学習グループ②　　学習グループ①　学習グループ②　　学習グループ①　学習グループ②

同じ課題や探求に対して学校間の生徒同士が学習を実践する

(a) 学年や全校レベルの一斉配信による授業や学校運営

1学年を体育館などに集めて学年合同授業や有識者を招いた講義を聞く場合、生徒は自分の教室の自席に座った状態で、タブレット端末で一斉に授業や講義を聞くことができます。質疑などについてはオンラインミーティングツールを併用すれば、ほぼ教室内で受けている授業と同じことを対象学年全体で実施することができます。

(b) 動画学習コンテンツを利用した遠隔授業

これは(a)の内容を学校間や学校と自治体施設で実施するユースケースとなります。

学校間や自治体施設をインターネット経由で接続して、ある学校の先生の特別授業などを自校だけではなく、他の学校の対象学年の生徒がリアルタイムに授業を受けることができます。また学校と自治体施設の場合は、コロナ禍に対応した分散登校時の遠隔授業などにも役立てることができます。

(c) 学校間による生徒達のオンライン協働学習

「未来の教室」が目指している個の学習の一端を担う利活用として、学校間の垣根を越え、生徒達が学校間のオンライン環境で個の学習を協働学習の形態で実施します。

生徒が他校の生徒とともに自学習をすることも、1人1台のタブレット端末とWi-Fi環境が整備されることで実現し、授業実践に向けた取り組みが加速します。

これらの授業モデルを支えるのは、安定したインターネット回線や学校内の有線ネットワークとなりますが、一番重要なのがタブレット端末の安定接続性能となります。Wi-Fi 6の性能を支えるOFDMAやMU-MIMOなどがあることで、このような授業環境を実現し、より効率的で効果的な学習環境をサポートすることができるのです。

また、2020年から2021年にかけては、コロナ禍の影響を受けて学校における生徒たちの学習環境が大きく変遷する時期に入りました。生徒たちの授業においても当然密を避ける取り組みが要求され、学校の授業環境もそれに対応した対策が必要になっています。

例えば市役所庁舎内や公民館、図書館などの施設を開放して、そこに生徒を分散登校させる。学年や学級で場所別に分散登校させたりすることで、学校の教室が従来の1/3から1/2程度の在席が実現できます。

2 商業施設における無線LAN（ショッピングモールなど）

(1) 商業施設の課題と新たな展開

商業施設におけるWi-Fi整備をさかのぼると、施設主が買物客にサービスの一環としてインターネット接続環境を提供するところからスタートしました。

近年、ショッピングモールでは、施設としてWi-Fi環境を提供すると同時に、施設内の飲食店などでも個別のWi-Fi環境を提供しています（図表4-4-5）。利用者はどちらを使うのか迷うことなく、スマートフォンの接続したSSIDを記憶する機能で、場所に即して最適なWi-Fi環境を利用することができるようになっています。

　小売業では、ドラッグストアも積極的にWi-Fi環境を進めていて、特に首都圏の主要駅周辺の店舗や都市部店舗ではインバウンド対策の一環で、訪日外国人向けにWi-Fiサービスを提供しており、利用者は購入した製品の画像をSNSにアップするなどで使っています。店舗側にとっても、Wi-Fiが商品の宣伝の一翼を担っているといえます。

　また最近の傾向として、アミューズメント施設、遊戯施設、スポーツジムなどでは、特定利用者に対してフリーWi-Fiの環境整備を進めています。利用者の滞在時間が長くなる傾向があり、その間インターネットに接続するサービスを提供することが目的といえます。

　国内で、ショッピングセンターといわれる商業施設は約3200施設あります。ドラッグストアは郊外路面店舗、郊外主要駅周辺店舗、都市部店舗など様々な形態がありますが、経済産業省商業動態統計から算出すると約1万7000店舗となります。これらの他に、アミューズメント系施設、遊戯施設、スポーツジムなどがあり、さらにWi-Fi環境の整備が進むと思われます。

図表4-4-5　ショッピングモールのWi-Fi

　今後のWi-Fi整備においては、単純なインターネット接続サービスだけではなく、利用者にとってより快適な情報環境を提供すること、施設提供者側にとってビジネス上より効果的な仕組みを構築することが課題となってきます。

- 利用者が施設のどこにいても簡便・快適にWi-Fiを利用できる仕組みを提供する
- 利用者の密度が高いエリアにおいても通信のスループットが得られるネットワーク環境を用意する
- 案内表示や施設内のサイネージも、固定型から可搬型になっていくので、それに対応したインフラが必要となる
- 商業施設のテナント企業にも開放して、店舗側の業務やお客様サービスとしてWi-Fi活用のニーズに応える

このような課題を抱えている商業施設において、今後、それを解決するツールとなるWi-Fi 6製品の導入が行われていくことになります。まずは、エリアの問題と通信性能を大きく改善していくことが重要となります。

現在、商業施設におけるWi-Fi整備の大半はフードコートなどの利用者が集まる一部のエリアのみに留まっていますが、これからは利用者へのサービス向上としてWi-Fiサービスの範囲を増やすことが求められています。現在は、エリアが限定されているので接続端末が増え、通信のスループットが得られず、著しく遅く感じることが少なくない状況です。

フードコートなどの多くの人が滞在するエリアにおいては、1台当たりの無線アクセスポイントの端末収容台数が大幅に向上するWi-Fi 6の導入が必要となるでしょう。今まで、エリアに1台の設置で同時利用は50人前後が目安でしたが、Wi-Fi 6に入れ替えることによって100人以上の利用者が安定した状態でインターネット利用が可能になります。

Wi-Fi 6に変わることで、利用者はストレスを感じることはなくなり、Wi-Fiサービスを特定のエリアだけでなく広く施設内で満喫することができるようになります。

(2) 商業施設におけるWi-Fi 6の活用

コロナ禍の商業施設において、施設内の密を抑止する取り組みが進んでいます。その1つとして、図表4-4-6のように、施設における情報発信のやり方が大きく変化しています。

これまで情報発信は施設内に設置したサイネージやインフォメーションボード、ポスターなどが中心でしたが、最近はスマホアプリを利用した情報発信の形態が増えています。施設の全域に設置されたWi-Fi環境を利用した情報発信の仕組みが、これからの主流になると思われます。

また、既に設置されているデジタルサイネージなどもWi-Fi 6を利用することで、その運用が大きく変化していくと思われます。具体的に見ていきます。

商業施設における新たな情報発信とデジタルサイネージの変化

(a) Wi-Fiエリアに入った際にプッシュで情報発信

　スマートフォンで特定のSSIDを検知すると、アプリケーションが起動して、店舗イベントや店舗催事などの情報を発信する仕組みです。利用者は登録しておいた個人情報に基づき、施設に来たタイミングで、自分に必要な情報がスマートフォンに通知されることになるので、サイネージやインフォメーションボードを調べなくても、必要な施設の情報を入手することが可能となります。

(b) 店舗近くではBLEを利用した店舗情報のプッシュ発信

　同様に、スマートフォンのアプリケーションで、BLEのビーコンを検知してプッシュ通知で情報発信する仕組みです。BLEだけではなくWi-Fiエリアに入ることで端末アプリケーションが起動、そのアプリケーションでBLEを検知させるので、広域ではWi-Fiで通知、店舗近くではBLEのビーコン検知で店舗固有のイベント情報などを通知させることになります。

　利用者にとっては少しわずらわしい仕組みになりますが、全ての店舗でビーコン通知をするのでなく、アプリケーションに事前登録した属性データに応じて通知をすることになるので、利用者は店舗の中に入らないと知ることができない店舗情報を、店舗近くで入手できるようになります。利用者にとってもメリットがありますが、店舗側としては個人に

対しての販促が可能となることから、来店促進につながる仕組みです。

(c) デジタルサイネージの設置箇所や設置方法

商業施設のデジタルサイネージは、大半がスタンドアロンで固定設置されていて、表示するコンテンツもサイネージのSTBが制御して表示するような仕組みになっています。そのコンテンツはUSBメモリを利用した書き換えで、デジタルサイネージであってもかなりアナログ的な作業でコンテンツの更新がされているのが実情です。

また、可搬型のデジタルサイネージを利用している商業施設は少なくありませんが、固定設置と同様にアナログ的な運用をしています。

Wi-Fi 6を施設内に設置した場合、このコンテンツの書き換えをアナログ的な作業で実施するのでなく、無線通信を利用することで、施設側の作業工数や効率は大幅に改善することになります。

今後、無線通信によるコンテンツ書き換えができるようになると、次のようにサイネージの有効活用を図ることが可能となります。

- よりリッチな大容量コンテンツを配信する
- 一斉一括コンテンツ書き換えではなく、エリアごとにサイネージを選んでコンテンツを配信する
- それぞれのサイネージに対し時間割でサイネージのコンテンツを変更する

いずれも、Wi-Fi 6であれば、コンテンツ配信システムと連携し問題なく実現することができます。

こうして、スマホアプリとサイネージとを組み合わせて、利用者に対し効率的かつ効果的な情報発信を行うことで、施設としての魅力やテナント店舗の販売促進を推進していくことができます。そのインフラとしてWi-Fi 6の活用が期待されています。

3 自治体におけるWi-Fi 6の役割と期待

(1) Society 5.0と自治体

自治体は、政府の推進するSociety 5.0を実現する社会インフラの整備、スマートシティやコンパクトシティを推進していく必要があります。こうした、DX推進において、とりわけWi-Fi環境の整備が必要となります。

こうした施策を自治体において推進することで、市民生活の環境や市民向けサービスが向上していくことになります。

内閣府主導で取り組みを進めている「Society 5.0」は、これまでの情報社会（Society 4.0）と比較し、次の点を強く推進しようしています。

- IoTで全ての人とモノがつながり、様々な知識や情報が共有され、今までにない新たな価値を生み出すことで、課題や困難を克服する
- 人工知能（AI）により、必要な情報が必要な時に提供されるようになり、ロボットや自動走行車などの技術で、少子高齢化、地方の過疎化、貧富の格差などの課題が克服される
- 社会の変革（イノベーション）を通じて、これまでの閉塞感を打破し、希望のもてる社会、世代を超えて互いに尊重し合あえる社会、1人ひとりが快適で活躍できる社会となる

※出典：総務省情報通信白書（平成30年度版）

そして、このSociety 5.0の一環で取り組みを進めているのが、「データ利活用型スマートシティ推進事業」です（図表4-4-7）。

各都市・地域の課題解決を促進するため、観光、防災など複数の分野でデータを利活用してサービスを提供するデータ利活用型スマートシティの構築を関係府省と一体となって推進する事業となり、この中においてもWi-Fiはその基盤を支える重要にインフラになります。

図表4-4-7　総務省「データ利活用型スマートシティ推進事業」概要

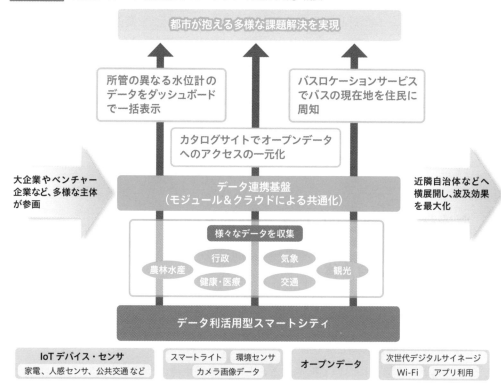

出典：総務省令和2年情報通信白書

Society 5.0、スマートシティを現実化するため自治体で効果的かつ効率的なWi-Fi環境の整備を進めることで、地域の活性化、市民サービスの充実、魅力ある観光地の創出が加速されていくことでしょう。

(2) 自治体としての新たな取組み

将来を見据えて自治体のネットワーク環境の整備を進めることで、住民のWi-Fi接続環境が変化し、自治体が提供するサービスが変化していく可能性があります。主なものを紹介します。

① 行政サービスの充実

自治体の本庁舎、支所、出張所だけではなく、公共施設やその周辺、主だった場所にWi-Fi設備を置くことで行政サービスのネットワークを拡充できるようになります。

最近は、マイナンバーカードを利用した場合に限り、住民票や印鑑証明、戸籍証明などの書類をコンビニエンスストアで申請、発行することができるようになりました。

今後はネットワークのセキュリティの仕組みと、マイナンバーカード以外の本人認証システムやワンタイムパスワードやスマートフォンのカメラを利用した顔認証などの仕組みを併用することで、住民が施設まで行かなくても、生活エリアにおいて行政サービスの手続きができるようになり、コンビニエンスストアで必要書類を印刷して受け取るようなことが可能になります。

これは都市部で普及しやすい仕組みですが、逆に少子高齢化が進んでいる地方で普及が進むことで、住民がより便利に安心して行政サービスを利用する取り組みになります。

② 地域の防犯

2020年4月からJR東日本が提供する「まもレール」というサービスが始まりました。子供たちが学校の行き帰りなどでSuicaまたはPasmoを利用し駅の改札を通過したタイミングで、親に通知されるサービスです。

このような地域の子供たちの防犯について、例えばWi-Fiに対応したICタグを生徒1人ひとりに持たせれば、地域で整備したWi-Fiを利用することで、エリアを通過したなどの情報を取得することが可能となります。

学校の登下校に合わせてSNSで保護者に通知が届く、保護者はその通知を確認して自治体が用意する見守りサイトに接続することで、下校した子供がどこにいるのかを見ることができます。学校のWi-Fi環境と自治体が整備する地域のWi-Fi環境を活用することで、子供たちの見守りの仕組みを実現することができます。

③ 地域の防災対策

自治体の様々な場所でWi-Fi環境が整備されれば、近年のゲリラ豪雨や出水期の河川の状況、道路や線路高架下など道路の冠水などをWi-Fiに対応した監視カメラを利

用して管理することが可能となります。自治体によってはLTE回線を利用して監視している例がありますが、Wi-Fi環境の整備を市の全域で行い地域インフラ化することによって防災の情報収集基盤を安価に構築、活用することが可能となります。

　同じことは、802.11ahも可能です。Wi-Fiと11ahの特性を考慮しながら活用を進めることで、自治体として地域に対しての防災対策が強化され、住民の安心・安全が守られていきます。

4-5 全館に病院ゲストWi-Fi 災害時への備えも実現

春日井市民病院

愛知県春日井市の自治体病院として 28 科 558 床を有し、地域医療を支える春日井市民病院。今回、同院では Cisco Meraki による全館での患者、スタッフ向け病院 ゲスト Wi-Fi 整備を実行。外来、入院患者はもとより付き添いの方へのサービスの向上、および地域で発生した災害時への備えに加え、COVID-19 感染拡大で需要の増した医療従事者のオンラインによる会議、勉強会などの円滑な実施にも貢献しています。

病院 ゲスト Wi-Fi 導入に際し、導入と展開、管理がしやすい Cisco Meraki が最適でした。

春日井市民病院は、愛知県春日井市に 28 科 558 床を有する自治体病院です。「断らない救急」をモットーに急性期医療に力を注ぎ、救急車応需率は 97 ～ 99% と、愛知県下でもトップクラスを誇ります。また、地域中核災害拠点病院や愛知県がん診療拠点病院など各種指定を受け、地域の基幹病院として幅広い疾患に対応しています。

課題

今回のプロジェクトの背景と経緯について、春日井市民病院 医療情報センターの馬場勇人氏は、次のように話します。「これまで院内にはデジタルサイネージ用の無線 LAN を利用した病院 ゲスト Wi-Fi サービスはありましたが、外来の部分的な利用にとどまり、入院

患者さんなどから問い合わせもいただいていました。病室や透析センター、化学療法セン
ターでも利用できる病院 ゲスト Wi-Fi は、外来と入院の患者さんだけでなく付き添いの方
にも活用いただけて病院としてのアピールにつながるとともに、職員がネットサービスを
利用した診療補助などに活用し、もはや欠かせないサービスです。また、地域の災害発生
時への備えとしても、病院 ゲスト Wi-Fi の環境整備は長年の検討課題でした。しかし、当
然ながら病院には電子カルテなど患者さんの個人情報や、医療機器の通信帯域の確保など
考慮すべき点が多く、その導入には難しさも感じていました。ちょうどその折にシスコの
営業の方からクラウドで管理ができる Cisco Meraki をご紹介いただき、これであれば従
来のさまざまな懸念を払拭して速やかに実施できそうだと感じ、具体的な検討に入りまし
た。」

かねてから病院のネットワーク構築は
シスコでなければ、というほど高い信頼があります

ソリューション

　提案を受けた同院では、オンプレミスによる情報系ネットワークと連携した無線 LAN
構築との比較検討の結果、Cisco Meraki を用いた独立した病院 ゲスト Wi-Fi 整備を選択し
ました。

ダッシュボードでの電波状態の見える化を評価
　Cisco Meraki の選定理由について、馬場氏がまず挙げたのが管理画面の機能の充実と、
優れたビジュアル性です。「なんといってもダッシュボードの管理性の高さに惹かれまし
た。ヒートマップによる電波状況の見える化や、デバイスの位置情報との連携などの拡張
性は、将来的に職員の業務管理などにも有効だと期待が持てました。」

情報系ネットワークから独立して構築、将来的な連携も可能
　これまで懸念であった情報系ネットワークとのすみ分けについて、馬場氏は「必ずしも
情報系基盤と現時点で連携していなくても、将来的な連携は可能なのだと思いました。で
あれば、独立した病院 ゲスト Wi-Fi を Cisco Meraki でスピーディに構築、利用する方に
メリットを感じました。」と語ります。

病院のクラウドシフトへの先鞭としての役割にも期待
　また、クラウド型での管理が提供される Cisco Meraki の導入は、従来すべてオンプレミス
で構築してきた病院の設備投資のあり方を再考するきっかけとしての期待値もあった、とのこ
とです。

「従来のオンプレミス型と比較して、Cisco Meraki はクラウド型であることでサーバ機器の初期導入コストの抑制や構築工数の負荷が削減でき、スピーディに導入できる点が大きなメリットであると同時に、クラウドシフトへの先鞭としての期待もありました。当然、初期の投資コストが少なく済めばその分、アクセスポイントの台数も多く敷設できます。」

┃ 結果〜今後

　同院は救急を含む外来および病棟など、ICU を除く全館に Cisco Meraki アクセスポイントを計 94 台敷設し、2020 年 11 月より病院 ゲスト Wi-Fi のサービスが開始されました。院内への敷設自体は 3 週間程度で完了。外来や待合いスペース、長時間の治療を要す透析センターや化学療法センター、病室に至るまで過不足がないよう電波調査を行い、アクセスポイントが全館を網羅するよう設置されています。ユーザはパスワードに加え利用規約への同意と、総務省が推奨する不正利用防止や利用者情報確認のために Google アカウントを入力することで一定時間、Wi-Fi 利用が可能となっています。

　「技術的な点は Cisco Meraki のサポートと委託先のベンダーが連携し、大きなトラブルもなく順調に展開できました。外来や入院の患者さんと付き添いの方々に加えて、当院は透析や化学療法など治療が長時間に及ぶ患者さんもいらっしゃるので、満足度は高いと思います。クラウドで管理できることで、システム管理者はどこからでも保守が行えるため、管理工数も削減できます。また、ロケーションヒートマップは利用時間帯の把握や、アクセスポイント配置の最適化検討にも役立ちます。」（馬場氏）

　馬場氏はさらに副次的な効果として、折から発生した COVID-19 への対応を挙げます。「本来の目的ではありませんが、医療従事者にも急増したオンラインミーティング時、Cisco Meraki の病院 ゲスト Wi-Fi が活用されています。当院は医師だけで 150 名近くい

図表 4-5-1　Cisco Meraki の導入効果

製品 & サービス	課題	ソリューション	結果〜今後
• クラウド管理型ワイヤレスアクセスポイント Cisco Meraki MR36 × 94 • Cisco Meraki MS シリーズスイッチ MS120-24P × 4 MS120-48LP × 1 MS120-48FP × 2 MS225-24P × 1 MS410-16 × 1 • Cisco Meraki MX セキュリティ & SD-WAN ルータ MX84 × 1	• 患者サービス向上と災害時への備えとして病院 ゲスト Wi-Fi を提供したい • 既設ネットワークとの兼ね合いに苦慮	• ダッシュボードでの電波状態の見える化を評価 • 情報系ネットワークから独立して構築、将来的な連携も可能 • 病院のクラウドシフトへの先鞭としての役割にも期待	• 全館に Cisco Meraki アクセスポイントを計 94 台敷設、病院 ゲスト Wi-Fi サービスを提供 • サービス向上と管理工数削減を実現 • 副次的効果として COVID-19 対応のオンラインミーティングにも活用

ますので、既存回線だけでは賄いきれません。外部との打ち合わせだけでなく、院内でも密を避けるために勉強会などをオンラインで開催しています。」同院では Cisco Webex と Cisco Webex Devices のビデオ会議専用端末も用いて、コミュニケーション強化にも取り組んでいます。

　今後について、感染症対策として入院患者さんのオンライン面会にも Wi-Fi 活用を広げるほか、将来的なオンライン診療や在宅勤務対応などへの準備も進めているとのこと。馬場氏は最後に「かねてから病院のネットワーク構築はシスコでなければ、というほど高い信頼があります。今後、コラボレーションやセキュリティ強化の取り組みを進める中で、シスコにはさらなるトータル ソリューションとしての提供を、期待しています。」と結びました。

その他の詳細情報

Cisco Meraki の詳細は、www.cisco.com/c/m/ja_jp/meraki.html を参照してください。

図表4-5-2　Cisco Merakiの設置

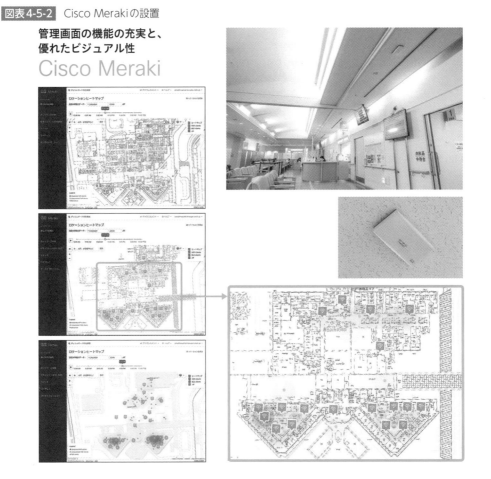

春日井市民病院

所在地	春日井市鷹来町 1 丁目 1 番地 1
設立	1951 年 8 月
病床数	一般病床 552 床 感染症病床 6 床
URL	https://www.hospital.kasugai.aichi.jp/

春日井市民病院は、名古屋北部に隣接する春日井市が管理する自治体病院として、地域の医療にかかわる要望に誠実かつ不断に応えることを存立の意義としている。24 床の ICU や HCU、SCU だけでなく、救命救急センターとして 6 床の救急外来病床を設置し、年間約 1 万件の救急搬送を受け入れている。また、第二種感染症指定医療機関として 6 床感染症病床を有す。その他、愛知県がん診療拠点病院、地域医療支援病院、地域中核災害拠点病院、DMAT 指定医療機関など各種指定を受け、幅広い疾患に対応する地域の基幹病院。

4

SECTION

4-6 大型複合施設で 統合管理を実現

ところざわサクラタウン

　出版や映画、アニメ、ゲームなどの総合エンターテインメント企業のKADOKAWA社と、ITベンチャー企業のドワンゴ社が2014年に経営統合して誕生したKADOKAWAグループ。そして、同社と所沢市で発足した共同プロジェクト「COOL JAPAN FOREST構想」の拠点施設として、「ところざわサクラタウン」が2020年にグランドオープンしました。ところざわサクラタウンは、新オフィスや製造物流機能、そしてミュージアムやイベントホールの設備を擁する大型複合施設です。同施設の次世代無線LANにはWi-Fi 6を駆使した「ARUBA MOBILITY CONDUCTOR」をはじめとするARUBA製品が採用されました。これにより屋内、屋外のいずれの環境でも実現できるマルチギガビット、超低レイテンシで、有線ネットワークも一元管理可能なワイヤレスネットワークが整備されました。

　「ところざわサクラタウン」は、日本最大級のポップカルチャーの発信拠点です。KADOKAWAと所沢市による「COOL JAPAN FOREST構想」の拠点施設として、KADOKAWAの書籍制作・物流工場や新オフィス、イベントスペース、ホテルや商業施設などを展開するほか、角川文化振興財団によるミュージアムの併設、さらに神社も創建され、2020年11月6日にグランドオープンしました。

要求案件と課題

　同施設は、製造物流機能をもち、e-Sports にも利用されることから、次世代ネットワーク基盤にはマルチギガビット対応や超低レイテンシ性が求められ、さらに有線規格にも対応できるインフラを導入したいというニーズがありました。株式会社KADOKAWA Connected InfraArchitect部 部長、ストラテジストの東松裕道氏は、ネットワークインフラに求めていた要件について次のように話します。

　「Wi-Fi 6への対応や、大規模から小規模まで幅広いユースケースが同じ機種で対応可能であること、屋内、屋外を含めた高密度ネットワークの信頼性、導入実績の豊富さやコストパフォーマンスに優れたソリューションを導入したいと考えていました」

　また、構築の内製化というのも課題の1つでした。東松氏は続けます。

　「これまで、ネットワークの構築は外部の業者に任せており内製化できていませんでした。そのためネットワークの稼働状況や不具合などのトラブルに対応できていないという課題がありました」

　また、これまでのKADOKAWAグループ全体での無線LANシステムでの課題について、東松氏は次のようにまとめます。

　「無線LANインフラは、拠点ごとに異なるメーカーで構成されていたり、あるいは同一のArubaであっても拠点ごとの個別最適化が施され、ライセンスリソースの管理やシステム運用において、効率的ではないという課題がありました。

　そして、無線LAN関連でのトラブルは、発生すると暗中模索状態となり、結局トラブルが解決せず、お蔵入りとなってしまうことも多く、トラブル内容の可視化ができていないという点も頭が痛い問題でした」

導入企業の特性

　では、接続方式にWi-Fi 6を選択した背景にはなにがあったのでしょう。東松氏は続けます。

　「まず、社員のPCはノート型であり、かつ、フリーアドレス化がなされているため無線LANによるネットワーク接続が第一の選択となります。一方でサクラタウンでは、多くの来場者がスマホで利用できるFree Wi-Fiの提供もミッションとしてありましたので、高密度収容が可能となるWi-Fi 6の対応は必須でした」

　そしてまた、今回の導入を担当した同社のInfraArchitect部 0課は、いわゆる情シス部門とは異なります。同課に所属するデータセンタエンジニアは、それぞれがネットワークエンジニアとして、「ニコニコ動画」をはじめとするサービスを担当しています。「基本設計からインテグレーションまでカバーできるエンジニア力を備えたチームで、例えば大手町からこの所沢まで、光ファイバを敷設し伝送装置も自分たちでインプリメンションしました」と東松氏は説明します。

そして、ところざわサクラタウンでは、イベントなどで大容量の4K動画配信を行う時にも、機材さえ変えればすぐに対応できる体制が整っているということです。

こうした技術力を有するチームの特性を生かしてネットワークの構築を内製化し、コモディティ化した領域を外注に任せる体制の構築を目指しました。

マルチベンダ環境での拡張性や、既存のインフラ資産を生かせる柔軟性などが魅力でした

選定のポイント

ネットワーク選定は2019年の2月ごろより本格化しました。ネットワーク構築を担当した同課ピアリングコーディネーターの髙木萌氏は、構築を内製できる製品を、Arubaをはじめ複数のベンダーから比較検討しました。

Arubaからの提案は、既存の機器のマイグレーションを含め、容易に構築できる点が魅力的だったといいます。

「KADOKAWA全体ではAruba製品を使っていましたので、今後、サクラタウンだけでなく、全社展開を見据えた時に、マルチベンダ環境での拡張性や、既存のインフラ資産を生かせる柔軟性などが魅力でした」

既存の資産を容易に有効活用できるライセンス体系やリーズナブルなコストも相まって、Arubaの提案内容が最もニーズに合致していたということです。

また、内製化を進める上で、Arubaからの技術支援が受けられる点も決め手となりました。「Aruba製品以外のマルチベンダ環境を、今後、全社で組み合わせていくとなるとエンジニアリングや運用の習熟コストなどが考えられます。これらの点でメーカーの支援を受けられることは大きなポイントでした」と髙木氏は振り返ります。

導入時のポイント

正式導入が決まったのが2019年8月ごろ。その後、事業部へ要件のヒアリングを行い、3〜4か月でテストにこぎつけ、2020年3月にシステム構築が完了しました。

また、無線ネットワーク設計を担当した同課ピアリングコーディネーターの北脇大氏は「アクセスポイント（以下AP）の設置場所は、要件ヒアリング以前から計画していた」と話します。

「物理ネットワークは、施設の建設段階でAPを設置してもらう必要があります。そこで、建物の設計、建設の際に、ネットワークの配線についてもシミュレーションを行いました。」（北脇氏）

特に、外構アンテナは建物の意匠上、設置場所が限られています。限られた設置場所から、どうカバレッジを確保するか、時には工事現場に入ってシミュレーションを繰り返しました。

　中には屋外で9メートルの高所に設置するAPもあり、「高所作業車でないと交換できないので、失敗が許されない」箇所もありました。そうしたクリティカルな部分は、「Aruba側で初期不良がないかを検証してから納品してもらいました」という。

　また、構築の前段階の検証にも注力しました。東松氏によると、「iOSDC Japan」「CODE BLUE」といった大規模ITイベントにArubaの機材を持ち込み、会場に無線LAN環境を構築し、実際の大規模、同時接続の環境を検証したということです。

　導入に際して、Aruba側の技術支援はどうだったのでしょうか。髙木氏は、次のように続けます。

　「隔週で定例会を実施したほか、チャットツールのSlackを活用したサポートを受けることができました。メールでのやり取りがビジネスにおいては今日では一般的ですが、日常的な問い合わせに対しSlackによるスピーディな対応は異例のことではないでしょうか」

導入後の効果

　導入したAruba製品は、コントローラをクラスタ化して一元管理を実現する「Aruba Mobility Conductor」、統合認証基盤「Aruba ClearPass」、ネットワークの稼働状況をダッシュボードで可視化する「Aruba AirWave」です。

　また、コントローラやアクセスポイントには納期、価格などに応じて、認定リファービッシュ品を活用しています。本格運用の開始は、2020年8月からです。

　東松氏は「稼働直後は、ネットワークの不具合に対応するため、泊まり込みでの対応を想定していたが、一度も止まらなかったのはむしろ拍子抜けでした」と振り返ります。社員など、ネットワークの利用者からは「ネットワークが速くなった」との声をもらっているそうで、快適なネットワーク環境が安定稼働しているようです。

　実感している効果について、髙木氏は「Aruba Mobility ConductorやAruba AirWaveによって、ネットワークの接続、稼働状態が可視化され、一元管理によるトラブルシューティングが期待される」点を挙げます。

　「今も常時、毎日500台以上が接続しており、業務時間にピークを迎える接続、稼働状況がGUIで視覚的に確認できます。今後、端末側でWi-Fi 6の対応が進めば本格的に効果が期待されると思います。」（髙木氏）

　すでに、イベントホールではYouTube「KADOKAWA Anime Channel」の登録者数100万人突破を記念したベントの配信も行いました。北脇氏は「ホールもワイヤレス設計が難しいところだったが、指向性の強い外部アンテナを使うことでカバレッジを確保した。

Arubaはアンテナも屋内、屋外、指向性とラインナップが揃っており、安心感がある」と話します。

なお、施設内にオープンした「EJアニメホテル」では、客室が無線LANによってIoT化されています。無線LANアクセスポイント「Aruba 500H」が設置され、プロジェクターによるアニメ映像の投影や、映像と連動して変化する照明などを実現しています。

Aruba Mobility Conductor や Aruba AirWave によって、ネットワークの接続、稼働状態が可視化され、一元管理によるトラブルシューティングが期待されます

グループへの横展開と働き方の多様化への対応

今後は、ところざわサクラタウンでの成功を踏まえ、全社展開を見据えています。東松氏は「飯田橋の本社ビルを、ところざわサクラタウンと同じ構成で標準化していく」と述べ、Arubaの支援を得ながら横展開を進めていきたいと話してくれました。また、コロナ禍で広がるユースケースを紹介してほしいと東松氏は語ります。

今後は、働き方の多様化に対応するニーズはさらに高まっていきます。「COVID-19に

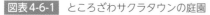

図表4-6-1　ところざわサクラタウンの庭園

より大きく働き方が変わりました。特にオフィスでの高密度収容に加え、在宅勤務時のWi-Fiの安定性がこれからは求められています。例えば、社内ネットワークへの接続も、従来のVPN接続から、RAP（リモートアクセスポイント）を社員に配布し、持ち帰ったAPの管理もコントローラ側で一元管理する体制を検討していきます」と東松氏は話します。

図表4-6-2 ところざわサクラタウンの課題とソリューション、導入効果

課題	ソリューション	効果
・大規模複合施設向けに高密度・低レイテンシの無線LANを新設する必要性 ・既存資産のマイグレーションを含めて、構築の内製化を可能に ・稼働状況の可視化や不具合などのトラブル対応を可能にするネットワークの一元管理 ・他拠点の標準化を可能にするマルチベンダ環境での拡張性	・Aruba Mobility Conductor ・Aruba ClearPass ・Aruba AirWave ・Aruba Mobility Controller ・AP（アクセスポイント）	・稼働直後から不具合なく、高速な無線LANの安定稼働を実現 ・Aruba AirWaveによって、ネットワーク状態が可視化され一元管理が可能に ・イベントホールなど、カバレッジが難しい屋内環境でも大規模配信が可能に ・「EJアニメホテル」の客室の照明制御などのIoT化にも「Aruba 500H」が貢献

株式会社 KADOKAWA

所在地	東京都千代田区富士見二丁目 13 番 3 号
設立	2014 年 10 月 1 日
URL	https://www.kadokawa.co.jp

1945 年の創業以来、出版や映像、アニメやゲームなどを手がけてきた KADOKAWA と、IT ベンチャーのドワンゴが経営統合されて 2014 年に設立されたのが KADOKAWA グループです。同社が 2020 年 11 月、埼玉県所沢市に開業した「ところざわサクラタウン」は、日本最大級のポップカルチャーの発信拠点です。

4-7 講義室の稠密環境で高速通信を確保

九州工業大学

国立九州工業大学は、2014年から全学3つのキャンパスにおいて入念かつ継続的な利用動向調査に基づいてWi-Fi環境の整備を進め、約500台のアクセスポイントを高効率に敷設しました。そして、2018年〜2019年のBYOD導入を機に実地検証のもとにWi-Fi6対応アクセスポイントを100台設置するなど、学内無線LAN環境の拡充・高度化に取り組んでいます。

　九州工業大学は、1909年に私立明治専門学校として開学し、現在では3キャンパスに2学部と3大学院を構え、学生数5600人を数える西日本屈指の工学系国立大学として、今年で創立112年を迎えます。

　福岡県北九州市戸畑区に位置する工学部／大学院工学府では、多くの産業が集まり、技術者が活躍する北部九州において、高度な専門技術者を永きにわたり輩出し続けており、福岡県飯塚市の情報工学部／大学院情報工学府では、1986年の設立以来、世界基準のIT人材を育成し情報社会の未来をリードしています。大学院生命体工学研究科は、学部をもたない「独立研究科」として2000年に北九州学術研究都市（北九州市若松区）に設立され、環境と調和した人に優しい革新的技術を開発しています。

　これら3つの分野を基軸としながら、分野横断的な教育・研究や、産業界をはじめ広く外部の機関との連携も推進し、「未来を思考するモノづくりとひとづくり」を通し活躍し続ける工学系人材の育成と知の創造による未来社会への貢献を目指しています。

APを増設し続け20年

　九工大では多くの授業で演習にパソコンを用いる他、教材配布やレポート作成など、日常的にノートPCを使っています。また、履修登録や成績通知、学習進度の申告といった教務手続きもオンライン化されており、キャンパス内Wi-Fi環境の整備・拡充は必要不可欠でした。

　2001年には早くも無線LANによる情報コンセントサービスを開始。一部の講義室を手始めに、アクセスポイント（以下、AP）設置エリアを順次全学へ拡大していきました。

　2014年には、IEEE 802.11ac対応のAruba社（現HP社）製AP 250台以上を3つのキャンパス全域に展開。その後も拡充を続け、2014年度中に281台、2015年度には326台にまで増設しました。

　さらに2017、2018年度には、BYOD（Bring Your Own Device）の導入に向けて、より高速なWave2対応のAP-330シリーズを導入。2019年度のシステム更新では、Wi-Fi 6（IEEE 802.11ax）対応のAPを100台導入し、全体で470台となりました。さらに2021年春までに増設して、現在ではAPの数は500台以上にまで増えました。

図表4-7-1 九州工業大学の無線LAN接続図（2014年度更新）

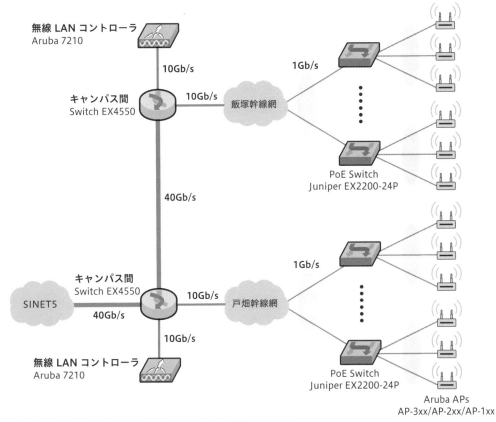

出典：https://www.ipsj.or.jp/dp/contents/publication/43/S1103-1926.

BYOD導入が決定し、講義室での個人端末の利用を想定したシステムの整備が急務でした

BYOD導入に備える

　全学に展開して5年を経た2019年、システム更改を迎える中で、学内通信における無線LANの比重が高まり、より高速かつ安定した通信環境が求められていました。そして、拡充の大きな懸案事項となったのは、学生個人が保有するノートPCやタブレット端末を授業に用いるBYODの本格導入でした。情報工学部では2018年、工学部は翌2019年度よりBYODを導入する計画が決まり、接続端末数の急増に備える必要がありました。

　情報基盤センター・中村豊教授は、次のように語ります。

　「BYOD導入が決定し、講義室での個人端末の利用を想定したシステム整備が急がれました。これまでの実験結果から、AP 1台当たりの収容端末数を30台程度と見積もって、講義室の収容人数に応じた置局計画を検討しました。また、APが密集する講義棟には、稠密環境での実効スループット特性に優れたWi-Fi 6を導入することにしました。」

　求められていたのはエリア拡大だけでなく、講義中の通信帯域の確保や不要通信の制限、SD画質（3Mbps）での動画視聴、特定の実験室で指定端末のみに接続を許可する個別SSID（Service Set IDentifier）の提供などであり、これらの多様化する要望に幅広く応える必要が生じていたのです。

利用動向の実態調査に基づく対策の実施

　大規模なシステム更改に先立ち、情報基盤センターでは2014年9月から2018年度までの学内Wi-Fi環境の利用動向を調査しました。具体的には、年度ごとの利用者数や端末数の推移、1人当たりの端末台数、毎年の新入学生の年次利用動態、曜日ごとの違い、BYOD導入前後における変化の有無などを調べ、Wi-Fiの設計指針に照らして課題を抽出しました。

　調査の結果、2015年度、新入生の利用端末台数は戸畑キャンパスで平均約1.4、飯塚キャンパスで約1.7でした。BYODを開始した2018年には、同じく戸畑で約1.5、飯塚で約1.8となりました。BYOD導入前の2015年度でも1.0を超えていたわけで、既にその頃から多くの学生がスマートフォンや個人のノートPCを学内無線LANに接続していた状況が窺えます。このことから、今後学年が進行していくにつれて、学生1人当たりの平均利用端末台数は2台を想定しなければならないことがわかりました。

　そこでシステム更新時には、BYOD端末の活用が含まれる講義室に対し、講義室定員の2倍程度の端末収容を考慮したAP増設を行うことにしました。従来、AP 1台当たりの収容端末数を30〜60台と想定していたため、最大同時接続数に余裕を持たせるため、ほとん

ど全ての講義室でAPを増設することになりました。

講義室の多くは稠密環境なので、
Wi-Fi 6 の有効性は非常に高いと考えました

Wi-Fi 6への期待

　このように、Wi-Fi環境整備の取り組みは、サービスエリアの拡大やAPの増設だけではありませんでした。

　特に、BYOD端末を活用する講義棟ではAPが密集し、隣接APの数が10台を超えている場合も少なくありませんでした。そうした環境で多数の端末が一斉に通信を行うと、チャネル間の相互干渉による実効スループットの低下が懸念されました。既存規格（IEEE 802.11ac）のAPを単に増設するだけでは、通信品質の改善策として不十分と思われたのです。

　そこで新システムでは、稠密環境での実行スループット特性に優れたWi-Fi 6の導入を検討。円滑な講義運営を目指して、一部の講義室ではチャネルボンディングによる増速を図ることにしました。そのため、Wi-Fi 6の通信実験を行い、狙い通りOFDMA（Orthogonal Frequency Multiple Access、直交周波数分割多元接続）により、端末数が増えてもスループットの低下を軽減できることを確認。中村教授は「BYODを使う講義室の多くは稠密環境なので、Wi-Fi 6の有効性は非常に高いと考えました」といいます。

　稠密性能に優れていることから、Wi-Fi 6のAPは講義棟や生協の他、一時的に多数の端末の接続が見込まれる会議室に導入することにしました。これに併せて既存のIEEE 802.11ac対応の余剰機材は、利用状況を考慮してその他の箇所に適切に再配分する一方、IEEE 802.11nにしか対応していないAPは全廃することにしました。

　以上の検討に基づき、以下の5つの改善方針に従って2019年度の無線LAN更新を行うことにしました。

① 平均利用端末数の増加を見越したAP増設

② 稠密環境への対応を考慮したIEEE 802.11axの導入

③ トラフィック増に対応するための有線側の増速

④ 費用対効果に基づくAP機材選定

⑤ 講義に直接関係しないトラフィック制御

2019年にWI-FI 6対応AP100台を導入

　上述の指針に基づき、2019年の全学ネットワーク更新では、全学にWi-Fi 6対応のAP
を計100台導入しました。これにより、Wi-Fi 6対応APの割合は戸畑で約19%（213台
中41台）、飯塚では約27%（217台中59台）、全学では21%（470台中100台）となり
ました。

　導入後、1日の全Wi-Fi利用者のうち、Wi-Fi 6対応APに接続したユニークユーザ数を
算出し、月ごとの平均を計測した結果、2019年10月からの半年間に戸畑では50%以上、
飯塚では60%以上の利用者が、1日に1回以上Wi-Fi 6対応APに接続している実態が明
らかになりました。

　この点について、調査に当たった情報基盤センターの福田豊准教授は、「全利用者の半
分はWi-Fi 6対応APに接続しており、全学に対する設置率が全体で21%であることを踏ま
えると、2019年の更新ではWi-Fi 6対応のAPを効率的に配置できたと考えています」と評
価しています。

図表4-7-2　2021年6月時点での、九州工業大学の無線LAN構成図

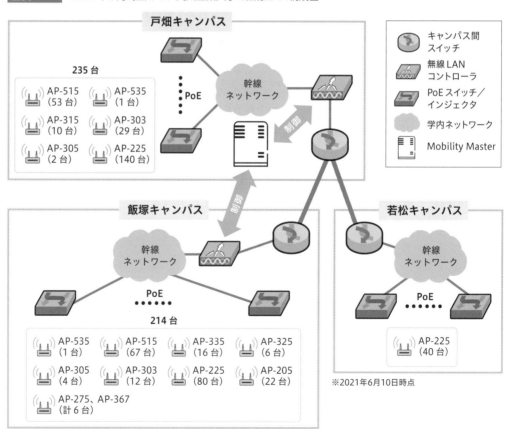

※AP-275、AP-367は屋外用
出典：九州工業大学キャンパス無線LANにおける端末の無線LAN規格調査

通信環境のさらなる充実に向けて

　BYODによる新規端末のほとんどがWi-Fi 6対応デバイスであり、今後もその比率は高まっていくと考えられることから、APも順次Wi-Fi 6対応に切り替えていく方針です。

　情報基盤センター・福田准教授は、こう述べます。

　「本学でもコロナ禍を機に、WebEXやTeamsなどのビデオ会議システムが多用されており、安定した通信の提供にはWi-Fi 6対応APが必要だと考えています。

　オンライン授業やSNS／チャットありきのサークル活動など、今日の学生生活はWi-Fiなしでは考えられません。コロナ禍が去っても後戻りすることはないでしょう。電子教材の配信などとは異なり、快適な多地点双方向リアルタイム通信を、場所の制約なしに、無線環境で実現していかなくてはなりません。このことは、全ての教育機関の急務ともいえるでしょう。

　その他の運用課題としては、現在では次の2点を検討しています。

- 端末を特定しない、Mac Addressのランダム化への対応
- 円滑なオンライン講義環境を維持するためのトラフィック制御

　特に後者はBYOD導入後，講義に直接関係しないトラフィックによる無線LAN帯域の占有が生じており、対策が必要でした。例えばスマートフォン向けのゲームや動画配信サービス、あるいはOSやアプリケーションのアップデートなど、講義には直接関係しない通信によって帯域が占有される事象が観察されたため、その制限を実施することにしました。この制御により不要なトラフィックによる占有を防ぐことができるようになりました。ただし、新たなゲームやサービスは次々と登場してくるので、随時制御項目の見直しが必要になっているのが現状です。」

国立大学法人九州工業大学

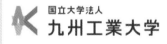

学長	尾家祐二
所在地	**戸畑キャンパス（本部・工学部）：** 福岡県北九州市戸畑区仙水町 1-1 **飯塚キャンパス（情報工学部）：** 福岡県飯塚市川津 680-4 **若松キャンパス（大学院生命体工学研究科）：** 福岡県北九州市若松区ひびきの 2-4
設立	1909 年 4 月（私立明治専門学校として開校）
URL	https://www.kyutech.ac.jp

Chapter

5

IoTのためのWi-Fi規格 802.11ah

本章では、IoT向けの新たな無線システムとしての802.11ahの特徴を解説します。第1節では802.11ahの概要を紹介します。第2節では802.11ahの技術的特徴を紹介します。第3節では、802.11ahの適用領域とユースケースを紹介します。

5-1 802.11ahの概要

IEEE 802.11ah（以下11ah）はIoTの普及を大きく進めることが期待されている新たな無線LANの規格です。2.4GHz帯、5GHz帯で使われてきた無線LANを、移動通信ではプラチナバンドと呼ばれている1GHz以下の周波数帯（サブ1GHz）で使えるようにすることで、無線LANの広域化が可能になります。

1 11ahの標準化

(1) IEEE 802.11での位置づけとターゲット

IoT向けの無線システムには、移動通信事業者が携帯電話向けに割り当てられた周波数を使ってサービスを提供するものと、ユーザが自営用に割り当てられた周波数を使って自身で構築する自営のものがあります。ユーザによって利用方法が様々に異なるIoT無線システムにおいては、ユーザの自由な運用が可能な自営の無線システムが広範な普及のカギとなります。

自営のIoT向け無線システムとして、これまで様々なタイプのLPWAが登場してきましたが、無線アクセスの通信速度が限定されるため、画像伝送を行うようなアプリケーションには利用できず、付加価値の高いIoTを提供していくためには課題がありました。一方、高速な無線アクセスを担うことができる無線LANでは、1つのアクセスポイント（以下AP）でカバーできるエリアが限られていたため、通信エリアの拡大が課題となっていました。

この両方の課題の解決を期待されているのが11ahです。11ahではサブ1GHz（S1G）と呼ばれる、1GHz以下の周波数を使って広いエリアをカバーするとともに、限られた周波数を効率よく使うことができる無線LAN技術を用い、広域で高速な無線アクセスを実現しています。このため、動画伝送等の高速伝送アプリケーションを数百メートルから1km程度のエリアに提供するような、今まで実現できなかった無線アクセスを提供することが可能になります。図表5-1-1は、既存のLPWAシステム、無線LANと11ahの関係を示しています。11ahでは既存のLPWAシステムや無線LANでは実現できなかった、広域性と高速性の両方をみたす新たな領域をカバーし、IoTの新たな展開が実現できることがわかります。

11ahのもう1つの特徴は、Wi-Fiとして広く普及しているIEEE 802.11標準規格をベースとしていることです。今までの無線LANと同じくIPでの接続が可能になるので、これまでWi-Fiに接続して使われてきたIPカメラなどの様々な機器をそのまま利用できます。新たなIoT機器の開発も、無線LANに接続するIoT機器の開発と全く同じ形で行うことができます。

このように、広域性、高速性に加え、IPベースで展開力を有する11ahは、多様なユースケースに素早く対応できる新たな無線システムであり、IoTの普及に向けて大きく貢献できると考えられます。

図表5-1-1 11ahの位置づけ

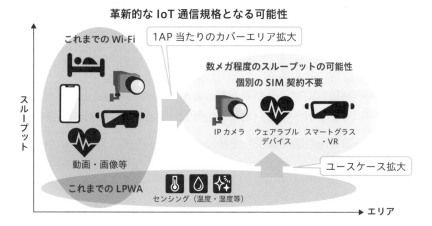

(2) Wi-Fi Allianceでの取り組み状況

11ahを誰もが自由に使えるようにするためには、現在広く普及している2.4/5GHz帯の無線LANと同様に、異なるベンダの製品同士でも通信できるようにする必要があります。IEEE 802.11のワーキンググループでは無線LANの仕様を規定しますが、この仕様をみたす実装方法は多様ですので、異なるベンダ間の機器が確実につながることは保証されていません。この役割を担うのが、Wi-Fi Allianceです。

Wi-Fi Allianceでは、IEEE（アイ・トリプル・イー、Institute of Electrical and Electronics Engineers）で策定された無線LANの仕様書（無線LAN規格）に対して、異なるベンダの製品間の接続が正しく行われるかを確認するテストプログラムを作り、テストに合格した製品にのみWi-Fiの認証を与えます。Wi-Fi認証された製品であれば異なるベンダの製品間でも正しい接続が保証されるため、ユーザは無線LAN機器を安心して購入することができます。Wi-Fi（ワイファイ）というブランド名は認知度が高いことから、現在では「無線

LAN」を指す一般名詞とほぼ同義で用いられるようになりました。

11ahは2010年から2016年まで6年以上かけてIEEE 802.11ワーキンググループで標準仕様の策定が進められ、2017年に仕様が公開されました。Wi-Fi Allianceでは、2016年にIEEE 802.11ahのWi-Fi Allianceにおけるブランド名をHaLowとし、認証プログラムの策定を進めることをアナウンスしました。Wi-Fi Allianceでの認証を受けた11ahの機器はWi-Fi HaLowと呼ばれるようになります。Wi-Fi Allianceは2020年5月にWhitepaperを発刊し市場展開の準備を進めるとともに、認証開始に向けて内部での議論が進められています。

Wi-Fi Allianceで認証を受ける機器は、各国での制度に沿ったものになっている必要があります。それぞれの国において、同一周波数を利用する無線システム同士の共存条件や、隣接する周波数を利用する無線システムとの共存条件などから、該当する周波数において無線機が従うべきルール（制度）が定められています。2021年7月現在の日本のルールは11ahの仕様を想定したものではないため、11ahの運用が可能となるように制度化を行う必要があります。2021年6月に総務省が運営している情報通信審議会における検討が開始されました。802.11ahの国内利用に向け、送信帯域幅を現行規定の1MHzから拡大する検討を行うことが明記されています。2022年の2月または3月に答申を行うスケジュールも示されており、802.11ahの国内利用の制度面での準備が着実に進められています。

2 IoT向けLPWA

(1) IoTに用いられる周波数

IoTの通信では、既存の携帯電話や無線LANで使われている周波数帯に加えて、自営で広域をカバーすることが可能な920MHz帯も重要な役割を担っています。この周波数帯は電波が減衰しにくいだけでなく、障害物などを回り込む際に生じる回折の損失も小さくなるため、広域通信や見通し外環境での安定した品質確保に適しています。また、1MHz以上の帯域幅を確保することが可能なため、比較的データ量の多い通信を行えます。移動通信においては、700MHz ～ 900MHz帯付近の周波数帯は「プラチナバンド」と呼ばれ、電波が遠くまで飛ぶとともに広域域通信が可能な貴重な周波数帯と考えられています。日本における周波数の価値を検討した資料では、1基地局で広いエリアを確保できる広域性の価値が高いと分析されており、2GHz帯では1MHz当たり37.5億円であるのに対し、800MHz帯では1MHz当たり115億円といった試算が行われています[1]。

---

[1] 野村総研「我が国における周波数の価値の算定」規制改革推進会議 第9回投資等WG資料、平成25年6月。https://www8.cao.go.jp/kisei-kaikaku/suishin/meeting/wg/toushi/20171116/171116toushi10.pdfより引用。

自営のIoT向け通信を担う代表的な周波数帯である920MHz帯について、周波数の割り当て状況を図表5-1-2に示します。

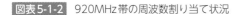

図表5-1-2 920MHz帯の周波数割り当て状況

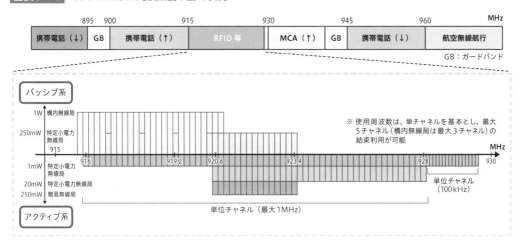

920MHz帯は端末に電源をもたないパッシブタグ等のパッシブ系と、端末に電源を搭載し通信を行うアクティブ系の2種類の無線システムに周波数が割り当てられています。広域のIoT無線通信を担うのはアクティブ系で20mWの出力が可能な920.5MHz ～ 928.1MHzとなります。この中で920.5MHz ～ 923.5MHzはパッシブ系とアクティブ系の共用バンドで、920.5MHz ～ 922.3MHzはパッシブ系優先、922.3MHz ～ 923.5MHzはアクティブ系優先の運用となっています。周波数チャネルは200kHz単位で定義されています。また、周波数を独占的に使うことがないように、1つの無線局は1時間当たり6分間以下のみ送信が許可されています。すなわち、送信可能な時間割合を示すDuty比[2]では10%以下となります（図表5-1-3）。動画像伝送などの運用では、送信する画質や動画のフレームレートを調整することで、信号送信を行わない時間を適切に設定し、Duty比をみたしながら途切れることなく連続して通信できます。

---

[2] Duty比：ある一定の周期で連続するパルス列におけるパルスのオンオフの継続時間の比率。電波の場合は、電波を出している時間TON、出していない時間をTOFFとすると、Duty比＝TON ／（TON ＋ TOFF）で表される。

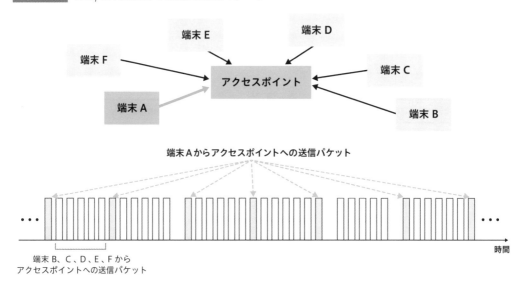

図表5-1-3 Duty比10%以下での動画伝送のイメージ

図表5-1-3に端末A～Fがアクセスポイントに対して、各端末が数ミリ秒～数十ミリ秒程度のパケットで動画伝送を行う場合のイメージを示します。各端末からの信号は時間軸上で重ならないように伝送されます。このように伝送することで、同時に多数のユーザが動画伝送を行うことができます。この仕組みは、2.4/5GHz帯の無線LANと同様です。端末Aからのパケットに注目すると、他の端末が送信している時間や、各種制御のための空き時間には信号送信を行いません。このため、時間軸上では送信している時間の合計は全体に対して10%以下になるので、Duty比10%をみたしながら連続した動画伝送を行うことができます。端末B～Fが存在しない場合でも、同じような間隔で送信すれば、Duty比10%をみたしながら、連続した動画伝送を行うことができることがわかります。

920MHz帯に加え、デジタルMCAシステムの跡地（845MHz～860MHz、928MHz～940MHz、以下「MCA跡地」と表記）が、自営用IoT無線の新たな候補周波数帯として検討されています。現在デジタルMCAシステムは850MHz～860MHzを下り通信に（845MHz～850MHzはガードバンド）、930MHz～940MHzを上り通信に利用していますが、今後はLTE技術を用いた高度MCAシステム（上り通信：895MHz～900MHz、下り通信：940MHz～945MHz）に段階的に移行される予定です。

総務省で2020年に実施した検討の結果によると、845MHz～860MHz帯については、11ahの他、「3次元屋内外測位システム」「LPWAシステムの双方向化」が候補システムとなっています。また、928MHz～940MHz帯については、11ahの他、「LPWAシステムの双方向化」、「パッシブ型RFIDの利用拡大」、「IEEE 802.15.4x方式によるIoT無線通信システム」、「無人航空機等の位置情報共有システム」が候補システムとなっています。

これまで、IoTに割り当てられていた約14MHzに加えて、新たに20MHz以上の帯域が割

り当てられる可能性があり、割り当てが実現すれば、国内でのIoTの進展が期待されます。

(2) 各種方式とその特徴

現在920MHz帯で運用されている代表的な無線システムはLoRa、Wi-SUN、Sigfox等です。以下、これらの概要を説明し、各システムと11ahを比較することにより、11ahの位置づけを明らかにします。

(a) LoRa

LoRaは米国のSEMTECH社が開発した無線通信方式です。チャープ・スペクトラム拡散を無線変調に用い、低消費電力での長距離伝送を可能にしています。

チャープ伝送は送信する周波数を時間とともに変化させる方式です。チャープ・スペクトラム拡散では、1つの信号を送信する間に周波数を変化させます。受信機では時間とともに変化する周波数に追従し、それらの信号を積分して信号を検出します。周波数が遷移する間は同じ信号を送り続けるため、伝送速度は低下しますが、そのぶん受信感度を高めることが可能です。伝送速度は最高でも50kbps程度に留まります。

LoRaはIEEEのようなオープンな団体で標準化されている規格ではありません。また、無線規格のみを規定しており、そのままでは使えません。実際に利用するにはSEMTECH社などが加入しているLoRa Allianceで規定した規格であるLoRaWANを利用してシステムを構築することになります。

(b) Wi-SUN

Wi-SUN（Wireless Smart Utility Network）は電力系のスマートメータなどで使われている無線システムです。物理層の仕様はIEEE 802.15.4g規格としており、FSK変調などが用いられています。エリアは1km程度をカバーすることができます。スループットは物理層の仕様にもよりますが、50kbps ～ 200kbps程度で利用されています。他のLPWAと比較すると伝送速度が高く、静止画伝送を行った実験結果なども報告されています。2011年に発足されたWi-SUN Allianceでは異なるベンダ間でも相互接続できるよう、Wi-SUN CERTIFIED™制度を2013年に発足させています。

現在は国内中心の展開となっています。国内の電力会社等のメータリングシステムにおいては、携帯電話回線やPLC（電力線通信）とともにWi-SUNが実装されており、設置された環境等に応じて、どの方式を利用するかを選択しています。さらなる普及に向けては、メータリング以外のアプリケーションの開拓が課題となっています。

(c) Sigfox

Sigfoxは、フランスのSIGFOX社が提供するLPWAネットワークで、基地局とクラウドサービスを提供しています。帯域幅は上りが100Hz、下りが800Hzとしていますの

で、他のシステムと比較して狭帯域になっていることがわかります。このため、通信距離を40km程度にまで延ばすことができます。ただし、帯域を狭めたため通信速度は上りが100bps、下りが600bpsとなっています。なお、上り通信の変調にはD-BPSK、下り通信の変調にはGFSKを使用しています。

　Sigfoxの仕様はIEEEなどでの標準化が行われていません。Sigfoxを実際に利用する場合は、装置を購入して自由に使える無線LANとは異なり、日本に1つしかないSIGFOXオペレーターと契約を結ぶ必要があります。

(d) IoT向け無線通信システムの比較

　従来の920MHz帯のIoT向け無線通信システムに、11ah、セルラー方式のNB-IoTを加えた比較表を図表5-1-4に示します。図表5-1-4からわかるように、伝送速度とエリア範囲はトレードオフの関係にあります。また、11ahはこの従来のトレードオフラインを大きく超えていることがわかります。さらに、現在広く利用されているWi-Fiと同じようにIPベースで容易に無線ネットワークを構築できるという特徴も併せもっています。

　また、現在のWi-Fiと比較すると、伝送速度は低く抑えられていますが、Sub-1 GHz帯を利用することで、エリアを1km程度にまで大きく拡大していることがわかります。

図表5-1-4　各種IoT向け無線通信システムの比較

規格 / 項目	11ah	従来の920MHz帯システム			セルラー
		LoRaWAN	Wi-SUN	Sigfox	NB-IoT
使用周波数	Sub-1GHz[*1]	Sub-1GHz[*1]	Sub-1GHz[*1]	Sub-1GHz[*1]	Sub-1GHz[*1]
エリア範囲	>2.5km[*2]	<10km	<1km	<40km	<10km
伝送速度（bps）	150K-20M[*3]	300-27k	6.25k-800k	100 or 600	20k-127k
免許不要帯の利用	○	○	○	○	×
バッテリや電池での長期運用[*4]	年オーダー	年オーダー	年オーダー	年オーダー	年オーダー
標準化	○	×	○	×	○

＊1　**Sub-1GHz**：1GHz以下の周波数　　　　　　　　　　　Wi-Fi Alliance Whitepaperの情報を元に作成
＊2　**>2.5km**：11ah推進協議会での検証実験で2Mbps@2.5kmを確認
＊3　**20M**：4MHz帯域伝送時の規格上の最大伝送速度（1空間ストリーム）
＊4　**バッテリや電池での長期運用**：センサデータでの運用

(3) 920MHz帯で運用されている無線システム

　郊外都市の屋外エリア（横須賀中央駅付近）において、920MHz帯における電波環境の測定を実施しました。測定結果を図表5-1-5に示します。図表の横軸は周波数、縦軸は-80dBm以上が観測された無線システムによる占有時間を表しています。ここでは、連続した1時間の測定における占有時間の割合を％で示しています。920MHz帯内の複数の周

波数において、信号が検出されていることがわかります。これらの信号は、(2)で紹介したような現在運用されているLPWAなどの無線システムだと想定されます。

　例えば、4MHzの帯域幅で11ahを運用する場合には、送信する前のキャリアセンス時間の間、4MHzにわたって信号が検出されない状態が継続されている必要があります。図表5-1-5の状況であれば、ほとんどの時間においてこの条件をみたしています。11ahのパケットはパケット長が短いという特徴もあるので、このような環境では11ahも現在運用されている他の無線システムも、お互いの性能を劣化させることなく共存することが可能になります。また、より通信中の無線システムが多い環境でも、互いにキャリアセンス機能を動作させることで干渉の影響を抑えることができます。

図表5-1-5 -80dBm以上で検出された無線信号例

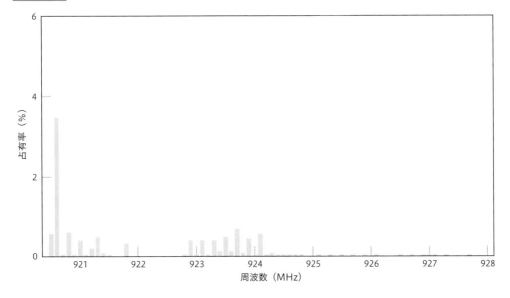

5-2 802.11ah の技術と 特徴

11ahではこれまでの2.4GHz帯や5GHz帯の無線LANで用いられてきた技術を1GHz以下の周波数帯（Sub-1GHz帯、以下S1G帯）で利用できるように各種パラメータを変更するだけでなく、IoTに適用するための通信エリアの拡大、低消費電力化及び多数端末への対応などの高度化機能も規定されています。

1 伝送帯域の狭帯域化

(1) OFDMチャネル帯域幅

　各国のS1G帯では、ISMバンドである2.4GHz帯や世界共通で無線LANに割り当てられた5GHz帯のような広い周波数帯域幅が割り当てられていません。例えば、最も帯域幅の割り当てが広い米国での周波数帯割り当ては915MHz帯で合計26MHz幅です。従来のWi-Fiは20MHz幅が最小となっているため、2つ以上のシステムを同じエリアで運用する場合、周波数が被らないようにすることはできません。そのため、11ahでは多数の周波数チャネルを確保するため、無線LANの基本的な規格はそのままで、信号伝送する際の帯域を縮小しました。11ahの帯域幅は11ac（IEEE 802.11ac）で規定されていた20/40/80/160MHz帯域幅を1/10にし、2/4/8/16MHz帯域幅を規定しています。さらに、より通信エリアを広げるために1MHz帯域幅での伝送を加え、この1MHz帯域幅を基準として基本のフレームを形成しています。このように従来の無線LANと比較して最小の周波数帯域幅を1/20とすることで、広い周波数割り当てが困難なS1G帯においても無線LANと同様に、互いに干渉を生じない複数の無線チャネルの設定を可能にしています。

(2) 従来規格とのパラメータの比較

　11ahは帯域幅を縮小させる手段として、無線チップを動作させるクロックを1/10としています。その結果、従来の無線LANの各パラメータが変更されています。例えば、従来のサブキャリア間隔は1/10に縮小しています（サブキャリアとはOFDMを形成する複数の周波数キャリアのことです）。また、OFDMのシンボルの時間長は逆に約10倍となっています。フレーム交換の最小時間間隔（SIFS）も同様に長くなります。11ah、11ac/11nで比較した各周波数・時間パラメータを図表5-2-1に示します。

	11ah	11ac	11n
周波数帯	Sub-1 GHz	5GHz	2.4/5GHz
帯域幅	1/2/4/8/16MHz	20/40/80/ 160(80+80)MHz	20/40MHz
FFTサイズ	32/64/128/256/512	64/128/256/512	64/128
サブキャリア間隔	31.25kHz	312.5kHz	312.5kHz
OFDMシンボル長	32 us + GI長	3.2 us + GI長	3.2 us + GI長
GI長	4/8/16 us	0.4/0.8 us	0.4/0.8 us
SIFS時間	160 us	16 us	16 us
slot時間	52 us	9 us	9 us

※ GI：Guard Interval、SIFS：Short Inter-Frame Space

2　通信エリアの拡大

　前項の「伝送帯域の狭帯域化」で述べたように、11ahでは最小の帯域幅を1MHzと、無線LANの1/20に設定しています。このようにすることで、送信電力が小さいIoT端末でも単位周波数当たりの送信電力を高め、広い通信エリアを確保できるようになります。11ahではさらに通信エリアを拡大するため新たな変調符号化方式や、リレー機能が規定されています。

(1) 新たな変調符号化方式

　変調符号化方式（MCS：Modulation and Coding Scheme）は、デジタル信号を無線伝送する信号に変換する方式のことで、MCSによってスループットが変化します。無線LANでは、無線環境に応じて変調符号化方式を変化させて、高い周波数利用効率を達成しています。具体的には、無線品質が悪い環境では低速伝送を行うMCSを選択し、無線品質が良好な環境では高速伝送を行うMCSを選択する制御が行われています。11ahでは5GHz帯の11acのMCSに加え、通信エリアを拡大するため、新たなMCSを導入しました。新たなMCSは、11ac（Wi-Fi 5）で使われている最も低い伝送速度を実現するMCSをベースとし、同じ信号を2回繰り返すことで、より安定した品質が得られるようにしています。同じ信号を2回送るため、伝送速度は低下してしまいますが、そのぶん雑音に対する耐性が高まり通信エリアを拡大することができるのです。

　5GHz帯の無線LANの11acでは環境に応じてMCSを変化させるため10種類のMCSが用いられており、MCS index 0～9で表されます。11ahではMCSのindex 0から9に加え、上述の新たなMCSをMCS index 10と定義しています。11ahのチャネル帯域ごとの物理層

レートを図表5-2-2に示します。11acまではindexが大きくなるにしたがって物理層レートが向上していますが、11ahで通信エリア拡大に向けて新たに定義した1MHz帯域伝送のMCS index 10はMCS index 0の半分のレートになっていることがわかります。

図表5-2-2 各帯域幅の11ah物理層レート[kbps]（空間ストリーム数＝1、GI長8us）

MCS index	1MHz	2MHz	4MHz	8MHz	16MHz
0	300	650	1350	2925	5850
1	600	1300	2700	5850	11700
2	900	1950	4050	8775	17550
3	1200	2600	5400	11700	23400
4	1800	3900	8100	17550	35100
5	2400	5200	10800	23400	46800
6	2700	5850	12150	26325	52650
7	3000	6500	13500	29250	58500
8	3600	7800	16200	35100	70200
9	4000	N/A	18000	39000	78000
10	150	N/A	N/A	N/A	N/A

※11ahにおいても、図表5-2-1で表記している以外にGI（Guard Interval）や空間ストリーム数（11ahでは最大4まで）が異なる物理層レートも規定されている

(2) リレー機能

　通信エリアのさらなる拡大や、構造物などの影響を軽減するため、11ahではオプションとして最大2ホップを構成するリレー機能が導入されました。リレーモードに設定されたリレー端末（中継局）は、APと端末間における双方向通信の中継を担います。リレー機能を使用したネットワーク構成の一例を図表5-2-3に示します。例えば、ルートAPと端末2、端末3が3km離れている場合でも、リレーAP1をルートAPから1km、リレーAP3をリレーAP1から1kmの位置に設置すると端末2、端末3が収容できます。このように構成することでルートAPから3km離れた端末とも11ahで通信することが可能になります。

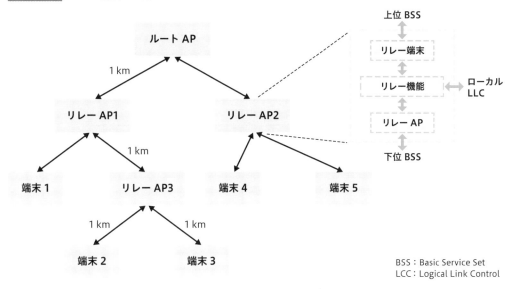

図表5-2-3 リレー構成の一例

上位 BSS

リレー端末

リレー機能 ←→ ローカル LLC

リレー AP

下位 BSS

ルート AP

リレー AP1   リレー AP2

1 km

1 km

端末 1   リレー AP3   端末 4   端末 5

1 km   1 km

端末 2   端末 3

BSS：Basic Service Set
LCC：Logical Link Control

　11ahでは、リレー機能で通信が正常に行われたかを各ホップで確認する「明示的な ACK（Acknowledgement)」による方法と、各ホップでは通信が正常に行われたかの確認は行わず、最終段の端末のみで確認する「暗黙的な ACK」による2つの方法が規定されています（図表5-2-4)。

　「明示的な ACK」による方法では、各ホップで正常受信したか否かを把握しながら通信を行います。各ホップにおける受信リレー端末（中継局）/受信端末は、信号が正しく受信できた際に ACK と呼ばれるフレームを送信局に返します。この方法では、先のホップを気にすることなくリレー機能を使わない通常のアクセスと同様に通信を行えます。ただし、ACK フレームを各ホップで送信するため、システム全体の ACK フレームが増大し、データ通信に使える時間が低下するという課題があります。

　これに対して「暗黙的な ACK」による方法では、各ホップで ACK フレームを送信せずシーケンス時間長をより短縮して伝送することが可能です。また、これらのシーケンスが割り込まれないように通信を保護する TXOP sharing（Transmission opportunity sharing）機能が規定されています。

　これらのリレー機能を用いることで、より広域なエリアや、IoTでしばしば発生する遮蔽（不感地帯）のある環境においても端末の接続が可能になります。

図表5-2-4 リレー機能によるフレーム転送シーケンス例

明示的な ACK のリレー

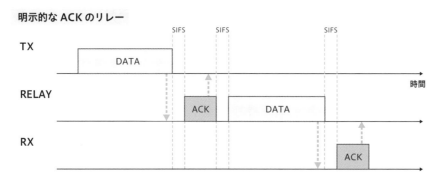

暗黙的な ACK のリレー

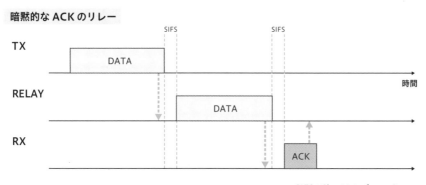

SIFS：Short Interframe Space
ACK：Acknowledgement

(3) 遅延波に対する耐性向上

　従来の無線LANは主に屋内で使用されることが想定されていましたが、11ahはIoT向けの無線システムですので、屋外環境に対応させる必要があります。利用する周波数が伝搬損失の小さいSub-1GHzですので、山やビルなどの遠くの反射物で反射する反射波も高い電力で受信されることが想定されます。この反射波は直接波と比べると伝搬距離が長く遅れて到来するため、遅延波と呼ばれます。屋外利用が想定される11ahでは、屋内を想定した11nのチャネルモデルと比較すると、最大遅延時間は約5倍と想定され、この遅延波に対する耐性の向上が必要となります。

(a) GI長の拡大

　無線LAN規格では信号の遅延波への耐性を高めるためにOFDM信号にGI（Guard Interval）と呼ばれる信号区間を設けています。図表5-2-5に示すように、GIはOFDMシンボル間に設けられ、送信されるOFDM信号の一部をコピーした信号を送信します。このようにすることで、GI以内の遅延時間の遅延波を検出して、その影響を抑えることができます。図表5-2-1で示す通り、11ahはそもそも11n、11acと比較してOFDMシンボル長

が10倍であり、同様にGI長も10倍以上に設定可能なので、屋外で利用した場合でも遅延波の影響を十分に抑えることができます。図表5-2-6に従来の無線LAN（11a/g/n/ac）と11ahのGIの比較を示しています。遅延波の遅延時間τが1μ秒を超えるような遅延波の場合、従来の無線LANでは遅延波は1つ前の信号の情報を含むことになります。このため、異なる情報が重なるシンボル間干渉が生じます。これに対して11ahでは遅延時間τはGIの時間内に収まるため、シンボル間干渉が生じず良好な品質が得られます。

図表5-2-5 ガードインターバルの効果

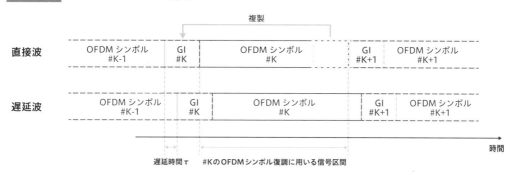

図表5-2-6 従来無線LANと11ahにおけるガードインターバルの比較

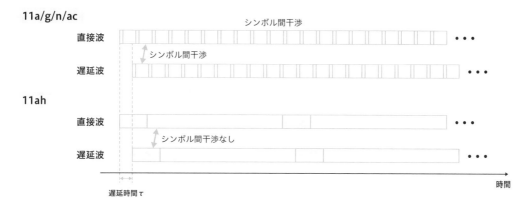

(b) トラベリングパイロット（Traveling Pilot)

OFDM信号はサブキャリアと呼ばれる複数の周波数キャリアから構成されています。図表5-2-7は、11ahの1MHz帯域幅OFDM信号のサブキャリア位置を示しています。図表に示すように、0を除く-13から13までの26個のサブキャリアから構成されています。26個のうち24個のサブキャリアをデータ通信に用い、残りの2個のサブキャリアではパイロット信号と呼ばれる無線環境の変動を検出するための信号を送信します。このパイロット信号は今までのWi-Fiでは固定のサブキャリアから送信していました。11ahでは無線フレー

ム全体の全帯域にわたって環境変動に追従できるように、無線環境の変動を検出するサブキャリアの位置が時間とともにシフトする Traveling Pilot を導入しました。これによって、屋外環境での IoT 通信のような場合でも、適切に無線環境に追従し、安定した無線通信を行うことができるようになります。

図表5-2-7　1MHz幅11ah OFDMサブキャリア

　具体例として、1MHzの帯域幅で伝送する場合の Traveling Pilot の位置を図表5-2-8に示します。1MHz幅の OFDM 信号ではパイロット信号は2つあり、パターンインデックスごとに異なるサブキャリア番号が組み合わされていることがわかります。時間とともにこのパターンインデックスを変えていくことで、全サブキャリアにわたって環境変動を検出することができるようになります。

図表5-2-8　1MHz幅信号のTraveling Pilot位置（空間ストリーム数＝1）

パイロット信号/ パターンインデックス	0	1	2	3	4	5	6	7	8	9	10	11	12
0	-2	-10	-5	-13	-8	-3	-11	-6	-1	-9	-4	-12	-7
1	12	4	9	1	6	11	3	8	13	5	10	2	7

3　省電力化

　様々な省電力化技術を適用し、センサ端末においては年単位のバッテリ寿命の実現が可能となっている点も11ahの特徴です。ベルギーの研究開発機関である IMEC の試算によると、11ahでは単位エネルギー当たりで送信できるデータ量が LoRa や Wi-SUN の約4倍程度となります。また、10分に一度12byteのデータ伝送を行うケースでは、2000mAhのバッテリを用いた場合は12.6年、コイン電池相当の250mAhのバッテリを用いた場合でも1.5年のバッテリ寿命となるという結果が示されています。ベンダごとの実装によって実際のバッテリ持続時間は前後しますが、既存のLPWAと比較してもエネルギー効率が高く、優れた省電力化が実現できることがわかります。以下に、この省電力化を実現している技術を詳しく説明します。

(1) スリープ機能（TWT：Target Wake Time）

　11ahは、IoTの基本機能として屋外のセンサ端末としてのユースケースが想定されており、省電力化が必要になります。省電力化の手段としては、端末の動作時間を最小限にし、それ以外の時間はスリープ状態とする方法が考えられます。センサ端末は送信する頻度やトラフィックが少ないため、送信時や受信時以外にスリープ状態となることで大きな省電力化の効果が見込めます。

　11ahでは必要な時間だけ通信する技術としてTWT（Target Wake Time）を導入しました。TWTは省電力化したい端末がAPに対してTWTを要求し、スリープ期間を設定する技術です。APは端末がスリープ状態の間は端末に送信するパケットを保持しておきます。端末がスリープ状態から通信状態に戻った際は、スリープ期間における自端末宛フレームの有無を確認し、フレームがある場合はAPとの通信を開始します。このようにすることで、スリープ期間中の端末への信号も受信可能になります。

　なお、11ahで導入されたTWTは11ahの後に策定された11ax（Wi-Fi 6）にも継承されています。詳細は異なりますが、目的や基本的な動作は同様です。

(2) スリープ期間の設定（USF：Unified Scaling Factor）

　TWTではスリープ期間を設定する必要がありますが、期間は多様な端末の用途に応じて幅広い範囲で設定できることが望ましいと考えられます。少ない情報量（ビット数）で幅広い範囲のスリープ期間の設定ができるように、11ahはUSF（Unified Scaling Factor）と呼ばれる数値の表現方法をサポートしています。USFはビット値で示される期間のステップサイズや最大値を指定し、少ないビット数で短期間から長期間の数値を示すことができる技術です。USFを利用することで、数値上は最大5年以上のスリープ期間を指定できます。これにより、年単位でのバッテリ動作が可能になると考えられます。

(3) フレーム長の短縮

　省電力化のためには、送信時間をできるだけ短くすることも有効です。無線LANでは送信するパケットには必ず送受信局のアドレス情報や制御信号等の送信データ以外の情報が含まれています。センサ機器の通信のようにデータ量が少ない場合には、データ以外の情報によるオーバーヘッドの割合が大きくなることが問題となります。

　11ahではこのオーバーヘッドを削減するため、事前の通信で互いに既知となっている情報に関しては省略して通信を行う新たなフォーマットが規定されています。例えば、正しく信号が受信された場合に、受信局から送信局に送るACKフレームにおいては、不要なアドレス情報等を削除し、オーバーヘッドを低減しています。

新たなアクセスを受けつけるための情報や、スリープ時間を管理するための情報の送信を担うビーコンフレームにおいても、11ahでは情報を削減したS1G（サブ1ギガ）ビーコンと呼ばれる新しいビーコンが導入されています。通常の無線LANではビーコンの情報量は100byte以上になりますが、S1Gビーコンを最小で構成した場合は25byteとなり1/4以下の情報量とすることができます。通常のビーコンを送信する間隔を長くし、間で送信するビーコンはS1Gビーコンとすることで、トータルのビーコンの送信時間を短くできます。

4 多端末への対応

11ahが想定するIoT無線においては、多数のセンサモジュールが1つのAPに接続される利用シーンも想定されます。これまでの無線LANでは1つのSSIDで管理できる端末数は2007台でしたが、11ahではこれを8191台まで拡張しています。また、11ahが普及し始めると、近接するエリアに設置された11ahのAP間の干渉についても対応が必要となります。以下では11ahで導入された「端末のグループ分け」の方法と、端末の送信タイミングを制御する方法の2つの技術について詳述します。

(1) 端末のグループ分け（BSS Coloring）

11ahは接続する端末数が多くなると想定されるため、ある1つのAPとそれに帰属する端末（STA）で構成されるネットワーク（BSS：Basic Service Set）内でフレーム衝突による再送が頻繁に発生すると、スループットの低下や消費電力の増加につながります。また、11ahは電波の到達範囲が広いため、周辺のAPと周波数チャネルが同一となり、互いに干渉する可能性があります。そのため、同一の周波数チャネルを使う周辺APからのフレームを受信すると、そのフレームが終わるまで自端末のBSSのフレームの受信や送信ができず、スループットが低下することがあります。

この課題を解決する手段としてBSS Coloringが提案されました。フレームの先頭部分にある物理層ヘッダ内に、BSSを識別するための3bitsの情報パラメータ（COLOR）が記載されています。端末はフレームを受信時に物理層のCOLORで確認し、下りフレームの場合にCOLORの数値を自端末のBSSのCOLORと比較します。一致していない場合は自端末宛ではないものと判定して受信処理を中断します。そのため、不要なフレーム受信処理の中断により消費電力を低減できます。中断後には通常のモードに戻りますので、接続先のAPとの送受信を行うことができます。

図表5-2-9にBSS Coloringを使用したシーケンス例を示します。図中の端末（STA1）及びAP1は同じBSSで互いに通信しています。また、AP2はSTA1及びAP1と干渉する位置にある同じ周波数チャネルの別のAPです。BSS Coloringを適用しない場合はAP2から送

信されたフレームの受信が完了するまで受信処理を継続させ、その間、フレームの送信も他のフレームの受信もできません。BSS Coloringを適用した場合は、早い段階で受信処理を中断し、受信処理に必要な消費電力を削減できる他、自端末のフレームの送信を開始できるのでリソース利用の効率化にもつながります。

ここでAP2のDATAの後半部分と、STA1のDATAの前半部分のタイミングが重なっていることがわかります。このため、AP2からの信号を受ける端末とSTA1の距離が近い場合は、STA1からの信号が干渉となりパケットエラーが生じてしまいます。このような問題を回避する方法としては、近接するAPでは異なる周波数チャネルを利用する設定が有効です。同一周波数チャネルを利用するAP間の距離を大きくできるので、干渉の影響は小さく抑えることが可能になります。

2.4/5GHz帯の無線LANにおいても、スタジアムのような高密度にAPが設置される環境では同様の問題が生じます。この問題を解決するため、11ahで導入されたBSS Coloringは、最新の2.4/5GHz帯の無線LANであるWi-Fi 6にも適用されています。

図表5-2-9 BSS COLORを使用したシーケンス例

BSS COLORなしの場合

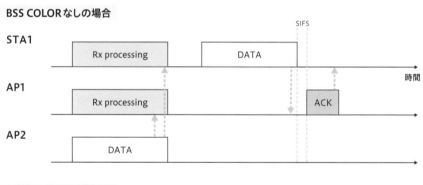

BSS COLORありの場合

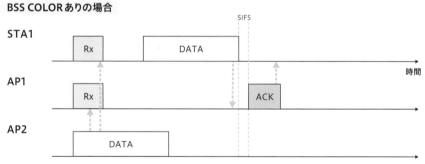

SIFS：Short Interframe Space
ACK：Acknowledgement

(2) 端末の送信タイミングの制限 (RAW : Restricted Access Window)

　従来の無線LANでは、各端末がCSMA/CA (Carrier Sense Multiple Access/Collision Avoidance) に従い自律分散制御によってフレーム衝突を回避していますが、11ahは多数の端末と接続し広域なエリアで通信することを想定しているため、従来の無線LANと同じアクセス制御のままではフレーム衝突が発生しやすくなると考えられます。そのため、11ahではフレーム衝突を減らすためにAPが端末の送信可能な期間を制限するRAW (Restricted Access Window) が規定されました。図表5-2-10にRAWシーケンスの例を示します。RAWはAPが送信端末や期間の割り当てや通知を行います。端末を複数のグループに分類し、RAWとして指定した期間の中にさらにRAWスロット時間を割り当て、各RAWスロットで指定された端末グループが送信を許容されます。このRAWはビーコン周期内で計画され、APがビーコンフレームを通してスロットの開始時間やグループ割り当てなどの必要なパラメータ (RPS : RAW Parameter Set) を通知します。

　RAWは固定設置されたセンサの情報を定期的に収集するような、端末のトラフィックに変動が少なく、ある程度定期的な通信が行われる場合には、フレーム衝突を大幅に減少させアクセス効率を飛躍的に向上する効果が見込めます。また、TWTと同様に送信が予定されていない時間帯では端末は待機やスリープ状態となるため、消費電力低減にも寄与すると考えられます。

図表5-2-10　RAWシーケンス例

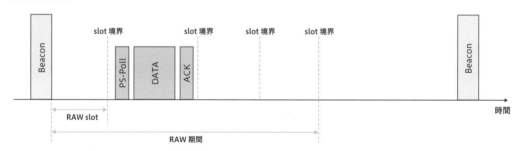

5-3 802.11ahの適用領域とユースケース

11ahは特有の電波伝搬特性をもっており、それに伴う基本特性により通信エリア、スループットなどが実現されます。それはIoTで求められる条件をみたしています。本節では、11ahの適用領域と想定されるユースケースにおける検証を紹介します。

1 サブGHz帯の電波伝搬特性

(1) 基本的な伝搬特性

11ahが対象としている通信環境は、見通しの直接波だけでなく反射波も到来するマルチパス環境になります。このような環境では、地形や地物の影響が全くない場合の伝搬（以下、自由空間伝搬）とは異なり、端末周辺の地形・地物の影響によって複雑に変動します。特に、受信電力の変動は、無線通信システムのエリアカバレッジ等に影響するため、その特性把握とモデル化は無線通信システムの設計には必須となります。11ahでは、既存のWi-Fi規格で規定されたモデルとLTE等の移動通信システムにおいて規定されたモデルを組み合わせることで、屋内外での見通し外・マルチパス環境における受信電力変動を表すことができます。

送信電力と受信電力の比は、送受信間距離に応じて変化します。特に、遮蔽物や反射物のない自由空間を伝搬する時の伝搬損失は自由空間損失と呼ばれています。自由空間伝搬損失は、距離と周波数に対して2乗減衰する特性となります。図表5-3-1に920MHz、2.4GHz、5GHz、28GHzの自由空間伝搬損失特性を示します。図表に示すように周波数が高くなるほど伝搬損失は大きくなり、送受信間距離が長くなるほど伝搬損失は大きくなります。

自由空間伝搬損失は実環境における伝搬損失を評価するために重要な比較対象となっていますが、実際の通信距離を推定する場合には、各利用シナリオに対して規定されている伝搬モデルや送信出力及び送受信アンテナ利得などの各無線システムのパラメータを含めて算出する必要があります。

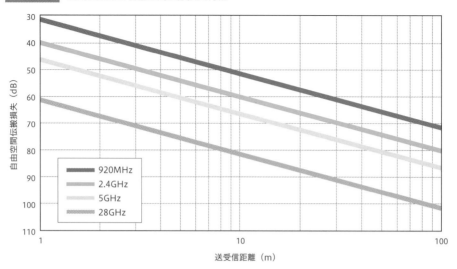

図表5-3-1　各周波数帯の自由空間伝搬損失特性

縦軸：自由空間伝搬損失（dB）
横軸：送受信距離（m）

凡例：
- 920MHz
- 2.4GHz
- 5GHz
- 28GHz

　11ahの典型的な利用シーンから、①見通し内伝搬特性（屋外）、②見通し外伝搬特性（屋外）、③海上伝搬特性、④室内伝搬特性が重要となります。図表5-3-2には、各利用シーンについて、11ah推進協議会で実施した実証実験による伝搬特性の確認結果をまとめて記載しています。

図表5-3-2　11ahの利用シーンと伝搬モデル

❶見通し内伝搬特性（屋外）	横須賀YRPエリアでの実験を実施し、既存の屋外マクロセルの伝搬特性で表現できることを確認
❷見通し外伝搬特性（屋外）	一次産業を想定した木更津市及び加賀市での植生による伝搬損失の実証実験から、既存の樹木損失モデルを修正することで表現できることを確認
❸海上伝搬特性	小田原での実証実験から、直接波と海面反射波の2波モデルで表現されることを確認
❹室内伝搬特性	東京ビックサイトでの実証実験から、既存の屋内モデルで表現できることを確認

(2) 通信エリアとスループット

　11ahの実機の基本特性を把握するため、ビル等の建屋が比較的少ない郊外において、屋外での11ahの実証実験を行いました。NTT横須賀研究開発センタ（神奈川県横須賀市）屋上に11ahのAPとアンテナを設置し、地上の端末から上り通信を行いました（図表5-3-3）。アンテナは水平面内無指向性のアンテナを使用しました。

距離およそ1kmの端末位置

　図表5-3-4にスループット特性を示します。プロットしてある各点は測定結果です。また、実線は屋外の伝搬モデルから推定した受信レベルとスループットの関係を示しています。受信レベルの高い領域では伝送帯域幅を大きくすると伝送速度が向上し、受信レベルが低下した領域では逆に帯域幅が狭い場合にスループットが高くなります。これは、送信電力を一定としているため、帯域幅を狭くすると1MHz当たりの送信電力が高まり、結果的に遠くまで伝送することができるようになるためです。

　1.3kmを超えたエリアでは見通しのない環境となりましたが、1MHz幅で500kbps以上、2及び4MHz帯域幅では1Mbps以上のスループットを確認できました。またこの結果は推定結果とも一致しており、郊外のような比較的建物などの遮蔽物の少ない屋外環境においては、1kmを超える通信エリアを確保できることがわかります。

5

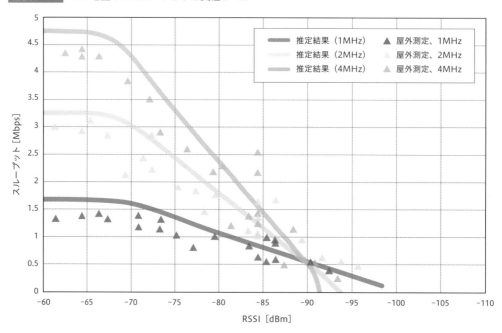

図表5-3-4 YRP地区でのスループットと受信レベル

2 想定されるユースケース

(1) 屋外平地エリア（石川県加賀市の事例）

　広大な農園での管理作業などのデジタル化のため、11ahのような広域で映像伝送も可能な高速の通信方式が求められています。農園での実験の結果、11ahは準見通し環境（送信及び受信アンテナ高5mで樹木高3.45mを挟んで通信）において、距離600mの範囲でスループット700kbpsを確認できました（図表5-3-5）。

図表5-3-5 農園の準見通し環境のスループット

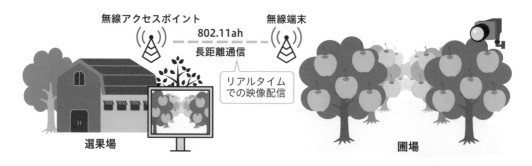

なお、比較対象として2.4GHz帯で20MHz帯域幅の11nも同様の実験を行いましたが、11nは距離が約300mで通信不可となりました。この差は周波数の差による伝搬特性の違いの他、11ahのチャネルの狭帯域化の結果と考えられます。

　この結果について、伝搬特性の観点からも分析を行いました。伝搬特性を図表5-3-6に示します。横軸は送受信間距離、縦軸は伝搬損失を表しています。準見通し環境では直接波と樹木からの反射波の2波モデルにより、伝搬損失特性は変化します。2波モデルは、ブレークポイントを境に、自由空間伝搬損失の2乗減衰から4乗減衰へと変化し、エリアカバレッジは約600m程度となりました。

図表5-3-6　加賀市の梨園における準見通し環境における評価結果

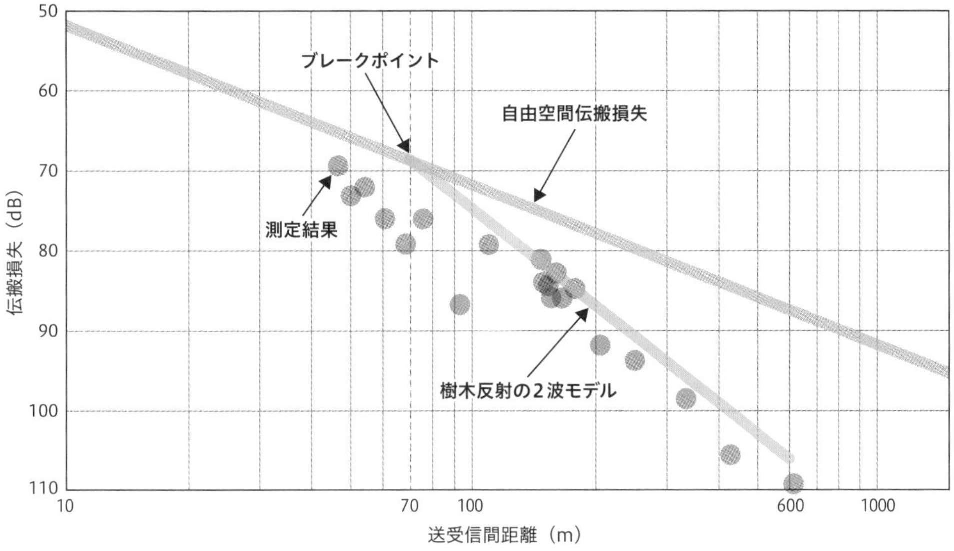

　また、見通し環境であれば5mアンテナ高同士のAPと端末間で距離1km以上において接続可能であることも確認できました。さらに、車が時速60kmで移動する環境の中でも、距離600mの範囲内で300kbps以上を維持できることを確認しました。従来のWi-Fiでは高速に移動しながらの通信は想定されていませんが、この結果により、農園などで映像による監視や管理作業が11ahで可能であることが確認された他、例えばドローンや車両からの通信など端末が移動するようなユースケースにも応用可能であると考えられます。

(2) 屋外山間部エリア（千葉県木更津市の事例）

　山間部では鳥獣害対策として森林の中に罠を設置し、カメラ映像で監視するユースケースが考えられます。山間部では森林によって見通しが遮られる環境を想定する必要があります。そこで、木更津市の実証エリアを使い、鳥獣害対策のユースケースを想定した実証

試験を行いました（図表5-3-7）。この環境ではAPから300mのところまでは見通しが取れますが、その先は竹やぶとなっており、伝送品質が著しく劣化します。

　このような環境でも高スループットを得るため、見通しの300m地点に中継局を設置してホップし、竹やぶの奥までエリア化しています。本実験では竹やぶの奥に設置したSTAでも900kbps以上と十分なスループットを得ることに成功しています。

図表5-3-7　木更津の実証エリア

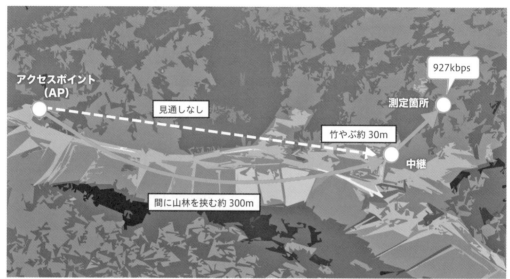

(3) 屋外海上エリア（神奈川県小田原市の事例）

　海上の定置網漁でも網内部の魚の様子のモニタリングに、広域かつ低コストである無線通信が求められています。漁場環境の試験として、小田原の水産試験場と定置網間の実験を行いました。実験では水産試験場から約500mにある灯台下に中継地点を置き、定置網近傍の調査船（沖合約1.7km）までの通信を実施しました。調査船は水中ドローンで定置網内の魚の映像を事前に撮影し11ahで伝送します。ただし、間にある高架道路（西湘バイパス）や建物があるため、直接2地点間で通信するのは困難と考えられ、ここでは相模湾の灯台に中継端末を設置し11ahを2ホップで伝送させました。システムの概要を図表5-3-8に、各位置関係を図表5-3-9に示します。なお、試験場及び灯台は9dBiのパッチアンテナを用いて通信する方向の電波強度を高め、定置網付近の調査船は水平無指向性のアンテナを用いました。

　このような海上エリアの環境では直接波と海面での反射波の2波が主要なパスとなる2波モデルにより、伝搬損失特性は変化します。灯台において指向性アンテナを適用することで通信距離を拡大し、2.5km以上の通信エリアを確保することができました。

図表5-3-8 小田原海上システムの概要

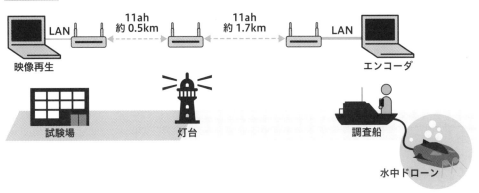

図表5-3-9 小田原海上システムの位置関係

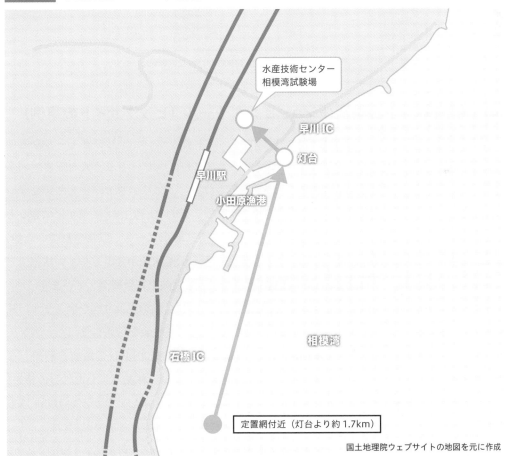

国土地理院ウェブサイトの地図を元に作成

図表5-3-10はスループットの結果です。2ホップ通信でも500kbps以上のスループットを確認できました。調査船と灯台間、試験場屋上と灯台間はいずれも約1Mbpsのスループットでしたので、2ホップとなることでその約半分のスループットになったと考えられます。

図表5-3-10 海上調査船から試験場屋上までの2hop接続時のスループット

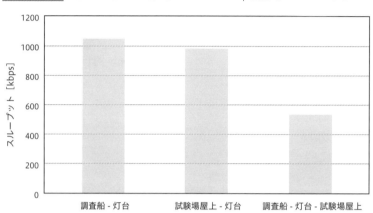

(4) 屋内イベント会場及びショッピングモール（ビッグサイトの事例）

屋内の広いエリアでの利用形態の1つとしてイベント会場やショッピングモールなどでの映像伝送が考えられます。このような環境は、エリアが広いだけでなく人や障害物が多数存在しますので、従来のWi-Fiの場合はAPを多数設置し、エリアをカバーしています。

2019年5月にワイヤレスジャパンの展示会場（東京ビッグサイト西3、4ホール）にて定レートの動画伝送実験を実施しました。なお、会場では各所に展示ブースが設置されていた他、多数の来場者がおり、直線距離内であっても見通しが悪く伝搬状態が変動しやすい状態でした。また、920MHz帯で11ah以外にもLPWAと推測できる電波を複数観測しています。

会場の様子を図表5-3-11に示します。また、図表5-3-12に会場の見取り図を示します。映像伝送は100kbpsのカメラ映像で、比較として11nも並行して映像を伝送しました。アンテナは水平無指向性でアンテナ高は2mです。11nは2.4GHz帯で20MHz帯域幅を利用します。映像伝送する端末は持ち手のあるボックスに格納して歩いて移動しました。その結果、11nはAPから約25mの地点で映像が停止した一方、11ahは見通しのきかない100m以上離れた会場の端まで到達しても映像は正常に伝送されました。

この結果から、人や障害物が多数存在する屋内の広いエリアにおいても、11ahは100m以上の広いエリアを容易にカバーすることがわかりました。したがって、イベント会場やショッピングモール等でも11ahの活用が有効であると考えられます。

図表5-3-11 ワイヤレスジャパン2019の会場

図表5-3-12 東京国際展示場（東京ビッグサイト）内のAP及び端末位置

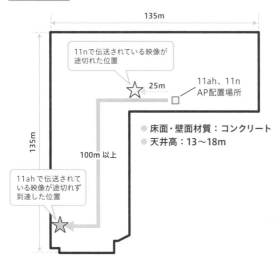

((•))

Chapter

6

802.11ah 導入ガイダンス

本章では、IoT向けの無線システムとして期待される802.11ahがどのように導入、活用されていくのか、具体的な導入事例も含めて紹介します。第1節で、実際に導入するに当たってどのような点に注意すればよいのか解説します。第2節では、分野別のユースケースについて16の活用シーンを紹介します。第3節では千葉県木更津市、第4節では神奈川県水産技術センター相模湾試験場、第5節では北海道岩見沢市の導入事例を紹介します。

6-1 11ah導入ガイド
IoTの社会実装を加速させる2つの方策

　1kmを超える長距離通信が可能で優れた省電力性能をもつ「Wi-Fi版のLPWA」といえる技術規格が、IEEE 802.11ah（以下11ah）です。

　海外では既に利用が始まっている11ahの、日本国内における普及や拡大を推進するのが、802.11ah推進協議会（AHPC）[*1] です。

　11ahの登場によって、IoTの社会実装が大きく進展することになると考えられ、IoTの活用を進めることで地域や企業の様々な課題を解決し、新しい価値・機会を提供できると期待を集めています。

　しかし、地域や企業におけるIoTの活用は、まだPoC（概念実証）の段階に留まっているものが多いといわれています。IoTをどのようにして企業や地域に実装していくかが、今問われているのです。

1 IoTの社会実装を加速させるための2つの方策

　最も重要なことはIoTを活用することで生産性の向上や省力化などが実際に可能になることを、実感するような取り組みにすることです。

　IoTの導入を考える際に、実現手段である無線技術やコストなどに目が向きがちなのですが、これらは本来、IoT導入による受益者は意識しなくてもよいものです。利用する方がこうした点を意識しすぎると、すぐ「コストに見合う効果が得られるのか」という話になり、先に進めなくなってしまいます。

　一方で、設備を整備する立場の方にとっては、この「費用対効果」をクリアできるかは重要な問題です。IoTの社会実装を進める上での大きな課題といってよいでしょう。

　ではこの課題をクリアするにはどうしたらいいのでしょうか——。この課題に対して大きく2つの方策があると考えています。

　1つは、IoTを地域や企業に実装するための「仕組み」や「仕掛け」を用意することです。

　農業を例に挙げると、個々の農業生産者がIoTに必要なネットワークを構築する、あるいは通信事業者とサービス契約を結び、センサも自ら用意して活用するという導入形態は、ある程度規模が大きく、収益が上がっている農業法人でなければ困難です。

---

*1　802.11ah推進協議会は、2018年12月に同規格を推進する企業・団体によって設立された。https://www.11ahpc.org/

そこで、山梨県山梨市では、自治体が自営ネットワークを整備して、地域の課題解決、基幹産業の振興のために共同利用する取り組みが行われています。

　山梨市は2017年にLPWAの自営ネットワークを構築。圃場での環境センシングや農作物の盗難対策、防災などで11ahを活用しています。2020年末には高齢者の見守りなど福祉分野での利用も始まりました（図表6-1-1）。

　もう1つ普及を進める上で重要なのが、完全に自営で設置することができ、多数のユースケースを重畳することができる新技術の実用化です。

　現在IoTで用いられている無線システムは①Wi-Fiを代表とする大容量だが電波到達距離が短いものと、②従来のLPWAに見られるような小電力で長距離伝送が可能だが送受信できるデータ量が小さなものとに2極化しています。この間を埋める技術が実用化されれば、構築コストが抑えられ、IoTの社会実装が大きく進展すると期待されています。その役割を11ahが担えると考えられます。

図表6-1-1 山梨県山梨市が構築した自営LPWAネットワーク

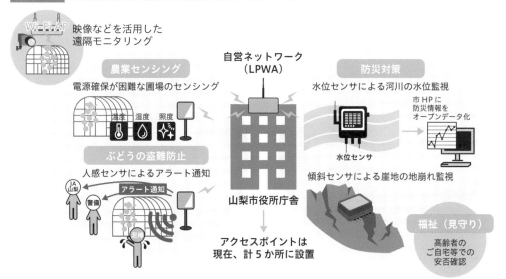

6

2 適用領域が広い11ah

　11ahは、Wi-Fiで使われている2.4/5GHz帯に比べ、電波が物陰に回り込みやすく、遠くまで届く「サブ1GHz」（1000MHzよりやや低い周波数）の920MHz帯を利用することで、広いエリアをカバーできるようにしています（図表6-1-2）。冒頭で述べたようにアクセスポイントと端末の間に障害物を挟まない環境ならアクセスポイントと端末の間が1km以上離れていても通信が可能です。リレー（マルチホップ）通信をサポートしているので中継機を介してさらに広いエリアをカバーすることもできます。

　加えて重要なのが、11ahは1Mbpsを超える速度が期待できるので、映像や画像の伝送が可能だということです。映像や画像を用いることで、対象の状況を大まかに把握することができます。その上で、広域をカバーでき、省電力性に優れていますので、現存のLPWAでは対応できなかったニーズに応える性能をもち、またこれまでのWi-Fiとは異なり電池やソーラパネル等を活用することで、幅広いシーンでの活用が期待できるということです。IoTで、使い勝手の良い無線規格が、ようやく出てきたのです。

　さらに11ahはLPWAの得意分野である小容量データの収集にも活用できます。1つのアクセスポイントに1000台を超える大量のデバイスが接続できるので、センサネットワークとしても広く活用されるようになるでしょう。

図表6-1-2　長距離をカバーする11ah

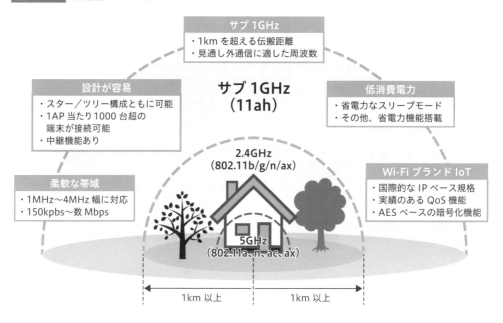

　ところで、4Gや5Gといった携帯電話キャリアのサービスを使えば11ahで想定されているユースケースにも対応できるのではないかといった質問を受けることがあります。

確かに、4Gや5Gといった携帯電話キャリアのサービスは、100Mbps超の高速通信が可能となりますし、幅広い場所で利用することもできます。しかし、4Gや5Gといった携帯電話キャリアのサービスは、センサデバイスごとに回線契約が必要になりコストがかさむという課題があります。例えば自治体で住民に向けて安全安心な環境を用意するために、広域にわたってセンサやカメラを敷設することや、企業が自社の敷地内で多くの機器の状況をモニタリングする用途では、費用対効果が見込めない可能性があります。また山間部や海上、自社の施設内など使いたい場所がサービスエリアになっていないことや、電波が不安定な場所も多いわけです。

　地域や企業における課題解決、ユースケースへの対応、敷設するセンサやカメラの台数を考えた時、11ahは強みを発揮するのです。

3 「使いやすさ」で地域や企業にも浸透

　先ほど、IoTを地域や企業に実装していくための仕組み、仕掛けの例として自治体による共同利用設備の整備を挙げましたが、企業へのIoTの普及を進めるための仕組み、仕掛け作りでは、ユースケースや地元産業のニーズに対応する共通の仕組みが重要になるはずです。

　こうした取り組みを進める上で11ahの大きな強みとなる点として、世界中で多くの端末が既に利用しているWi-Fiに準拠している仕様であることが挙げられます。

　従来のLPWA規格は、規格が定める独自プロトコルで接続するため、センサなどに新たな開発や改修が必要となるケースや、規格を利用するためにネットワークやサーバの構築や契約が必須条件になっているものもありますが、こうした形では規格が定めた仕様にユースケースが制限されてしまうことになります。

　11ahのプロトコルスタックは、オフィスや家庭で使われているWi-Fiと同じですから、多くの機器やサービスが対応しているインターネット・プロトコル対応機器であれば、新たな改修や特殊な機器の導入が不要となります。言い換えれば現存の機器やサービスをそのまま活用することができるわけです。またセキュリティや認証、相互認証の仕組みも、長い期間をかけて培われてきたWi-Fiと同じものが使えるため、利用者のリスクや新たな対応に要する負担や懸念は押さえられることになります。利用者のみならず、利用者向けのサービスを提供する事業者や、利用者のインフラ環境の構築や保守を担う事業者にとって大きなメリットがあるといえます。

　さらに11ahの仕様は基本的にIEEE 802.11ac（以下11ac）をダウンクロックし、対応した周波数に合わせた対応を行ったものなので、11acのハードウェアに関する資産やノウハウを保有する企業にとっては11ah対応機器を比較的容易に開発できるという利点があります。既に11acに対応している機器を開発しているのであれば、既存のLPWAに対応

6

することと比較して11ah対応に変更する負担は小さいと考えられます。機器を開発する
メーカーにとって障壁は少なく、また利用者にとっても利用できる機器の選択肢が増える
ことになります。

　1Mbpsを超える速度が期待できることにより無線を介したファームウェアアップデート
に対応できることも、IoTでの利用において大きな強みとなるでしょう。IoT機器の普及が
進むにつれて、不正アクセスなどに対抗するための対応は避けられません。既存のLPWA
はセンサのデータを収集することに主眼を置いており、通信速度が遅いことに加えて、現
場の状況をアップロードする用途に適しています。ファームウェアの配布に時間がかかる
だけでなく、配布そのものが困難な場合は、利用者や利用者の環境を保守する事業者が、
数多くあるセンサを1台ずつ回ってファームウェアアップデートをする必要があります。
無線でファームウェアアップデートができる11ahは中長期的な運用を見据えると、メリッ
トが大きいといえるでしょう。

　こうした点も、IoTの普及に向け「費用対効果」の壁をクリアする上で大きな役割を果
たすことになるのではないかと思います。

　AHPCでは、これまで11ahの日本での実用化に向け、11ahが解決するユースケース創
出に向けて、自治体や研究機関などとともに多くの実証実験に取り組んでいます。

　例えば、水産業での課題解決に向けて神奈川県水産技術センター相模湾試験場と共同で
実施した11ahによる「定置網漁の業務効率化」の実証試験では、水中ドローンで撮影し
た定置網の映像を1.7km離れた水産試験場に送ることに成功しました。

　木更津市では山中に設置した罠を、11ahを使って遠隔地にいる猟師が映像で状況確認
できるようにし、イノシシなどの有害鳥獣類の捕獲や見回りを効率化。生態系の把握や、
罠設置位置の工夫が可能になりました。さらに、映像を確認することで捕獲した鳥獣を短
時間で食肉に加工できるようになり、地元のジビエ産業に意欲的な取り組みが行われてい
ます。

　こうした実証実験のテーマを見て11ahは屋外を中心に利用されるものなのではないか
と考えられる方もいらっしゃるかもしれませんが、11ahは屋内でも様々な分野での活用
が見込まれています。

　想定されているユースケースの1つにスマート工場があります。工場には金属製の機械
が多数設置されていて電波の伝搬を阻害しており、既存のWi-Fiで生産装置をネットワー
ク化することが困難な場合があります。機器の発する振動やノイズも2.4/5GHzを活用し
たスマート化を妨げています。伝搬特性に優れ、他の通信システムの干渉を受けにくい
920MHz帯を利用する11ahは工場の業務のスマート化に向けた通信手段として適してい
るといえるでしょう。

　電波が物陰にも回り込みやすいので、センサを活用してビルの管理の自動化を図るス

マートビルディングの通信手段としても活用しやすいでしょう。防犯用途のカメラや入り組んだ場所にあるセンサの通信での利用が進むと考えられます。また家庭や自動車内での通信手段としての利用も想定されています。

　このように、11ahは適用領域が広い通信技術です。しかし、これだけですべてのユースケースに対応できるわけではありません。例えば、低遅延通信が必要な機器の制御などは別の通信方式を利用した方が望ましいでしょう。

　IoTの社会実装を推し進めるには、地域の課題解決や企業のニースケースに最適なシステムを選択、あるいは組み合わせることが重要になると考えられます。

6-2 11ahの分野別ユースケース

本節では、11ahはどのように利活用できるのか、分野別ユースケースについて、家庭から工場・自動車まで、16の活用事例を紹介します。

1 ホームセキュリティの効率的導入・活用【ホーム】

　家庭におけるIoTの主要なユースケースの1つに「ホームセキュリティ」があります。主に警備会社の防犯・防災サービスで提供されているもので、宅内の様々な場所に設置したセンサで異常を検知し、警備員の出動につなげるシステムが多くの家庭に導入されています。

　ホームセキュリティに用いられるセンサ（図表6-2-1）は、①ドアの開閉状況を検知する「マグネットセンサ」、②人の存在を感知する「空間センサ」、③火災を検知する「煙センサ」など、多岐にわたります。センサで検知されたデータは、まず無線で宅内のコントロールパネル（ホームセキュリティGW）に送られ、インターネット回線や電話回線などで警備会社のセンターに送信される形が一般的に取られています。センサとコントロールパネル間を結ぶ無線システムには、主に免許申請を行わずに利用できる426MHz帯小電力無線（小電力セキュリティシステム）等が用いられています。

　最近では、ホームセキュリティの無線通信手段としてWi-Fiも使われるようになってきました。この動きを牽引しているのが画像や映像、他のデバイスとの連携を目的としたIPベースの防犯システムの登場です。具体的には、④空間センサと連動して駐車中の車に人が近づいたりした際にLED照明を点灯させて映像を記録したり、状況を遠隔で確認できる「センサライトカメラ」、⑤「NVR（ネットワーク・ビデオ・レコーダ）」を活用した監視カメラシステム、⑥センサライトなどと連動して不審者を発見した際に、スマートフォンなどに通知、状況に応じて声がけなどを可能にする「屋外スピーカ」等が使われています。これらは、もともとは施設監視や有害鳥獣対策など産業分野で利用されていたものですが、低コスト化によりホームセキュリティでも使われるようになりました。画像や映像を扱うこの種の防犯システムのネットワークには有線LANが使われてきましたが、最近では構築コストを抑えられるWi-Fiが多く使われるようになっています。しかし、壁を挟んだ屋内のアクセスポイントとの通信が安定しない、届かないので利用したい場所で使えない、といった声も出ています。

　11ahが登場することで、防犯用のWi-Fiネットワークの構築が効率的に行えることが期待されます。特に効果的なのが、駐車スペースの監視などで屋外にカメラを設置しなければならないケースです。

既存のWi-Fiで用いられる2.4/5GHz帯の電波は、壁越しでの通信が届かない場合があるため、屋外のカメラを接続するには、アクセスポイントを窓際に置いたり、屋外にアクセスポイントを設ける必要がありますが、11ahが使う920MHz帯は物陰に電波が回り込みやすく、屋内のアクセスポイントで庭先のカメラのカバーがしやすいというメリットがあります。

　920MHz帯を用いる11ahと、2.4/5GHz帯を用いる既存のWi-Fiの双方をサポートする家庭用のアクセスポイントが広がれば、屋内外をカバーする防犯カメラシステムを手軽に構築できるようになるでしょう。

　また、11ahが普及していくことで将来的に、426MHz帯の小電力セキュリティシステムと監視カメラ用のWi-Fiベースセキュリティシステムを1つに集約できる可能性もあります（図表6-2-1）。

　11ahは省電力機能をサポートしており、内蔵電池で年単位で稼働する11ah通信モジュール搭載のマグネットセンサや空間センサの製品化も期待されます。こうしたセンサが出回るようになれば、426MHz帯小電力セキュリティシステムの機能が、Wi-Fiベースのセキュリティシステムに集約されることも考えられます。

　426MHz帯小電力セキュリティシステムの構築は専門的なスキルをもつ工事会社などに委ねられていますが、11ahはWi-Fiも利用するIPベースの技術ですから、警備会社だけでなく、契約者自身が自らセンサを取り付けるような、DIY型のホームセキュリティサービスが生まれる可能性もあります。

　このWi-Fiベースのホームネットワークは、セキュリティ分野だけでなく、スマートホームの様々なアプリケーションにも活用される可能性があります。空間センサで人の存在を感知して、照明や空調を制御するようなシステムも11ahの登場と普及により広がりを見せると考えられます。

図表6-2-1　ホームセキュリティにおける11ahの活用イメージ

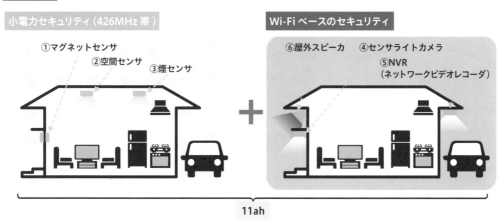

11ahは小電力セキュリティシステムとWi-Fiベースのセキュリティシステムを補完することが可能となる。

2 集合住宅の共用空間でのネットワーク【ホーム】

集合住宅におけるIoT活用の課題の1つに、廊下や階段、エントランスなどの共用空間に設置したデバイスをどのようにしてネットワークに接続するか、ということがあります。例えば、非常階段の前やエレベータホールなどにIPベースの監視カメラを設置し、これらをWi-Fiで接続しようとしても、電波を通しにくい鉄筋コンクリートなどの構造材で作られている集合住宅では多くのアクセスポイントが必要となります。理想的な設置場所にアクセスポイント用の電源がないことも多く、整備には予想以上のコストがかかることも少なくありません。

このような場合、11ahがこの問題を解決する切り札になると考えられます。

AHPCが2020年に横須賀市内の集合住宅で行った実証実験では、11ahのアクセスポイント1台で同じ棟の1フロアを、居室を含めてカバーできることが確認できています。廊下や階段などの共用空間であれば上下1フロアまで通信が届くことが確認されました。アクセスポイントの設置場所に苦労することがなくなり、さらにアクセスポイントの台数も削減できます。

整備された11ahのネットワークは、監視カメラだけでなく様々な用途で活用されるようになるでしょう（図表6-2-2）。

例えば、共用空間の照明設備の管理では、管理会社の人間が巡回し異常を発見して、交換するといった運用がされている場合があります。廊下などに11ahに対応した照度センサを設置し、照明が切れたことを検知して直ちに対応するといったこともできるのです。

共用空間だけでなく、住戸に11ahに対応した通信端末を配置すれば、回覧版代わりに使ったり、緊急時に一斉通報を行うことも可能になると考えられます。

図表6-2-2　集合住宅における11ahの活用イメージ

室内の届きにくい場所をカバー
既存のWi-Fiと組み合わせて
隅々までカバー

フロアアクセスポイントで複数戸対応
室内におけるIoT機器の
接続に活用

画像を活用したIoT
駐車場監視、不審人物検知など
IP機器のさらなる活用

3 BEMSやトイレの満空情報のネットワーク【オフィス】

近年、オフィスでは執務空間を面的にカバーするWi-Fiインフラが整備され、PCやプリンタの接続などに広く利用されています。

これに11ahを付加することにより、オフィスでのWi-Fiの活用領域は大きく広がると考えられます。

11ahで実現が見込まれるユースケースの1つに、エネルギーマネジメント「BEMS（Building Energy Management System）」があります（図表6-2-3）。

ビルの消費電力を抑えるには、配電盤だけでなく、様々な場所で照明や空調の稼働状況などのデータを取得し、状況に応じて各機器をコントロールする必要があります。しかしながら、配電盤や空調・照明の制御パネルは建物の奥まったところに設置されていることが多く、既存のWi-Fi設備に接続できないケースも存在し、新たなアクセスポイントを設置することは現実的ではありません。現在はBEMSの無線通信手段として、こうした場所でも運用できるLPWAが使われていますが、BEMS用途に専用のLPWAの設備を構築するのは効率的ではありません。

伝搬特性に優れ、建物の奥まった場所も効率的にエリア化できることが期待される11ahを使えば、BEMS用途に活用できる可能性があります。同じIPの仕組みを採用し、既存のWi-Fiネットワークとシームレスに運用でき、低コストでBEMSネットワークが整備できることが11ahのメリットになるでしょう。

またオフィスのWi-Fiは、主に事務所内でのPCやプリンタをはじめとする機器を接続する設計となっていることから、廊下や階段、トイレなどでは使えないことが多いのですが、11ahを使えばこうした場所をカバーし、非常口の前に設置したIP監視カメラをネットワークにつなぐといったことも容易に実現できるのです。

最近、事業所内の各トイレの満空状況をデスクのPCで確認できるようにしたシステムを導入する企業が増えてきています。11ahに対応したマグネットセンサが安価に供給されるようになれば、こうした用途にも11ahが広く活用されると考えられます。

図表6-2-3 オフィスにおける11ahの活用イメージ

広範囲をカバー	事務所エリア外における 防犯・安全管理等への活用	室内のIP機器接続

エネルギーマネジメント等に 活用できるインフラ	トイレ利用状況や 非常口の防犯カメラ等	プリンタやスキャナなど 配置が容易

4 工場などでの見回り業務の効率化【インダストリー】

　産業分野でも様々な用途での11ahの活用が期待されていますが、その1つに、工場などでの見回り業務があります。

　工場では、機械に設置したセンサ等で得られる情報を活用して、異常に対して早期に対処するといった取り組みが行われています。さらに、機械のひび割れなどセンサでは把握しにくい事象に対応するために、巡回による目視点検も併せて行われています。

　目視点検では、異常を発見した場合、状況を写真やメモで記録しておき、事務所に持ち帰って対応を検討するといった運用が行われています。また、現地発見した内容が異常かどうかを確認するために、事務所に図面を取りに戻ることもあります。

　このような目視点検業務の効率化に向けて、工場内に高精細画像や映像の伝送が可能な高速無線ネットワークを整備することで、こうした作業を高度化・効率化が期待されます。例えば、巡回中の映像をリアルタイムに事務所で確認できるようにしておき、センターの技術者が映像を見ながら現場の巡回者に対応を指示するといったことも可能になると考えられます。また、確認に必要な図面を事務所に戻ることなく手元のタブレットにダウンロードして入手することもできるでしょう（図表6-2-4）。

　遮蔽物となる金属製の機械などが多数配置されている工場で、直進性の高い2.4/5GHz帯の電波を使う既存のWi-Fiを用いて全域をカバーする無線ネットワークを整備するのは簡単なことではありません。これに対し、物陰に電波が回り込みやすい920MHz帯を用いる11ahでは、2.4/5GHz帯と比較して広い範囲をカバーすることが期待されます。

　また映像や高精細画像の伝送は公衆4Gや5Gといった携帯電話キャリアのサービスを用

いても実現できますが、広い工場の場合、キャリアの提供するサービス外であることもあり、施設内では安定した通信品質を確保できない懸念があります。また、キャリアの提供する公衆向け通信サービスに会社の経営につながるような機密情報を流すことは好ましくない場合もあります。広い敷地や堅牢な施設内、より高いレベルので情報管理を求めるような工場では、利用者が任意の場所で設置できる11ahにアドバンテージがあると考えられます。

　また11ahのネットワークが整備されれば、このネットワークを活用し、工場内にあるその他の機器も重畳することで効率化や費用対効果の向上が図られると期待されます。

図表6-2-4　工場における目視点検の効率化

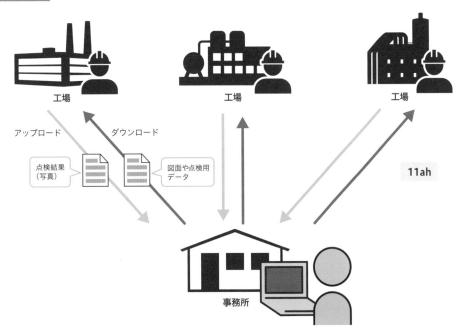

5　施設園芸農業の基幹インフラに【インダストリー】

　農業をはじめとする第一次産業も11ahの活用が期待される分野です。

　「施設園芸農業」では、ガラスハウスやビニールハウスを利用して天候や外気温の影響を減らし、園芸作物（野菜類・花き・果樹）を安定して生産することを目指しています。ハウス内の環境を管理、維持していくためIoTのニーズは今後高まっていくと考えられます。

　施設内の環境や環境を維持する装置の動作状況、作物や生産者の状況を把握するために、施設の様々な場所に非常に多くのセンサを設置する必要がありますが、規模が大きい施設の場合、2.4/5GHz帯のWi-Fiでカバーするためには数多くのアクセスポイントを設けな

ければなりません。さらに、植物の枝葉が電波を吸収してしまうため、同じ大きさの施設に比べて、より多くのアクセスポイントが必要になる場合もあります。また、植物の生長に伴い環境が変化するため、設置当初に期待されていた安定した通信を維持し続けることは困難です。

LPWAを用いれば少ないアクセスポイントで広い施設内をカバーすることが期待できますが、環境データなどのアップロードには適する一方で、将来、業務改善や植生分析などを行うとなった場合、画像や映像などの伝送に対応できないという課題があります。長距離伝送と高速通信の双方に対応できる11ahは、新時代の施設園芸農業の基幹インフラになる可能性があります。

6 鳥獣害対策の効率化【インダストリー】

近年、イノシシやシカなどによる農地荒らしなどが多く発生しており、一次産業をはじめ、深刻な被害が生じています。その対策として被害の発生場所近辺の山などに罠を設置して害獣を捕獲する取り組みが、自治体を中心に行われるようになりました。罠の効果を最大化するためには、罠を定期的に巡回して罠にかかった獣の捕獲や餌の補給などを行う必要がありますが、担い手となる猟友会のメンバーの高齢化などに伴い、対策が十分に行えないケースが出てきています。

この問題の解決策を探るため、11ahを活用した捕獲用罠の監視システムの実証試験が行われています。

実験では、11ahを用いて耕作地に隣接する中山間エリアをカバーする無線ネットワークを構築。エリア内に設置された罠の付近に害獣が出没すると、担当者のスマートフォンに通知される仕組みを作り、巡回回数の削減を可能にしました（図表6-2-5）。

さらに11ahの画像や映像を伝送できる通信速度を生かし、罠の周囲に配置したネットワークカメラに映っている捕獲された動物の種類や状態を、スマートフォンの画面などで確認できるようにしています。

動物の種類によって捕獲や現場での処理に必要な道具が異なるため、従来は罠に動物がかかったのを確認してから道具を取りに戻るなどの作業が発生していましたが、11ahの活用により、出発する前に状況を把握して準備をすることができるようになりました。

これまで行われていた罠の定期巡回では、捕獲後にタイムリーに行うことはできませんでした。11ahを活用することで、罠の作動後、速やかに現場に駆け付けることができるようになります。さらに、捕獲前に食肉処理加工施設に連絡してスムーズにジビエに加工し流通させることも可能になるでしょう。11ahの登場は、新たな産業の創出にも寄与することが可能です。

図表6-2-5 11ahを活用した鳥獣害対策のイメージ

11ah

罠にかかったかどうかだけでなく
捉えた動物の種類も画像で確認

かかったのはイノシシか。
あの道具を持って行こう

7　商業施設のマーケティングや防犯にも【インダストリー】

　ショッピングモールなどの大規模商業施設では、決済端末での利用や防犯カメラの導入などでネットワークにつながる多数の端末が利用されています。しかしながら、大規模な施設内に有線LANでネットワークを構築する場合、多額の費用がかかります。既存のWi-Fiで施設全域をカバーする場合は、多数のアクセスポイントが必要になると考えられます。

　また、2.4/5GHz帯を利用するWi-Fiと11ahを組み合わせて、大規模施設を広くカバーできる無線ネットワークをリーズナブルに整備しようという動きが出てきています。

　2.4/5GHz帯に加えて、920MHz帯を用いる11ahが利用できる環境ができれば、今まで以上に柔軟に防犯カメラの設置を行い、施設の安全性を向上させることが期待できます。これまで多くの店舗等で活用されてきたIPベースの決済端末などは、同じIPベースで動作する11ahとの親和性も高く、例えばモジュールを11ah対応製品に交換することで、大きな改修を行わずに利用することもできるかもしれません。

　また、IPベースの端末の利用範囲を拡大させるだけでなく、画像や映像を送信できるという特性を生かし、マーケティングでの利用が進むことも考えられます。例えば防犯用途でカメラが蓄積した映像データを使って来店客の状況をAI解析しマーケティングに活用するといった取り組みも進展するでしょう（図表6-2-6）。

広範囲をカバー　　　　IPベースのネットワーク　　マーケティングにつながるデータ

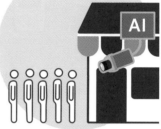

監視カメラのインフラなどで　　　既存のIP機器を　　　　画像映像を収集し
施設の安全を向上　　　　ネットワークに重畳可能　　AI等を活用して業務改善に活用

8　振動データを利用して老朽化状況の把握【インフラ】

　高度成長期に集中的に整備されたトンネルや港湾、道路などの社会インフラは老朽化が進んでおり、設備を効率的に維持・管理する手立てが求められています。

　その1つとして、各種センサで取得した情報をLPWAなどで収集・分析し、戦略的に維持管理を行う検討が進められています（図表6-2-7）。しかし、情報量が大きな振動データなどはLPWAでは収集が難しいため活用が進んでいません。例えば、ひび割れ状況を撮影した画像など、老朽状況把握で重要な役割を果たす高精細な画像データも人が持ち帰るか携帯電話回線で送るといった手段を採るしかないのが現状です。

　長距離通信と数Mbps程度の高速データ伝送という特徴をもつ11ahは、インフラ管理で求められるある程度のインターバルごとに精細な画像を伝送するといったニーズに十分対応できます。大容量のデータを活用した新たな切り口での分析が可能になれば、効率的なインフラ点検や補修が可能になるでしょう。

図表6-2-7　11ahを活用したインフラ管理のイメージ

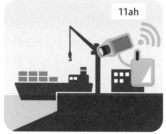

トンネル　　　　　　　港湾岸壁　　　　　　　道路橋

9 エッジAIを活用した監視カメラを高度化【インフラ】

　近年、住民の安心・安全を守る社会インフラとして監視カメラの導入が進みました。最近では、撮影した映像データを設置場所で記録すると同時に、エッジAIで異常を検知すると、無線でアラートを警察などの関係機関に通知する機能をもつ製品が街中に導入されるようになっています。

　この通信手段として11ahを活用すれば、広いエリアをカバーするだけでなく、画像や映像を送ることができるという特徴を生かし、異常発生の前後数分間の映像を送信することが可能になります（図表6-2-8）。

　これにより、繁華街で暴力事件が発生したような場合に、すぐに現場の状況を把握し、出動する警察官の数や対処法を判断することができるようになるでしょう。

図表6-2-8　11ahを用いて監視カメラの機能を拡張する

10 映像を活用し河川管理業務を省力化【インフラ】

　近年、自治体が管理する河川にセンサの導入が進み、事務所に居ながら川の水位を把握できるような仕組みが広がっています（図表6-2-9）。遠隔での推移のモニタリング環境が広がる一方で、これにより自治体の業務が大幅に効率化できたかというと、必ずしもそうならないことがあります。

　防災担当者によると、水位センサが異常を検知しても、センサの情報だけで判断して、住民に対して警報を出すわけにはいかないといいます。河川の凍結やゴミの漂着等が原因でセンサが誤検知するケースも想定されるため、職員が現地に出向いて目視確認をした上で判断するなど、間違った情報発信にならないように工夫しているケースもあります。そのためセンサを導入することにより、異常を早期に検知ができる一方で、依然として目視での確認が生じるため、稼働削減という意味では効果が出ていないということもあるのです。

水位計の設置場所と同じ場所にカメラを設置して遠隔監視をできるようにすることで、目視点検は不要となりますが、4Gや5Gといった携帯電話キャリアのサービス回線は災害時には輻輳で使えなくなってしまうことが懸念されます。また定期的な撮影となるため、監視する箇所を多くすると、財政を圧迫することになります。遠距離通信が可能で映像伝送に対応できる11ahを活用することで、本当の意味で業務効率化につながる河川監視システムが実現できると考えられます。

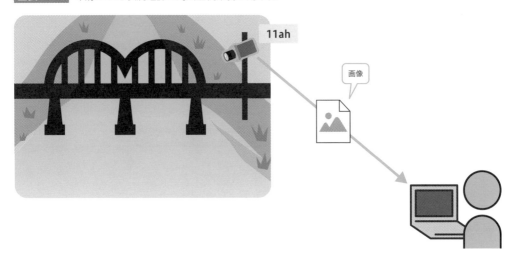

図表6-2-9 映像による状況確認で河川監視業務を効率化

11ah

画像

11 災害現場からリアルタイムで映像を伝送【インフラ】

　震災や台風などで被害が発生した際に現場の状況を正確に把握することは、自治体が適切な対策を講じるためのカギとなります。映像伝送はその有効な手立てですが、4Gや5Gといった携帯電話キャリアのサービス回線は災害時には輻輳でつながりにくくなるため、現場からの映像を送るための伝送手段として適さない場合が想定されます。11ahは、画像や映像を送信できるという特徴を生かして、災害時の映像伝送手段として活用されると考えられます。

　11ahは、1km以上離れた場所に数Mbpsといった通信速度が期待できるので、小型の可搬型の映像伝送装置が製品化されれば、災害現場の映像を11ahでインターネットへの接続ができる地点まで伝送し、災害対策の拠点となる市庁舎などに送ることで、行政の判断につながるような現場の映像を届けることができると考えられます。

　さらに、危険の伴う場所に無人のカメラを設置し、災害の発生の兆しが見えた際に近隣住民に早期に避難などの指示を行うといった運用も考えられます。

また災害現地と災害対策拠点をつなぐ以外の用途での利用も期待できます。11ah対応の映像伝送装置（中継機）を用いることで、避難場所などの連絡手段としても活用できるでしょう（図表6-2-10）。

図表6-2-10 災害現場からの映像伝送に11ahを活用

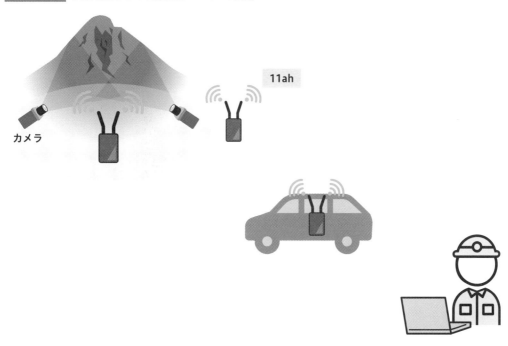

12 水道管の管理業務効率化・高度化【インフラ】

　生活の基本インフラの1つである水道事業で、特に負担の大きい作業に下水道の定期点検があります。

　定期点検では、人が下水本管に入り、懐中電灯で細い配管を照らして確認するなどの作業が行われているのですが、これには時間も費用がかかります。そこで、本管にセンサを取り付けて音や振動などを捉え、そのデータを無線で地上に送り、解析して異常を発見するといった手法が今後とられるようになることが想定されます。現状では広いエリアをカバーするという観点から、通信手段として主にLPWAに期待が集まっていますが、11ahを活用することで、情報量が大きな高周波センサの情報も送れるようになり、点検の精度を高めることが期待されます（図表6-2-11）。

　また、上水道の配管にセンサを取り付けておくことで、漏水などを早期に発見するといった用途にも利用できると考えられます。

図表6-2-11 水道管の管理業務の効率化・高度化に11ahを活用

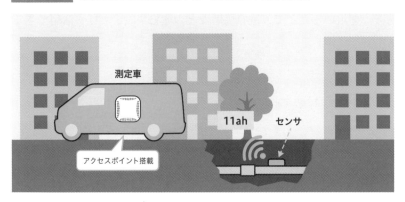

13 都市を支える画像・映像IoTネットワークに【インフラ】

　IoTをエネルギーや生活インフラの管理に用いて、生活の質の向上や都市の運用、サービスの効率向上などを実現しようとするスマートシティは、日本でも戦略的に推進されています。その実現手段の1つとして広域をカバーできるLPWAが注目されていますが、11ahを活用することで、街中にある監視カメラのような画像や映像の伝送を必要とする端末も同じネットワークに接続することができると考えられます（図表6-2-12）。センサデータに加えて、画像・映像も扱える11ahは、スマートシティの基幹ネットワークとして多くの都市に導入されることも考えられます。

図表6-2-12 都市インフラとしての11ahの活用イメージ

広範囲をカバー

監視カメラ、IP機器などの設置を
より少ないアクセスポイントで実現

IoT機器導入のインフラ

都市を支える
センサ設置の基盤

災害時の独立ネットワーク

ネットワークが輻輳した際の
行政用インフラとして

14 公共交通機関等における安全管理の高度化【モビリティ】

電車やバスなどの公共交通機関で11ahを活用する検討も始まっています。最近の鉄道車両では運行中にセンサで様々なデータを記録し運行の効率化や事故や故障の予防に活用するようになってきています（図表6-2-13）。また、公道を走るバスにおいては、ドライブレコーダに運行中の詳細なデータを記録し、事故があった際の分析だけでなく、危険な運転の情報を抽出し、安全運転の指導などに活用しています。車両に蓄積されたデータはデータ量が大きいため、点検時などに回収されることが多いのですが、11ahを活用すれば車両基地や車庫に帰ってきた車両のデータを、車両の運行していない夜間帯を活用してアップロードし、データの回収作業を経ることなく業務改善に活かすことができるようになります。

図表6-2-13 公共交通機関での11ahの活用イメージ

15 大型車両の死角の確認手段【モビリティ】

920MHz帯を用いる11ahには、伝送環境の変化に強く、安定した通信が可能であるという特徴があります。この特徴と高速データ通信性能を組み合わせて、車両内設備のネットワークとして活用しようとする動きが、海外の自動車メーカーなどで出てきています。

例えば大型トレーラーなどでは後方に大きな死角が生じるため、サイドミラーの他に、後方や側面にカメラを取り付け、その映像を安全確認に利用するシステムが採用されるようになっています。

このカメラと運転席との接続に11ahを利用することで、設置コストを抑えて安全確認システムを構築する試みが進んでいます。海外で行われた実証実験では時速80kmで走行しても映像が途切れなかったという結果が出ており、国内のメーカーもこの新しい技術に期待を寄せています。

16 無線によるファームウェアアップデート【全般】

　産業分野を問わず企業で汎用的な活用が期待されるのは、11ahを活用したファームウェアアップデートによるセキュリティリスク対策です。

　様々な産業分野で活用されるIoTシステムでは、センサやビデオカメラなど、多くのデバイスがネットワークに接続されます。しかし、セキュリティ対策が不十分なIoTデバイスが攻撃の踏み台として利用される事案が発生し、問題となっています。こういった事態を避けるため、セキュリティ対策として随時デバイスのファームウェアをアップデートする必要がありますが、様々な場所に設置された多数のデバイスを1台1台回収してデータ更新するのは困難です。

　この解決策として期待されているのが、無線ネットワークを介して効率的にファームウェアをアップデートできる仕組み「FOTA（Firmware Over The Air）」です。FOTAを使えば、1台1台のIoT端末まで出向くことなく、アップデートを行うことができるようになります。

　これまでIoTシステムに多く用いられてきたLPWA規格は、環境情報データのアップロードを主とする利用目的のため、ファーウェアを展開するFOTAでの利用には、通信速度など課題があります。一方で11ahはファームウェアデータの送信にも適した速度で通信が行えるため、11ahを活用することにより、FOTAが利用できる安全なIoTシステムを構築することができます。

　また、IoTシステムだけでなく、11ahを用いてセキュリティ対策の専用ネットワークを構築し、PCなどで使われている既存のWi-Fiと併用するというネットワーク設計も考えられます（図表6-2-14）。11ahによる別ネットワークを用意することで、既存のWi-Fiがセキュリティ上の懸念から利用できない場合においても、11ahのネットワークを経由してファームウェアを入手し、セキュリティ対策を行うことができます。

　海外では2.4/5GHz帯のWi-Fiと同じIPプロトコルであることを生かして、2.4/5GHz帯と920MHz帯の3つの帯域に対応したアクセスポイントの販売が始まっています。既存のWi-Fiと11ahに対応するアクセスポイントが使えれば、11ahのセキュリティ対策での利用は広がると考えられます。

図表6-2-14　セキュリティ対策用ネットワークとして11ah（色の矢印）を、既存のWi-Fi（グレーの矢印）と併用する

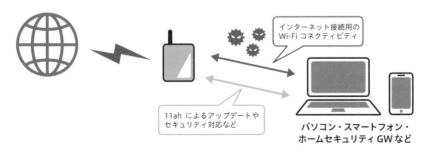

6-3　IoT を活用した鳥獣害対策

千葉県木更津市

千葉県の中西部、東京湾岸に位置し、東京アクアラインを使えば対岸の神奈川県川崎市まで約15分という距離にある木更津市。同市では増え続ける獣害に頭を悩ませてきました。この課題を解決するため、2019年4月から産官連携によるICTを活用したプロジェクトを推進。11ahのワイヤレスシステムを利用することで、罠の稼働状況やイノシシの生態を映像で把握、猟師の巡回稼働の削減、捕獲の効率化を進めています。

■ イノシシの被害に悩む木更津市

　千葉県木更津市は、南房総・東京湾に位置する温暖な街です。東京湾を横断する自動車専用有料道路東京湾アクアラインのたもとには盤洲干潟、内陸部には上総丘陵が広がるなど自然に恵まれていることから、第1次産業も盛んで、小櫃川流域を中心に水田が広がっています。市では全国に誇る米産地を目指すべく、2016年に「木更津産米を食べよう条例」を制定。2020年2月には同市の米農家が生産した米が「第21回米・食味分析鑑定コンクール　国際大会」で金賞を受賞しました。

　昨今、里山のある地域ではイノシシやシカ、クマなどの野生鳥獣が、田畑や住宅などに現れることが増えています。鳥獣害の中でも最も被害が大きいのがイノシシやシカによる被害です。例えばイノシシであれば繁殖期を前にした10月から12月、そして冬が終わり里山で餌が獲れにくくなる春先に市街地に出没する可能性が高くなり、被害も増えるといいます。2018年度の野生鳥獣による農作物の被害額は158億円に上りました。その7割を占めているのがシカ、イノシシ、サルです。鳥獣被害は営農意欲の減退を招くため、耕作放棄や離農のきっかけになることもあります。

　2020年7月29日に公表した「木更津市鳥獣害被害防止計画」によると、2018年のイノシシによる被害総額は約1200万円に上りました。また同年のイノシシ捕獲数は750頭となっていますが、被害は通年発生しており、拡大傾向にあるといいます。

　イノシシは水稲やサツマイモ・ジャガイモなどの芋類のような高栄養価で消化しやすい作物を好んで食べます。食べられるだけではなく、稲を踏み荒らされるという被害も出ています。踏み荒らされた稲は出荷できなくなるのはもちろんですが、イノシシが水田に入

ることで、その臭いが水を介して踏み荒らされていない稲にまで染みついてしまうため、イノシシが入った水田は一反まるまる廃棄することもあります。イノシシが水田に現れることは、農家にとって深刻な問題となっています。

■ 「IoTを活用した鳥獣害対策」プロジェクト発足

　木更津市はこれまでも被害抑止に向けて取り組みを進めています。具体的には、鳥獣害防止対策として、木更津猟友会や木更津鳥獣害をなくす会に捕獲を委託したり、鳥獣被害防止総合対策交付金を活用し、木更津市有害鳥獣対策協議会を事業主体とした物理柵、電気柵の設置などを実施してきました。

　物理柵や電気柵の設置は、圃場に害獣を入れないという守りの施策ですが、被害を根本的に減らすには、捕獲し全体の個体数を減らすことが欠かせません。しかし、狩猟免許所持者数の減少と高齢化の問題が浮上しました。環境省の資料によると、狩猟免許所持者数の6割以上が60歳以上。若い世代の免許所持者数は多少増えつつあるとはいえ、6割にも及ぶベテラン猟師が引退してしまうと、捕獲が難しくなってしまうのが現状です。

　2019年4月、木更津市ではさらなる暮らしの利便性向上や高齢者の見守り、鳥獣外対策など、同市が抱える様々な分野の課題を解決すべく、NTT東日本や地域の農家、企業と連携し、ICTを融合した産業分野などにおける課題解決および産業発展を推進するための共同実証実験に乗り出しました。その第一弾として、「IoTを活用した鳥獣害対策とジビエ産業による地域活性化」プロジェクトを開始しています。この実証実験の目的はイノシシの捕獲対策に加え、産官学連携の上、食用肉への加工から販売までの創出や活性化の実現です。食用肉に加工することで、処分にかかるコストを削減するだけでなく、ジビエ産業という新たな地域産業の創出をするためでもありました。

　害獣駆除を依頼された猟師は、獣道に罠を仕掛け、その罠に誘導するように餌を蒔きます。害獣が罠に入れば、逃げ出すことは不可能なので、一般的に猟師は2日に1回の割合で山に入り、餌を蒔き、毎日、罠に害獣がかかっていないか、確認します。この見回り作業が年配の猟師にとっては体力的に厳しい作業になります。だからといって罠の設置や餌蒔きが誰でもできるわけではありません。猟師の方は「熟練の猟師であれば、餌を食べられた形跡を見て、次に仕掛ける罠や餌の位置を考えることができる」と見回りの重要性を語っています。

　また、罠にイノシシがかかっていたとしても、大きさによっては応援を呼ばなければならなかったり、状況に応じた道具が必要になり、罠のある場所から道具を取りに下山することもあるといいます。罠にかかってから、実際に捕獲に向かうまでに数日かかることもあり、一部は食用とするものの、他は穴を掘って埋めていたといいます。この埋める作業にも非常な労力を使っていました。

捕獲作業を効率するための仕組みに11ahを採用

この猟師にかかる負担に着目し、捕獲作業を効率化し、さらに産業に発展させるため、AHPCの支援のもと、導入されたのが11ahを活用した鳥獣害対策の仕組みです。仕組みの中核となるのは赤外線センサとネットワークカメラ。赤外線センサは物体から発されている赤外線を感知し、それを電気信号に変えるものです（図表6-3-1）。罠の付近に赤外線センサを仕掛け、イノシシが対象のエリアに侵入したどうかを検知し、その情報をメールでアラート通知します。センサでの検知と連動して動作するネットワークカメラにより、檻付近の映像を記録し、通知することで、イノシシの種類や大きさ、頭数、罠に対する警戒度合い、エリアへの侵入経路など生態の把握に貢献しています。

このような仕組みをうまく稼働させるためのカギを握るのがネットワークです。罠を仕掛けるのは山の中。もちろん、電源はありません。木々が生い茂り視界は悪く、水分を含む幹や枝葉により、通信に適さない環境です。罠を仕掛けた場所から、実証実験フィールドを提供してくれた農家の家までは約600m。省電力規格である従来のLPWAであれば、長距離伝送という特徴を生かして山中のネットワークとしては向いているかもしれませんが、送信できるのは罠が作動したか、エリアに侵入したかどうかなど、簡単な情報のみとなり、映像や画像を送ることには適していません。一方、電源工事を行いWi-Fiを用いれば、映像や画像を伝送することはできますが、伝送距離が短いため、中継機を多数設置する必要が出てきます。そのような構成を取ると、中継機にかかる費用が大きな負担となるだけでなく、その中継機ごとに電源が必要となり、広いエリアをカバーすることは困難です。4Gや5Gといった携帯電話を使う場合は、電源供給の仕組みが必要な上、さらに毎月の通信料というコストがかかってしまいます。そこで採用したのが、11ahです。

木更津市とともに、スマートシティの実現に向けて活動するNTT東日本はAHPCに参加しており、またAHPCは11ahの有用性を探るため、各地域で様々な実証実験に取り組んでいました。木更津市のプロジェクトは11ahの特徴を生かす実証実験の場として選定されたのです。

11ahで伝送した映像なら雌雄の区別、年齢まで把握できる

農家の自宅に11ahのアクセスポイントを設置（図表6-3-2）。今回罠を設置した場所は試験局から600m先。何も障害のない場所なら、十分、電波が届く範囲ですが、山の中は木などの障害物が多く、また農家の家屋と檻の設置場所の間に丘を挟んでいました。そこで安定した通信のため、撮影部以外に中継部を設け（図表6-3-3）、撮影部、中継部ともに11ahモジュールを稼働させるための電源として畳1畳分の太陽光パネルを設置して蓄電。撮影部の蓄電池は11ahモジュールに加え、ネットワークカメラと赤外線センサの電源とし

ても活用しています。本実験では雨や風など、悪天候の中でも十分な通信が持続できるか確認するため、意図的に大きな太陽光パネルを用意していますが、実際にはさらに小さい発電設備で十分必要な電気がまかなえる見込みです。

図表6-3-1 IoTを利用したイノシシの捕獲の仕組み

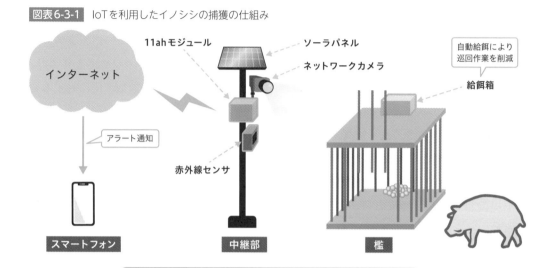

仕組みとしては、イノシシが罠（図表6-3-4）の近くに現れるとその動きによって赤外線センサが反応し、前後1分間の動画をアップロード。同時にメールでアラートを猟師に送信するという仕組みです。映像の解像度は1280 × 1024ピクセル（SXGA）。どのくらいの大きさのイノシシが何匹いるかはもちろん、猟師をはじめとするイノシシに詳しい人物であれば雌雄や、何歳ぐらいのイノシシかなども判断できます。猟師が特に魅力を感じたのは、動画でイノシシの生態が把握できるようになったことでした（図表6-3-5）。動画を元に「罠の向きはこっちの方が良いかも」「餌を蒔くならこちらに」というふうに、試行錯誤による結果を確認することができました。これまで試行錯誤した結果は、イノシシの捕獲可否によって判断する他なかったのですが、11ahにより効果があったかなかったか効率的に判断ができるようになりました。結果、地域全体でより多くのイノシシを捕獲できるようになりつつあるといいます。

図表6-3-2 11ahアクセスポイント（農家側）

図表6-3-3 11ah中継機

図表6-3-4 捕獲のための罠

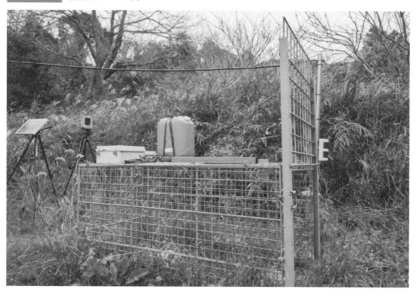

図表6-3-5 実際に11ahで閲覧できたカメラ映像

■ IoTを活用した仕掛けの成果

　11ahを活用した木更津市での鳥獣害対策の効果が徐々に現れてきています。第一に、生態の一端がわかることで、捕獲対策の一助となっていること。ネットワークカメラによって餌の食べ方などを画像で確認できるので、その状況を踏まえた効率的な罠の設置をするなど、先手の対策を採ることも可能になりました。

　第二に、赤外線センサによる檻の侵入検知とアラート通知の仕組みにより、罠付近にイノシシが近づいているかどうかが把握できるので、巡回回数が大幅に削減されました。こ

のプロジェクトに参加した猟師の場合、巡回回数を約85％削減できたそうです。猟師からも「負担が軽減されたことで、罠の工事や餌の購入などに労力を割くことができるようになった」という意見が出ています。猟師の高齢化や後継者不足が深刻な問題となりつつあり、地域の産業を守るため、今後猟師1人当たりの負担は増えていくことが想定されますが、11ahによる巡回稼働削減は1人の猟師が扱える罠の数を増やすことにつながるので、地域の鳥獣害対策を支える一助を担えそうです。

　第三は、迅速な食肉加工処理により、新たな産業につながっていることです。これまではイノシシが罠にかかったことを知るまでに時間を要するだけでなく、道具の手配などで猟師の往復が生じていたことから、衛生的な観点でジビエ化を行うことはできませんでしたが、11ahを活用することで早期に捕獲情報を把握できます。捕獲情報を食肉処理業者にも共有することで、捕獲と前後して受け入れの準備を整え、速やかに対応できることにもつながります。今回のプロジェクトでは獣肉処理加工場やサステナブルな消費や暮らしの在り方を提案するブランドをもつ民間企業とも連携しました。それにより、イノシシ肉の処理・加工、流通、販売までの一連の工程を担う地域産業の創出・活性化も視野に入れることができ、より多くの捕獲した獣を新鮮な形でジビエに回すことが可能になりました。木更津市ではジビエ料理を出すレストランが増えており、11ahが地域活性化への貢献に寄与しているといえるでしょう。

6-4 11ahで定置網モニタリング

神奈川県水産技術センター相模湾試験場

神奈川県水産技術センター相模湾試験場は11ahを活用し定置網のモニタリングの実証実験を行っています。定置網には、魚種や大きさの区別なく魚がかかってしまうため、資源管理が難しく、また網にどれくらい魚が入っているか事前に判断できないため、漁獲量によらず船を出す必要があります。しかし、海上でも画像が送れる11ahのワイヤレスシステムを使って定置網をモニタリングすれば、事前に魚の種類や大きさ、数を知ることができ、飛躍的に効率が高まるというメリットが期待できます。

定置網漁業の従事者が抱える課題

一次産業分野の一翼を担う漁業の漁獲高は減少傾向にあります。漁業者や漁船の減少、海洋環境の変動の影響から水産資源が減少していることも大きな課題となっています。一方、消費の面でいえば魚離れによる消費量の減少も進んでいます。

中でも漁獲高減少よる影響を受けているのが沿岸漁業です。沿岸漁業は、浜から比較的近い漁場に小型船で乗り着け、魚を獲る手法であり、日本の漁業者の8割以上は沿岸漁業に従事しています。沿岸漁業には、定置網や巻き網、刺し網など様々な漁法がありますが、神奈川県の沿岸漁業のうち、漁獲高の6割以上を定置網によるものが占めています。

定置網漁業は、海の中に網を張りたてて、魚が入ってくるのを待って獲る漁業です。定置網漁業の歴史は古く、例えば古くから西湘地域の漁業の中心地である神奈川県小田原市では100年以上の歴史があるといわれています。従来、定置網漁業は水産資源にとってやさしい漁業といわれてきました。しかし、網にかかれば魚種や大きさの区別なく魚を獲ってしまうことになるため、昨今では海洋資源確保の観点から、評価が変わりつつあります。最近では資源を守る観点から、定置網漁業の漁業者は禁漁とされた魚種が網に入った場合や漁獲可能量を超えた場合は、禁漁の魚を逃した後に網を巻き上げる手法を取ったり、休漁したりしています。

定置網漁業は日によって漁獲量が大きく変動しますが、魚がかかっているかどうかは、実際に船を出して見に行かなければ確認できません。大量に獲れていれば応援を頼む必要が出てくる場合も考えられます。さらに大漁となった場合は、漁港での水揚げや対応のた

め、人手を確保する必要が生じてきます。定置網の設置場所は浜からそれほど離れていないとはいえ、毎日船を出すとなると燃料代もかかります。船を出して魚がかかっていなければ、燃料代が回収できなくなる場合もあります。また台風シーズンには、沿岸部の海流が急激に速くなる急潮が発生して、定置網が破損する場合もあります。

定置網のモニタリング

漁場に行かないと定置網の状況がわからないという課題を解決する手段の1つが、定置網のモニタリングです。定置網をモニタリングできれば、漁に出る前に、どんな種類、どんな大きさの魚がどのくらい網に入ったか、事前に把握でき、操業の準備もできるようになります。

しかし、定置網のモニタリングをするためには、海中の様子を撮影した映像を送信するための通信手段が必要になります。

一般的に定置網は陸から2〜4km離れているため、携帯電話網が使えない場合があります。長距離通信を得意とする既存のLPWAによっては定置網まで電波が届くものもありますが、魚の状況や網の様子が識別できる映像を伝送するのは難しく、現場の課題解決につながる規格として期待されているのが11ahです。

11ahの最大の特徴は、既存のLPWAのような広いカバレッジエリアで画像や映像伝送が行えるという点で、幅広い用途が期待できます。しかもWi-Fiと同じIPベースなので、これまで培われてきたIT資産がそのまま活用できます。例えばウェブカメラやノートパソコン、クラウドサービスなど、これまで市場に流通してきた製品を11ahと組み合わせて利用することが可能です。またWi-Fiや4G/5Gといった携帯電話キャリアが提供するサービスと比べて消費電力が少ないため、電源の確保が困難な場所においても、比較的設置が容易というメリットがあります。さらに、中継機能を有しているので、漁業のように広いエリアでの活動に適していることも特徴です。

AHPCはこのような11ahの有用性を確認するため、様々な場所で実証実験を行っており、神奈川県水産技術センター相模湾試験場の協力の下、海上での実証実験プロジェクトが立ち上がりました。

海上での実証実験に取り組む

「定置網漁における業務の効率化」に向けて、大きな課題となったのが障害物となる高架道路の存在です。水産技術センター相模湾試験場建物の屋上に11ahの実験局を設置した場合、試験場を中心に障害物がなければ、1〜2km程度が電波が届く見込みですが、相模湾試験場と海の間には西湘バイパスが通っていたので、それが障害となり、通信しにく

いことがわかりました。そこで、試験場から約500m、定置網から約1.7kmの距離にある灯台に中継機を設け（図表6-4-1）、試験場と定置網を11ahでつなぐこととなりました。

図表6-4-1 水産技術センターから海の方向にバイパスが通る

定置網の様子を映し出すために用意したのは、遠隔操作型の水中ドローン（ROV）です（図表6-4-3）。11ahアンテナを船体上部に取り付けた相模湾試験場が保有する調査船「ほうじょう」で定置網の場所まで行き、ROVが撮影した海中の映像をノートパソコンに取り込み、11ahで伝送するという仕組みです（図表6-4-2）。11ahはIPベースであり、ノートパソコンに取り込んだ映像を変化させることなく、データの送信が実現できました。

図表6-4-2 実証実験の概要図

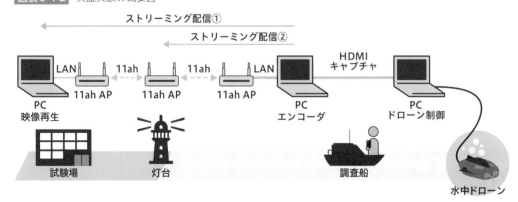

図表6-4-3 映像取得に使ったROV

　また、海岸に面する施設でのアクセスポイント設置も想定して、定置網から灯台（バイパス手前）間での伝送品質を合わせて実施しています。さらに関東総合通信局よりAHPCが受領している実験試験局免許の範囲内で最長の距離となる、灯台から2.7km沖合の海上間における、伝送品質の確認も行っています（図表6-4-4、図表6-4-5）。

図表6-4-4 試験場での観測風景

6

図表6-4-5 灯台での観測風景

定置網のモニタリングに使える

　実験の結果、定置網からバイパスを越えて試験場まで送信した際の伝送速度は、1MHz幅だと350kbps程度。SD品質の映像が1fps[*2]で受信可能でした。また4MHz幅だと500kbpsとなり、HD品質の映像が1fpsで受信できることが確認されました。試験場から2.2km離れた海上の映像が受信できたことにより、網にかかった魚の量を大まかに把握し、出港の要否、船数、漁港で待機する人員数の判断に活用できるという手応えが得られました。しかし、受信映像は図表6-4-6の写真のように、網にかかった魚の量は確認できますが、どの種類のどんな魚が網にかかっているかを特定することは難しいのが現状です。

[*2]　**fps**：frames per second（フレームレート）、動画における1秒間に処理するフレーム（コマ）の数となる。

図表6-4-6 試験場での受信映像

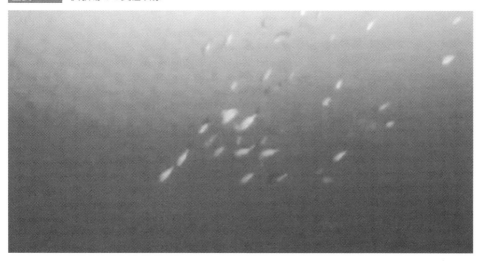

　一方、通信の妨げとなるバイパスの影響がない灯台から定置網までの通信でみると、1.7km地点では、1MHz幅の伝送速度は1.2Mbps程度となり、FHD品質の映像が5fpsで受信でき、4MHz幅の伝送速度は2.2Mbps程度となり、図表6-4-7のようにFHD品質の映像が12fpsで受信できることが確認できました。バイパスの影響がない漁場では、FHD品質と高いフレームレートによって、魚の種類や動き、網の破損状況なども確認できる品質の映像が11ahを通して送受信できるといえます。

図表6-4-7 灯台での受信映像（灯台との距離約1.7km）

さらに、最長距離の約2.7km地点では、1MHz幅の伝送速度は800kbpsとなり、図表6-4-8のようなHD品質の映像を5fpsで受信。4MHz幅だと1.9Mbps程度となり、FHD品質の映像を5fpsで受信できました。海岸に面した施設に11ahのアクセスポイントを置くことができれば、およそ3km沖合で停泊している船との間で映像が送受信できる品質の通信が確立できるため、今回対象とした定置網でのモニタリング以外の幅広い用途での利活用が期待できます。

図表6-4-8 灯台での受信映像（灯台との距離約2.7km）

　今回の実験を通じて、海上および長距離での活用について、11ahのポテンシャルを十分確認することができました。また実証実験に協力した水産技術センターにおいても、「11ahの今後に期待できる」という評価をいただいています。定置網に11ahを活用することで、資源管理への対応ができることはもちろん、あらかじめ魚の数や種類などが確認できるので、操業の効率向上や労働時間の短縮、生産性の向上が期待できるということです。

　今回明らかとなった特性を生かし、今後11ahのユースケースとして考えられるのは、セーフティネットの構築です。海上保安レポート2019によると、漁船の船舶事故は全体の21％に及んでいます。海難種類別では運行不能の事故が最も多く、全体の5割を占めています。海難の81％は見張り不十分や操船不適切、気象海象不注意などの人為的要因によるものです。

　令和元年度水産白書によると、漁業における災害発生率は、陸上における全産業の平均の約6倍に上るといわれており、サスティナブルな漁業実現には漁業者の安全性向上は欠

かせない問題であるともいえます。11ahを使えば、今までできなかったごく沿岸での観測や観測地点の増加によって、より精度の高い海洋シミュレーションが可能になることで、気象や海象不注意による事故を減らすこともできるでしょう。

　さらに、このような漁業者の労働環境の改善だけではなく、もうかる漁業への転換も可能になります。魚は鮮度が重要なので、時間との勝負です。漁獲した魚の情報を11ahでいち早く魚市場に送るなど、流通面で連携することができれば、消費者まで届く時間の短縮も期待できます。生の魚の流通に貢献できるだけではありません。水産加工場と連携することで、より鮮度の高い状態で魚を加工することもできるようになります。消費者にとってはより高品質の魚が手に入るようになるため、魚離れを防ぐことも期待できるといえるでしょう。

スマート水産業推進のキーテクノロジーに

　陸上とは違い、通信インフラが限られる海上では、ワイヤレス通信はスマート水産業促進のためのキーテクノロジーです。神奈川県水産技術センター相模湾試験場ではその有力候補として11ahを推しています。11ahであれば、4Gや5Gといった携帯電話キャリアのサービスと異なり毎月の通信料金を負担することなく利用でき、IPベースの規格なので機器の普及も期待されます。また神奈川県の場合、定置網までの距離が2km程度のところが多いため、海上約3kmにも及ぶ広いエリアをカバーする11ahの特性を踏まえ、通信を行うタイミングを工夫することで様々なユースケースに対応できると考えられます。

　11ahの国内商用化が実現すれば、スマート水産業が飛躍的に進む可能性があります。スマート水産業が普及することで、資源の持続的な有効利用が可能になり、日本の水産業の生産力、競争力も向上すると想定されます。11ahはそのような未来につながる技術といえるのです。

6

(("I")) SECTION

6-5 水害を未然に防ぐ
スマート農業に取り組む

北海道岩見沢市

北海道岩見沢市では、スマート農業の社会実装に向け、先進的な生産者や産学官を中心に「岩見沢市スマート・アグリシティ実証コンソーシアム」を構成し、ローカル5Gによるスマート農機の遠隔監視制御などの実証を始めています。その中で、802.11ah推進協議会と連携し、排水機場と水門に設置された水位計を遠隔地から確認できるよう11ahを敷設し、有用性を確認するため、実証実験を行っています。

■ 岩見沢市は日本有数のICT先進地域

石狩平野のほぼ中央に位置する北海道岩見沢市は、札幌から北東に車で約30分、新千歳空港から約60分の距離にあり、基幹産業を農業とする人口約8万人の地方都市です。

近年は、全国平均を上回るペースで人口減少・少子高齢化が進行し、特に農村地域でその傾向が顕著となるなど、基幹産業の持続性確保が喫緊の課題となっています。

このため、地域特性であるICT環境をベースに、ロボット技術やAIなどの活用による生産性の向上を目指し、先進的な生産者や産学官を中心とする「岩見沢市スマート・アグリシティ実証コンソーシアム」を形成（2020年度～）。ローカル5Gやロボット、AI、IoTなど先端技術を活用したスマート農業の社会実装を目指し、スマート農機等の遠隔監視制御機能の開発実証に取り組んでいます。

■ 岩見沢市のICT環境

岩見沢市は1993年よりICTの活用による「市民生活の質の向上」と「地域経済の活性化」をテーマに、自営光ファイバ網やルーラルエリアのデバイド解消に向けたブロードバンド整備をはじめ、自治体ネットワークセンター等のICT関連施設、環境配慮型クラウドデータセンターなど社会基盤の高度化を進めるとともに、教育や医療・健康、防災等における具体的な活用や関連企業の誘致、在宅就業の促進など幅広い分野での施策を網羅的に展開しています。

特に、農業分野については、自治体自らが整備を進めた気象観測装置による各種予察情

報の提供やRTK-GNSSアクセスポイントを用いた高精度位置情報を配信するなど、国内はもとより海外からも多くの視察者が訪れる「スマート農業先進地」として注目されています。

岩見沢市が進めるスマート農業の社会実装

「岩見沢市スマート・アグリシティ実証コンソーシアム」では、ロボットトラクターなどのスマート農機の遠隔監視制御実現に向けた安全性の確立を実証することを命題に掲げ、最先端技術を用いたスマート農業の社会実装を促す構築を進めるとともに、整備した通信環境を農村地域の防災や生活領域に利活用するなど定住促進に向けた活用検討を進めています。

具体的な実証内容は以下の通りです。

① ローカル5Gを用いた高精細かつ低遅延の映像伝送により、ロボットトラクター等、無人の自動運転農機を圃場から約10km離れた遠隔監視センターにて適切に運用・遠隔監視・制御する実証

② 自動運転農機や圃場に設置する各種センサから取得される生育データなど、ビッグデータの送受信・集積等に関する実証

③ ローカル5Gや地域BWA（Broadband Wireless Access）、最新のLPWA（802.11ah）など多様な通信ネットワークとの組み合わせによる幅広い領域で最適なネットワークを利活用する実証（映像やセンサを用いた排水路監視、スマートウェアによる健康管理）

④ ルーラル環境における4.7GHz帯の屋外利用実現に向けた遮蔽物に対する性能評価、ローカル5Gとキャリア5Gの準同期運用を含めた共用検討

⑤ スマート農機の地域実装を促進するための環境形成・ビジネスモデル検討

この5つの項目で、それぞれ取り組みが始まっています。③の多様な通信ネットワークの組み合わせによる実証において、AHPCの連携の下、11ahが活用されています。

水害を未然に防ぐために苦慮

岩見沢市は見渡す限り広大な田畑が広がり、日本三大河川の1つ石狩川とそれに合流する支流が数多く流れていて、これまで多くの水害に見舞われてきた歴史があります。水害というと初夏から秋にかけて、台風シーズンのイメージがあるかもしれませんが、北海道屈指の豪雪地帯である岩見沢市では雪解けが始まる時期にも水害が起こりかねません。

2020年から2021年にかけて、大雪が降った岩見沢市では積雪量は2mを超えました。

「除雪車が難儀したほど」です。排水路に雪が積もっている時期に高温や大雨に見舞われると、雪解け水や雨水が大量に排水路に流れ込み、雪が詰まることで洪水を引き起こし、道路や農地そして住宅に浸水することがあります。そこで市では大雪が降ったり、雪解けが始まるシーズンを含め、定期的に排水機場を確認し、水害を防ぐために準備をしています。

排水機場とは、排水路等の流末に設けられるポンプ施設のことです。洪水時に農地や市街地（堤内地）での浸水氾濫を防ぐために、河川等（堤外地）へ排水（内水排除）を行う目的で設置されています。大雨が降ったり、雪解け水が大量に発生すると排水路に流れ、川と合流します。しかし、河川の水位が上昇すると、排水路の水が流れなくなり、街や田畑に水害をもたらしてしまいます。以前から、融雪時には昼夜を問わず、排水路の水位を現地立会して監視し、機械による雪割作業を行っています。その際に水位の急変に対して、現場対応が間に合わず道路や圃場が冠水してしまうことがありました。なぜならば、排水路に覆いかぶさった雪の表面まで、水が染み出てこないと水位がわかりにくかったためです。また、監視区域よりも上流で雪が詰まっていると、思わぬ箇所で浸水が発生することもあります。なお、雪割作業の時期が早すぎると、水路は降雪や地吹雪によって再び雪で埋まってしまいます。

雪下の水位が監視できれば、雪割の準備を最適なタイミングで行うことができるのですが、目視での現場確認では実現が難しい課題でした。

人に代わり水位の管理に11ahを活用

このように排水機場や排水路の管理について、これまで人手で行っていたのですが、防災力を向上し、安心・安全なまちを実現するためには水害リスクのさらなる低減が課題であり、融雪時期を含めた水位の常時監視による異常の早期発見や、水位の増加予測を可能にする水位トレンドの可視化を可能にする仕組みの必要性が高まっていました。

遠隔からリアルタイムに水位を確認する仕組みを作るためには、排水機場の水位が確認できる位置に監視カメラを設置し、その映像を送信するネットワークが必要です。そのネットワークとして期待されたのが11ahです。

今回の実証実験では、ロボットトラクターの遠隔制御にローカル5Gを使っています。ローカル5Gは超高速・超低遅延・多数同時接続という特徴をもったネットワークなので、ローカル5Gでも良いのではないかとも思われますが、排水機場での実証は監視カメラの確認や水位計のチェックのみなので、ローカル5Gでは明らかにオーバースペックとなってしまうのです。またローカル5Gアクセスポイントから排水機場までの距離は3km。この距離でローカル5Gを使えるよう整備するのは、困難を極めます。

地域の人が今後も活用でき、自営で進められる最適なネットワークという条件に合致し

たのが11ahだったというわけです。この利用シーンに合わせたネットワークの使い分け
について、岩見沢市は「精緻さが求められるロボットトラクターの制御は超高速・超低遅
延のローカル5G。通信量が少ない監視カメラや水位計の確認は11ahというように使い分
けをして、地域として最適なネットワーク構築を目指すべく、実証実験に取り組んでいる」
としています。

11ahの敷設で、防災力の向上に期待

　11ahのアクセスポイントはローカル5Gの電波が届くエリアの道路際に建てられたコン
クリート柱に設置しました（図表6-5-1　左）。この柱にローカル5Gのルータも設置し、
11ahが連携するという構成です。双方のアンテナがかなり高い位置に設置されているのは、
通信先との間に極力障害物を少なくするためです。

　岩見沢市での実験環境では、11ahで取得した監視カメラの映像やセンサのデータをす
べて、ローカル5Gに切り替え、遠隔監視センターに伝送しています。岩見沢市ではここ
でデータを収集、解析することで、スマート農業に生かすことはもちろん、将来的に農村
地域の防災や生活領域にも利活用していくことを予定しています。

　今回の実証の対象となった水位計は、アクセスポイントから約0.5km離れた水位計と、
1km離れた住宅街にある水位計、そしてアクセスポイントから3km離れた排水機場の3
か所。さらにアクセスポイントから約2km離れた地点にも今後の11ahの展開に向けた伝
搬試験のため、測定ポイントを設けました（図表6-5-2）。

　11ahのカバーエリアはアクセスポイントを中心に1〜2km。環境によっては3kmまで
届く場合があります。机上の計算だと排水機場までは通信エリアとなりますが、途中に防
風林や建物などの遮蔽物があるため、中継機を2台設置し、アクセスポイントまでの安定
した通信を実現しています。中継機を複数台設置することで単にコンクリート柱と排水機
場をつなぐだけでなく、通信エリアが広がるため、実証試験では水位データ、監視カメラ
画像データの送信のみでしたが、将来的には様々な用途で11ahを活用していくことも可能
です。

　中継機は7mのポールを立てて設置しています（図表6-5-1　右）。これは雪深い岩見
沢市ならではの対策です。ポール上部に太陽光パネルを設置し、そこで蓄電された電源を
使って通信しています。太陽光パネルは通常よりも鋭い角度がついています。これは積雪
による発電量低下とパネル破損を防ぐためです。岩見沢市は2020年12月から2021年1
月にかけて例年に比べて非常に多い雪が降りましたが、この仕組みにより安定した電気の
供給ができました。

　現在、排水路の水位データ、排水機場の水位画像データは、1分に1回送信されており、監視サーバに蓄積された情報を市の職員が見ることによって、遠隔地からでも現地の状況を確認することが可能になっています。

水位計は、市内複数の排水路に設置されています（図表6-5-3）。同一路線の水位計では、上流と下流の水位トレンドの挙動を把握することで、近似していれば順調な流れであり、異なる場合は、どこかで雪が詰まっているという推測をすることができます。また、近隣している排水路の水位を比較することで、2路線が近似していれば順調な流れであり、異なる場合は、水位計を設置している区間よりさらに上流で雪が詰まっている可能性があると推測することができます。また、夏季には局所的な豪雨で水位が偏ることもあります。これらの水位データに基づいた推測は、実際のパトロール業務に活用されています。

図表6-5-3 排水機場の水位計

　排水機場の監視カメラ映像については、排水機場の水位計と、カメラによる映像監視を併用することで、水位監視の信頼性が向上し、故障や低温などの影響で水位計が誤作動等を起こした場合でも、防災行動の初動が速くなり、間違いの予防になるなどのメリットがあります（図表6-5-4）。さらにカメラ映像が蓄積されるので、過去を振り返って水位の上昇がいつから始まっていたかの解析にも活用することができるようになりました。

　このように、水位データや、映像データを確認することで、排水路の水害リスク早期発見や、排水機場監視の信頼性向上が可能になるため、水位データの蓄積、可視化は水路監視において非常に有効であると評価されています。

今回、11ahを敷設したことで、離れた場所から、映像を介して水位を確認できるようになりました。早期に状況を把握できるだけでなく、万一、水害が発生しそうな際は地域住民にいち早く伝えることができるため防災力向上につながると、その効果に期待が高まっています。

図表6-5-4 排水機場に設置された監視カメラ

ローカル5Gの技術と活用

本章では、ローカル5Gの制度導入の目的と技術的な特徴について説明します。第1節でローカル5Gが始まった背景と狙い、周波数割り当てについて、第2節では5Gの技術的な特徴とローカル5Gのシステム構成について説明します。第3節では5G/ローカル5Gで使われるワイヤレス技術、ネットワーク技術について解説します。第4節は、ローカル5Gと企業ネットワークとの関係を見ていきます。

7-1 ローカル5Gの目的と周波数割り当て

ローカル5Gは導入されたばかりの新しい制度です。その目的と、新たに割り当てられた周波数帯について説明します。周波数帯によって異なる電波の特性を理解しておく必要があります。

1 ローカル5G導入の目的

　2020年3月、NTTドコモ、KDDI、ソフトバンクの移動通信事業者（モバイルキャリア）が一斉に5Gサービスを開始しました。続いて、同年9月に楽天モバイルも始め、日本もいよいよ5G時代の幕開けとなりました。「超高速」「超低遅延・高信頼」「多数同時接続」の3つの特徴で知られる5Gサービスによって、モバイル通信は新次元に入りました。

　しかし、5Gは基地局当たりのカバーエリアがこれまでとは違い極めて狭いため、現在の4Gサービスのように全国をカバーするネットワークを整備するのには大変な労力と時間がかかり、何年も先になってしまいます。そこで、移動通信事業者が全国的なネットワーク整備を完了するよりも早く、また地域や企業の個別ニーズに応じて柔軟に利用できる5Gネットワークを構築したいという要望に応えるために、「ローカル5G」という新しい制度が導入されることになりました。移動通信事業者の全国的でパブリックな5Gとは異なり、特定エリアで自分だけが利用できるプライベートな5Gネットワークを構築できるのです。

　これにより、移動通信事業者の公衆サービスとしての5Gがまだ始まっていない地域や、そもそもエリアカバーがしにくい地域でも、個別の用途に応じて必要となる性能を柔軟に設定できるプライベート（自営）の5Gネットワークの構築・運用・利用が可能になります。

　ローカル5Gでは、移動通信事業者に割り当てられる周波数とは別の周波数帯の電波が、ローカル5Gを希望する自治体・企業・大学などの私有地（建物や土地）という特定のエリアで局所的に割り当てられます。ローカル5Gを始めるには、国によって指定された無線局免許を申請し、ライセンスを取得する必要があります。そして、全国サービスを行う移動通信事業者はローカル5Gを提供することはできません。

　ローカル5Gは、汎用的で一律な公衆サービスを提供する移動通信事業者の5Gとは異なり、それぞれの用途に応じて柔軟に構築され、他の場所の通信障害や災害などによる影響を受けにくく、また他のワイヤレスネットワークの影響を受けない自社専用の自営ワイヤレスネットワークです。

このように、ローカル5Gは、個別に無線ネットワークを整備するので、それぞれが独立したプライベートネットワークとなります。スタジアムや大規模イベント会場、遠隔医療、建設現場、工場、河川、農場などで独自に5Gネットワークが整備、利用できるようになります（図表7-1-1）。移動通信事業者のパブリックな5Gネットワークではカバーしにくい地域や山間部などでも構築することができます。

ローカル5Gの運用形態は、土地・建物の所有者が自ら設備を購入して自営のローカル5Gを構築・運用するタイプと、第三者にローカル5Gの構築・運用を依頼するタイプがあります。後者の場合は、通信ベンダーやSI事業者がローカル5G免許を取得し、5Gネットワークの構築・運用を請け負うことになります。

図表7-1-1 ローカル5G活用のイメージ

出典：総務省総合通信基盤局「第5世代移動通信システム（5G）の今と将来展望について」（2019.6）を元に作成

2 ローカル5Gの周波数

ローカル5Gに割り当てられる周波数は、ミリ波と呼ばれる「28GHz帯」と、サブ6（6GHz帯以下の周波数）と呼ばれている「4.7GHz帯」の2つです（図表7-1-2）。

2019年12月に「28GHz帯」の28.2GHz～28.3GHzで100MHz幅が割り当てられ、2020年12月には28GHz帯の28.3GHz～29.1GHzで800MHz幅が割り当てられました。28GHz帯では合計900MHz幅の帯域をローカル5Gで利用できるようになりました。

同じく2020年12月には、「4.7GHz帯」の4.6GHz～4.9GHzが割り当てられました。合

計300MHz幅の帯域のうち、4.6GHz〜4.8GHzは公共業務用固定局[*1]との干渉があるため、屋内に限定した利用となっています。残りの4.8GHz〜4.9GHzが屋外で利用できる周波数帯となっています。

図表7-1-2 ローカル5Gの周波数割り当て

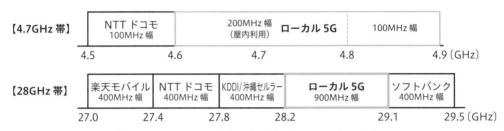

出典：総務省総合通信基盤局「第5世代移動通信システム（5G）の今と将来展望について」を元に作成

こうして、28GHz帯で900MHz幅、4.7GHz帯で300MHz幅、合計で1200MHz幅もの周波数がローカル5Gとして新たに利用可能になりました。

携帯電話の3Gや4Gで使われている700MHz〜900MHzの周波数帯は電波が遠くまで飛ぶのでカバレッジが広く、情報量はそれほど多くありませんが、容量とのバランスが優れている帯域なのでプラチナバンドと呼ばれます。

逆に、28GHz帯、4.7GHz帯などの高い周波数帯域の電波は遠くまで飛びませんが、多くの情報量を伝えることができます[*2]。高い周波数帯の利用により占有できる帯域幅が増え、伝送容量が上がるというメリットがあります。

28GHz帯と4.7GHz帯を比較しても、同様のことがいえます。ミリ波の28GHz帯は、エリアカバレッジは狭く遮蔽物には弱いですが、伝送容量は非常に大きく、大容量コンテンツ配信に適しています。逆に、サブ6の4.7GHz帯は中程度のカバレッジで、28GHz帯と比べると遮蔽物にやや強く、伝送容量は大きく特定の方向に向けての発射に適しています（図表7-1-3）。

[*1] 公共業務用固定局は、防衛省の公共業務用システムが利用しています。システム離隔距離により屋内においても干渉のため利用できないエリアが一部あります。一部のエリアで公共業務用固定局に対する許容干渉電力を超過する場合があるため、マクロセル基地局は設置不可、スモールセル基地局も送信電力等の確認が必要となっています。屋内で利用する場合は、ローカル5G基地局の許容干渉電力を超過するエリアは限定的なため利用制限はなしとなっています。この利用制限エリアについては、第5世代モバイル推進フォーラムの「ローカル5G免許申請支援マニュアル2.0版」に、4.7GHz帯における屋内外の利用制限エリアについて記載されています。

[*2] この伝送容量と帯域幅の関係については、「シャノンの定理」によって明らかにされています。
シャノンの定理は$C = BW \log(1+SNR)$で表されます。Cは伝送容量、BWは帯域幅、SNRはSN比です。したがって伝送容量（C）は帯域幅（BW）が広くなることで高速伝送が実現できることがわかります。

図表7-1-3 電波の特性と4G、5Gの周波数帯域

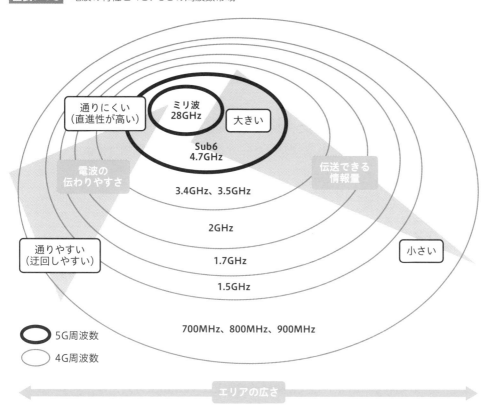

7-2 5Gの特徴とローカル5G のシステム構成

5Gは、「超高速」「超低遅延・高信頼」「多数同時接続」という3つの特徴をもっています。それは、ローカル5Gでも生かされますが、ローカル5Gのシステム構成によっては、そのままでは実現できないことがあります。

1 5Gの3つの特徴

「5G」とは5th Generationの略で、第5世代の携帯電話の通信システムの規格を意味しています。この規格は第1世代から第5世代まで続き、ほぼ10年ごとに新規格への入れ替えが行われ、現在主流の「4G」に代わって5Gへの移行が始まったところです。

第1世代は音声通信中心のアナログ方式で、メールができるようになった第2世代のデジタル方式を経て、第3世代のCDMA方式でデータ通信の高速化やネット接続が当たり前になりました。第4世代のLTEやそれを発展させたLTE Advance方式では、スマートフォンでSNSや動画配信などの利用が広がりました。第5世代の通信規格はNR（New Radio）方式といい、人だけでなくモノも対象にし「超高速」「超低遅延・高信頼」「多数同時接続」という3つの特徴をもっています（図表7-2-1）。

「超高速」とはeMBB（enhanced Mobile Broadband、モバイルブロードバンド高度化）を指し高速通信のことです。4Gの0.1Gbpsより100倍速い最高伝送速度10Gbpsのブロードバンドサービスが可能となります（将来的には20Gbpsを予定）。10Gbpsは理論値ですが、理想的な環境では2Gbps、通常でも1Gbpsという桁違いのスピードが出せるといわれています。通信速度がこれだけ速いとファイルのダウンロードはあっという間に済み高精細な画像や動画も送受信でき、2時間映画も3秒でダウンロードできるといわれています。

高速通信は混雑時には大きなメリットがあります。映像配信では、4K/8Kストリーミングなど高精細な映像配信が普通にできるようになります。また、VR（仮想現実）、AR（拡張現実）、MR（複合現実）などXRと呼ばれる大容量データを使う高画質の映像の活用が可能となります。高精細画像を伝送できるので臨場感豊かなスポーツ観戦、離れたところからの診断を行う遠隔医療、遠隔地で参加型のeスポーツやエンタテイメントをはじめ、これまでできなかった様々な用途での利用が期待されます。

「超低遅延・高信頼」とはURLLC（Ultra-Reliable & Low Latency Communication、超高信頼性・低遅延通信）を指し、ネットワークの遅れが4Gの10分の1となる1msecと小

さいため、通信時の遅延が大幅に短縮され、利用者がタイムラグを意識することなくリアルタイムに情報を送受信できるようになります。医療における遠隔手術、建設機械の遠隔操作、災害現場での遠隔ロボット操作などの利用が期待されています。

「多数同時接続」とはmMTC（massive Machine Type Communications、大規模マシンタイプ通信）のことで、多数の機器が同時に接続可能となり4Gの場合1km²当たり10万台ですが、その10倍の100万台になります。

多数のデバイスを接続して膨大なデータを収集するIoTの普及には、多数同時接続の機能は不可欠となります。スマートファクトリー、スマート農業、スマートハウス、スマートシティなどの推進が期待されます。これまで経験や勘に頼ってきた分野で、クラウド、AIと組み合わせることで業務の自動化、効率化が期待されています。

こうした5Gの3つの機能によって、超高速を生かせる新しい映像端末を活用したり、自動車や農業機械、医療機器をリアルタイムで遠隔操作が可能になります。さらに多種多様なデバイスをネットワークに接続してデータ収集することで、社会や交通、農業や漁業の問題までも解決が可能となってきます。

人とスマートフォン中心のワイヤレスネットワークから、あらゆる機器/デバイスがネットワークにつながることで社会と産業、生活そのものが革新されていくようになります。社会問題の解決と地方創生、そしてDX（デジタルトランスフォーメーション）のテコとなることが強く期待されているのです。

図表7-2-1 5Gの3つの特徴

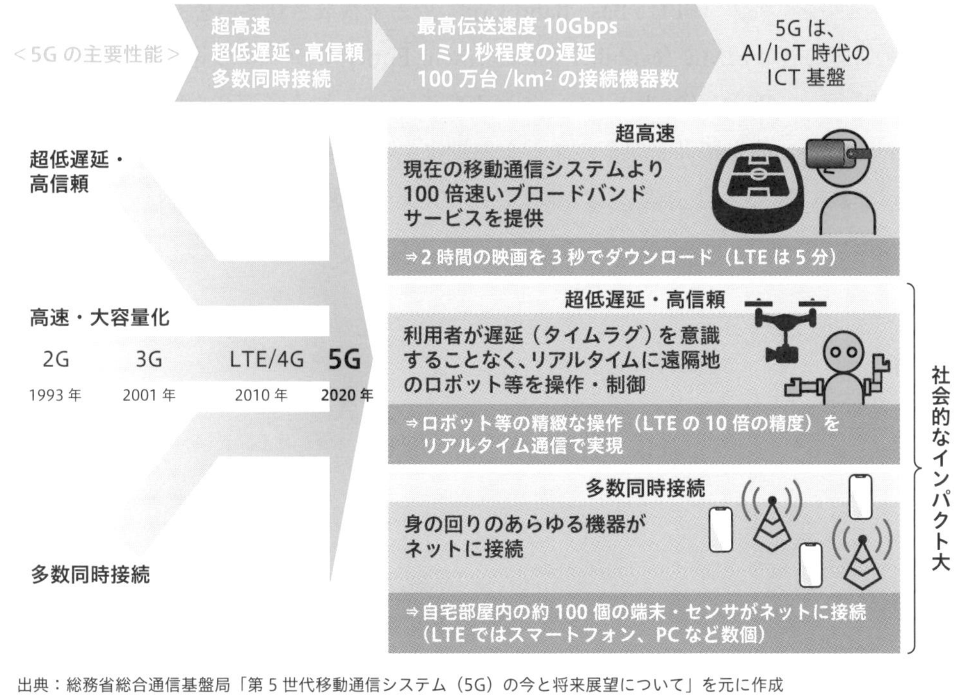

出典：総務省総合通信基盤局「第5世代移動通信システム（5G）の今と将来展望について」を元に作成

移動通信事業者の移動通信ネットワークは、端末と電波でやり取りを行う「RAN（無線アクセスネットワーク）」と、端末の移動管理を行いデータの受け渡し制御を行う「CN（コアネットワーク）」とで構成されています（図表7-2-2）。

図表7-2-2　移動通信ネットワーク

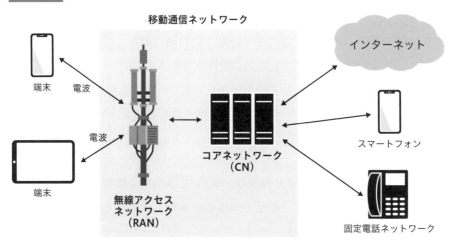

さらに詳しく見ると、4Gにおいては、無線アクセス技術はLTE/LTE Advance方式であり、RANはeNB（Evolved Node B）と呼び、アンテナ、無線装置（RRU：Remote Radio Unit）、ベースバンド装置（BBU：Base Band Unit）などで構成されています。CNはEPCと呼ばれ移動管理を行うMME（Mobility Management Entity）、データの送受信を行うSGW（Serving Gateway）、PGW（Packet data network Gateway）、加入者認証を行うHSS（Home Subscriber Server）、優先制御や課金のルールを設定するPCRF（Policy and Charging Rule Function）など各種パケット処理装置で構成されています（図表7-2-3）。

図表7-2-3 4Gのネットワーク構成

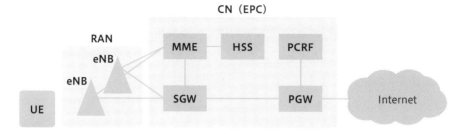

EPC：Evolved Packet Core
　　　（コアネットワーク）
RAN：Radio Access Network
　　　（無線アクセスネットワーク）
eNB：Evolved Node B（無線基地局）
UE：User Equipment（ユーザ端末）

MME：Mobility Management Entity
　　　（移動管理装置、制御信号のゲートウェイ）
HSS：Home Subscriber Server（ユーザ情報のデータベース）
SGW：Serving Gateway（ユーザデータのゲートウェイ）
PGW：Packet data network Gateway
　　　（外部ネットワーク接続用ゲートウェイ）
PCRF：Policy and Charging Rule Function
　　　（優先制御・課金ルール設定機能）

　5Gの移動通信ネットワークでは、無線アクセス技術は5GNR（New Radio）方式であり、RANは「gNB（gNodeB）」によって構成され、CNは「5GC（5G Core Network）」と呼ばれます（図表7-2-4）。

図表7-2-4 5Gのネットワーク構成

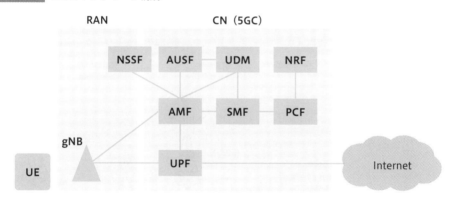

RAN：Radio Access Network
　　　（無線アクセスネットワーク）
gNB：Next generation Node B
　　　（第5世代無線基地局）
UE：User Equipment
　　　（ユーザ端末）

NSSF：Network Slice Selection Function
　　　（スライスごとの SMF の選択機能）
AUSF：Authentication Server Function（認証処理機能）
AMF　：Access and Mobility Management Function
　　　（接続・移動管理機能）
UDM：Unified Data Management
　　　（統合化加入者情報データ管理・処理機能）
NRF: Network Repository Function
　　　（ネットワーク管理・検索機能）
SMF：Session Management Function（セッション管理機能）
PCF：Policy Control Function
　　　（QoS および課金のためのポリシー制御機能）
UPF：User Plane Function（ユーザデータの送受信機能）

5Gの移動通信ネットワークを構築する時、5GRANと5GCを使うやり方をSA（Stand Alone）方式と呼びます。全て5Gのシステムだけで構成するものです。

他方、移動通信事業者が現行の4GのCNを利用しつつ5GRANを部分的に導入するやり方をNSA（Non Stand Alone）方式といいます。これは4Gから5Gへの移行期に用いられる方式です（図表7-2-5）。

4Gでは既にLTE方式で広いエリアをカバーしています。5Gは4Gよりも高い周波数のため基地局当たりのエリアは狭くなります。そこで、既存の4Gネットワークの資源を生かしつつエリアを徐々に広げていくやり方がNSA方式です。

CNを流れる情報には、端末が送受信する通信の中身であるユーザ情報と、端末の接続・切断などの制御信号があり、前者を処理する部分を「ユーザプレーン（Uプレーン）」といい、後者のような端末の移動管理を行う部分を「制御プレーン（Cプレーン）」といいます。

NSA方式では、CNに4GのEPCを利用し制御プレーンにLTEを使います。他方、5GRANはユーザ情報のみ扱います。

具体的に見ていくと、既に4Gサービスを提供しているゾーンで4GのCNを活用しながら、高周波数の28GHz帯の5G基地局を順次設置していき5G通信エリアを徐々に広げていきます。

図表7-2-5 NSA構成とSA構成

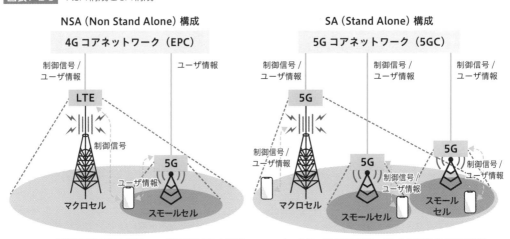

**端末と基地局が通信する際に、制御信号とユーザ情報を分離し、ユーザ情報は28GHzの周波数を、制御信号は4Gで利用している周波数を使うことにより、回線の接続を安定させています。

仮に28GHz側のリンクが切れたとしても、制御信号の通信が継続していれば端末は接続

中のまま、端末アプリから見ると単に速度が低下したという状態となります。28GHzが再度接続して通信を開始した時には直ちに通信速度が増加するように見えるのです。

　この場合、制御信号については4Gのものをそのまま使えるため、4Gのネットワークに5GのRANを接続すれば、5Gを部分的に順次導入できるのです。

　このNSA方式により、移動通信事業者は5Gを必要とする場所に優先的に5G基地局の設置が可能となり、4Gから5Gへの移行が円滑に進みます。

　ただ、NSA方式では、5Gの「超高速」「超低遅延・高信頼」「多数同時接続」の3つ特徴のうち、「超高速」の機能は実現できますが、「超低遅延・高信頼」「多数同時接続」は実現できません（図表7-2-6　上）。それには、5GCによるスライシング技術やエッジコンピューティングが必要だからです。

　SA方式では、全て5Gコアネットワークなので、3つの特徴が実現されます（図表7-2-6下）。

　移動通信事業者の5Gのシステムを説明してきましたが、ローカル5Gにおいても、同様に、5G対応のRANと5GCで構成するものを、SA方式といいます。

図表7-2-6　NSA方式とSA方式の違い

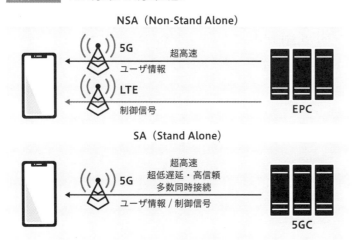

日本ではローカル5Gで28GHz帯の認可が先行して行われましたが、28GHz対応の5GC製品がまだ出ていない時期であったため、CNにEPCを用いたNSA方式が注目されました。その後、4.7GHz帯の認可が行われたため、28GHz帯と4.7GHz帯に対応する5GC製品が出てくるにしたがって、ローカル5GでもSA方式が広がってくると見られています。

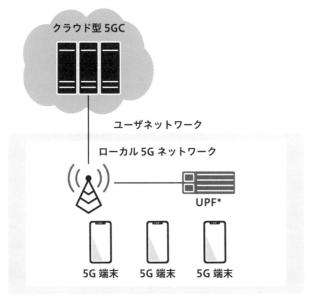

図表7-2-7 ローカル5Gコアのクラウド化

クラウド型 5GC

ユーザネットワーク

ローカル 5G ネットワーク

UPF*

5G 端末　　5G 端末　　5G 端末

＊UPF：User Plane Function

　さらに5GCを敷地内に設置しないで、クラウドの5GCを回線経由で利用することもできます（図表7-2-7）。この方式はクラウド型5GCと呼ばれ、自社においてオンプレミスで設置するよりもコストは安くなり、比較的小規模でスタートする時に適しています。また、多くはマネジドサービスを伴っており、効率的な運用が可能となります。

SECTION

7-3 5G で使われる技術

5Gの「超高速」「超低遅延・高信頼」「多数同時接続」という3つの特徴を実現するワイヤレス技術を解説します。これらの技術が利用されることによって、ローカル5Gにおいてもユーザはこれまでにない機能をもつネットワークとして活用することができます。

1 「超高速」を実現する技術

超高速とは、1つの端末で出せる通信速度が著しく高速だという意味です。通信速度を向上させるには、(1)通信方式（無線の変調方式など）をより高度にして速度または容量を向上させる方法と、(2)利用する周波数帯域を拡大するという2つのアプローチがあり、これまで並行して進められてきました。

(1) 通信方式の高度化

(a) 変調方式の高度化

通信速度を輸送トラックにたとえるとわかりやすくなります。1台のトラックで荷物（＝情報）を運ぼうとすると、できるだけ多くの荷物を詰め込む必要がありますが、3Gから4Gに移行した時に、それまでのCDMA（Code Division Multiple Access：符号分割多元接続）という詰め込み方から、OFDMA（Orthogonal Frequency Division Multiple Access：直交周波数分割多元接続）という詰め込み方に変更になりました。

CDMAは荷台に荷物（端末の情報）を全部積む方式でしたが、OFDMは荷物をいったん段ボールに詰め（一次変調）、その段ボールをトラックの荷台に並べる形（二次変調）なので、CDMA方式に比べ、より効率的に詰め込むことができるようになりました。

一次変調については、4Gでは最大256QAMまで対応し、同じ大きさの段ボールにより多くの荷物を詰め込めるようになりました。

二次変調では、OFDMA方式（Wi-Fi 6でも採用）を採用し、定形の小さな段ボールをより細かい単位で組み合わせて荷台に並べることによって、隙間なく段ボールを詰め込むことができるようになりました（図表7-3-1）。これは、これまで段ボールの幅だけしか変えられなかったOFDMに対して、さらに効率よく運べることになりました。

Chapter 7　ローカル5Gの技術と活用　**207**

図表7-3-1　CDMA方式とOFDMA方式

(a) CDMA（3G）
荷台全体に全ての荷物を重ねて収める方式

(b) OFDMA（4G/5G）
荷物のサイズに合わせて段ボールを選択して収納し、
それを荷台に整然と収める方式

Wi-Fiではいち早く802.11a規格からOFDM方式を採用しており、Wi-Fi 6（802.11ax）でOFDMA方式を導入しました。

それに遅れて、モバイルでは4GからOFDMAを採用し通信速度は飛躍的に増大しました。5Gも同じ方式を採用しています。

(b) MIMOによる速度向上

MIMO（Multiple-Input and Multiple-Output）は、通信容量を倍加する画期的な技術で、複数の送信アンテナから同時に別々の信号を出し、受信側も複数のアンテナで信号を分離して受信する方法です（図表7-3-2）。

この技術は、Wi-Fiではいち早く802.11nから、モバイルでは4Gから導入されましたが、理論的にはアンテナの本数分だけ通信容量が増えるので、一気に通信容量を増やすことができるようになります。

図表7-3-2　MIMOのイメージ

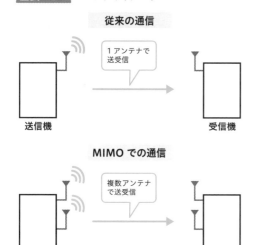

ただし、スマートフォンのような小型端末では、1つの端末にアンテナを多くつけることは電波干渉するためできません。現在、端末側はアンテナ2本が主流であり、速度の増加効果としては2倍となります。先ほどの輸送トラックにたとえると、MIMOを使うことは、トラックが2階建てになって運べる量が2倍に増えたようなものです。

図表7-3-3 Massive MIMOとビームフォーミング

多数のユーザに専用の周波数を割り当て、
同時接続により高速化を実現

　5Gではこの技術をさらに発展させ、基地局側のアンテナの数を10本から1000本と大幅に増やしたMassive MIMOで電波の指向性を高めて、端末がある方向にだけ集中的に電波を射出するビームフォーミング技術を使います。そうすることで通信品質を向上させることができます（図表7-3-3）。5Gで利用する高い周波数で電波を確実に多くの端末に届けられるようになります。

(2) 利用する周波数帯域を拡大

(a) 周波数帯域の拡大

　利用する周波数帯域を拡大することは、情報という荷物を運ぶ輸送トラックにたとえると、トラックの走る高速道路の車線を増やすということになります。車線を増やすことは、高速化が実現されることです。しかも、高い周波数帯は帯域幅が大きく時間当たりの運ぶ情報量が増えるため、高速化が一気に実現します。

　図表7-3-4に、日本で通信用に割り当てられた周波数の一覧表を示します。色付きはWi-Fi、グレー系の色はモバイル通信に割り当てられた周波数です。また、5Gは色の太枠で囲まれた周波数になり、その他は日本において、現在割り当てが検討されている周波数になります。

図表7-3-4 通信用に割り当てられた周波数

システム	3G FD-LTE	Wi-Fi HaLow 11ah	Wi-Fi HaLow 11ah	3G FD-LTE	Wi-Fi 5/6	AXGP/WiMAX2+	LTE-A	5G	5G	Wi-Fi 11j	Wi-Fi 5/6	Wi-Fi 6E	5G	5G	5G	WiGig 11ad	5G
周波数	700～900MHz	916.5～927.5MHz	845～860 928～940MHz	1.5～2.1GHz	2.4GHz	2.5GHz	3.5GHz	3.6～4.1GHz	4.5～4.9GHz	4.9GHz	5GHz	6GHz	24～27GHz	28GHz	37～44GHz	55GHz～65GHz	66～71GHz
帯域幅	75MHz x2	11MHz	25MHz	130MHz x2	97MHz	90MHz	200MHz	500MHz	400MHz	100MHz	455MHz	1200MHz	?	2.5GHz	?	10GHz	?
利用形態	セルラー	RFタグ LPWA	RFタグ LPWA等	セルラー	WLAN(ISMバンド)	セルラー	セルラー	セルラー	セルラー	FWA	WLAN	WLAN	セルラー	セルラー	セルラー	WLAN他	セルラー
事業者	ドコモ/au/SB			ドコモ/au/SB/楽天		WCP/UQCom 地域WiMAX	ドコモ/au/SB	ドコモ/au/SB/楽天	ドコモ				?	ドコモ/au/SB/楽天	?		?
互換	プラチナバンド	アンライセンス	アンライセンス		アンライセンス	TD-LTE互換			ローカル5G	登録制	アンライセンス	アンライセンス		ローカル5G			アンライセンス

モバイルについては、もともと800MHz帯が割り当てられていて、その後3Gのタイミングで2GHz帯、さらに1.8GHz帯、WiMAX関連で2.5GHz帯、さらに700MHz/900MHz帯などの追加割り当てが順次行われてきました。これは、スマートフォンなどの普及により通信量が飛躍的に増加したために、通信速度を向上するのではなく、通信容量を増やすために新たな割り当てが次々と行われてきたという経緯があります。

図表7-3-4の黒の破線よりも高い周波数については、準ミリ波/ミリ波と呼ばれ電波の直進性が高いため、降雨時には減衰があったり、障害物を回り込まなかったりという性質があり、伝搬条件の変化によって通信が中断されたりするおそれのある周波数になります。

5Gの移動通信事業者向け周波数としては6GHz以下の周波数帯（サブ6）では100MHz～200MHz幅（キャリア当たり）ですが、28GHz帯は400MHz幅（キャリア当たり）の割り当てが既に行われており、さらに拡大される見込みです。

(b) キャリアアグリゲーション

利用する周波数帯域を拡大するには、異なる周波数を同時に利用する方法があります。それが、キャリアアグリゲーションといわれるものです。

3Gのモバイル通信では、基本的には5MHz幅を単位としてチャネルを割り当て、通信を行っていました。例えば2GHz帯では、移動通信事業者各社は20MHz幅の割り当てを受けていたので、5MHz×4チャネルとして利用しています。

4G（LTE）になって、最大通信速度を向上させるために、複数のチャネルを束ねて（最高では20MHzを全部使って）1つの端末が通信できるようになりました。そして、LTE-Advancedでは、複数の周波数帯を束ねて1つの端末で送受信するキャリアアグリゲーションが導入されました。このタイミングで新たに3.5GHz帯に40MHz（キャリア当たり）の

割り当てがあり、最大通信速度がさらに向上しました。

　これは、トラックの例でいうと、複数の道路を複数のトラックが横に接続された状態で走っているようなものです。端末当たりでは、複数のトラックの荷物の合計が運べることになります。

2 「超低遅延」を実現する技術

　通信の遅延（タイムラグ）とは、データが相手側に届くまでの遅れのことです。タイムラグは機械の制御などクリティカルなものでは短くする必要があります。

　5Gの遅延量に対する目標は1msec（ミリ秒）程度以下となりますが、実際にエンドtoエンドで低遅延を実現するためには、5Gの無線区間の遅延に加えて、固定系ネットワーク区間の遅延を減らす必要があります。

(1) 無線区間の遅延の削減

　無線通信では、端末と基地局、端末と端末の間でデータのやり取りを行うため、制御のためのデータの送受信を行っています。

　Wi-FiではCSMA/CA（Carrier Sense Multiple Access/Collision Avoidance）という方式で、端末それぞれが自律分散的に通信を行い、基地局も端末の1つという扱いになります。送信しようとする端末が少ない場合は問題ありませんが、送信したい端末が多くなると、CSMAの機能で、別の端末が送信している時は送信を待機するようになっているため、遅延が増加する可能性が出てきます。

　さらに送信頻度が増加すると、頻繁に衝突や再送が発生したり、パケット廃棄が起こったりして通信品質が低下していきます。これがWi-Fiのベストエフォートの特性であり、高信頼な通信を必要とするユースケースには向きません。

　5Gでは、基地局が集中管理するために、遅延時間などをコントロールする必要があります。図表7-3-5に5Gのフレーム構成を示します。基本は4Gと同じで、Wi-Fiのように好きなタイミングで送信するのではなく、10msecのフレームを繰り返して、その間の送受信の管理を基地局が行うことで複数の端末の送受信のタイミングを制御して通信を行います。

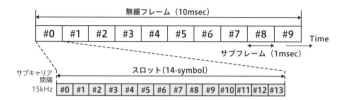

図表7-3-5 5Gのフレームフォーマット（サブキャリア間隔15kHzの場合）

　10msecのフレームは10個の1msecのサブフレームに分かれており、1つのサブフレームは14スロットに分かれています（OFDMのサブキャリアが15kHzの場合）。各端末は、基地局が送信するサブフレームの先頭の数スロットの信号を受信して、同期を確立します。さらに基地局はそのサブフレームの送信・受信タイミングを各端末に知らせることで、衝突のない通信を実現しています。

　この送受信のつくりがWi-Fiとは異なる部分です。例えば遅延を抑えたい通信には常に通信スロットを割り当てることで、通信品質を確保しています。

　また5Gではこのフレーム長自体が可変で、より小さく設定が可能なため、さらに遅延を減らすことができます。これが超低遅延を実現するためのカギとなっています。

　ただし、無線通信では、エラーをゼロにできないため、100%の信頼性は実現できず、必ずパケットロスが発生します。このため、パケットロスの確率にもよりますが、人命にかかわるものなど特定のユースケースについてはふさわしくない場合もあり、導入する場合にはこの点の考慮が必要になります。

(2) ネットワークの遅延の削減

　遅延を減らすためには、無線区間だけでなく固定系ネットワーク区間の遅延を抑える必要があります。今のインターネットでは本質的に数msec～数十msecの遅延が発生してしまうので、せっかく5G/ローカル5Gの無線区間で遅延を減らしても、ネットワーク部分での遅延を抑えないと効果が薄められてしまいます。

　そこで「MEC（Multi-Access Edge Computing）」の導入が期待されています。これはクラウドとは別に基地局の近くにエッジサーバを置きデータ処理の一部を行うエッジコンピューティングのことです。これにより、通信する距離が短くなり、エッジサーバで処理することでクラウドでの処理負担が減るのでトータルの遅延を小さくできます（図表7-3-6）。

図表7-3-6 MECのイメージ

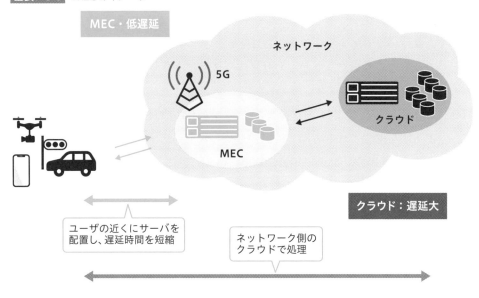

例えば、5Gに接続したカメラの映像を、5GCを経由してインターネット上のサーバで映像解析する場合、無線区間の遅延に加え5G基地局から5GCまでの回線における遅延、さらに5GC内遅延などがあるため、5Gの無線部で遅延を1msecに抑えたとしても、数十msecの遅延が発生します。画像解析の結果が出たとしても、既に遅くて使えないという状況も発生します。

このネットワークにおける遅延を回避するために、5Gの基地局にMECを内包し、MEC内で映像データの解析を実施することで、回線と5GCで発生する遅延をカットすることができます。

低遅延を必須とするソリューションでは、基地局の近くなど最適なところにMECを設置することで、トータルとして遅延を抑えることが有効となります。

3 「多数同時接続」を実現する技術

「多数同時接続」はmMTC（massive Machine Type Communications）のことで、人が利用する携帯電話やスマートフォン、タブレットだけではなく、各種センサやカメラ、産業機器など膨大な数のデバイスがネットワークにつながり、膨大なデータをやり取りするIoT（Internet of Things）での利用を想定しています。1平方km当たり100万個のノードが接続しても問題なく通信ができる機能です。

通常の通信では、基地局側が個々の端末ごとに無線リソースを割り当てて送受信の許可を行いますが、100万個レベルになると、1台ごとに割り当てていくのは効率が悪く、実際的ではありません。

そこで考えられているのが、Grant Free Accessという技術です。この方式は端末と基地局間の制御系通信をシンプルにして輻輳（ふくそう）を回避するもので、端末は無線リソースを割り当てられていなくてもデータを送ることができる方式です。当然、別の端末の送信と衝突したり、うまく受信できなかったりするリスクはありますが、その場合の再送信の仕組みも含めて設計されています。

　5GのmMTCは具体的な検討はまだ進んでおらず、4GでのIoT向け通信規格LTE-M（eMTC）とNB-IoTを進化させる方向で検討が進められています。この2つの技術はライセンス周波数を使ったLPWA（Low Power、Wide Area）です。

　他方、アンライセンスのLPWAとしては、LoRa、Sigfox、802.11ahなどがあります。

　なお、LTE-MやNB-IoTなどモバイルでIoTを行う場合は、端末側（例えばセンサ側）にSIMカード（またはソフトSIM）に相当する機能が必要であり、また識別のための電話番号（020番号が割り当てられる）も必要になります。

4 3つのメリットを実現するためのネットワーク技術

　5Gの3つの特徴を実現するワイヤレス技術を見てきましたが、この3つのメリットを実現するにはコアネットワークそのものを5G化しなければ可能となりません。

　5Gのネットワーク技術としては、MECなどの技術に加えて、ネットワークスライシング技術が新たに導入されようとしています。

　ネットワークスライシングとは、「超高速」「超低遅延・高信頼」「多数同時接続」の3つの特徴を生かすサービスを、コアネットワークを仮想的に分割（スライス）して効率的に実現する技術です（図表7-3-7）。

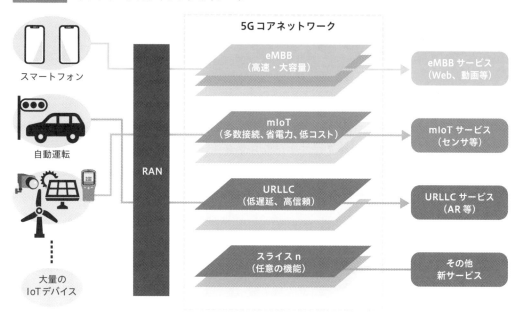

出典：NTTドコモ「ネットワークスライシングの標準化状況および弊社ネットワークにおけるサービス提供形態」を元に作成

　超高速・大容量通信が必要な映像配信向けサービス、低遅延が求められる自動運転向けサービス、非常に多くの端末をつなぐ同時多数接続向けサービスなど、利用用途に応じてネットワークリソースを仮想的に柔軟に割り当てることができるのがネットワークスライシングです。端末からは、同じ設備を利用しているのに、それぞれ専用の通信路（スライス）が提供されているように見えるのです。

　現在のコアネットワークは、端末の種類やサービスの種類を考慮しないで全てのデータを画一的に転送しています。例えば大容量の映像データが流れるとネットワーク回線は混雑し、他のデータは流れにくくなってきます。

　これに対し、5Gでは、1つの物理的なネットワークを仮想的に複数のネットワークスライスに区切り、異なる要求条件をもつデータをそれぞれのネットワークスライス上で転送するという仕組みです。これにより、互いに異なる多様なサービスを影響させずに提供することが可能となるのです。

　移動通信事業者の5Gサービス開始当初は、RANは5Gですが、コアネットワークは4GのEPCベースで動作しているので、本格的にスライシングが導入されるのは、全てが5GベースのSAタイプになってからとなります。

　他方、ローカル5Gでは、キャリアネットワークのような大規模システムではなく、ユースケースに合わせた構築となっていくと考えられます。例えば製造工場の中で、低遅延の通信データと大容量の通信データを分けて伝送するといった比較的簡単なスライシングは早い段階で提供されると考えられます。

7-4 ローカル5Gの システム構成

ローカル5Gは企業や自治体の利用目的に即して構築されます。そこでは、既存のネットワークシステムとの連携を考えなくてはなりません。また、ローカル5Gのシステム構成に当たって、マルチベンダー接続が可能なO-RANの進展も見逃せません。

1 ローカル5Gと企業ネットワーク

ローカル5Gの基本構成は、図表7-4-1のようになります。プライベート用のRANと5GC（5G Core Network）、そして端末デバイスが必要です。

図表7-4-1　ローカル5Gの基本構成

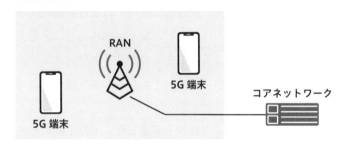

ローカル5Gを既存の社内システムと連携させる場合は、図表7-4-2のような構成が基本になります。社内システムがLANで構成されている場合を考えると、5GCサーバに加えて、ローカル5Gの各機器を保守・監視する専用装置を、社内システム用とは別に追加する必要があります。

図表7-4-2 ローカル5Gによる企業ワイヤレスシステムの構成

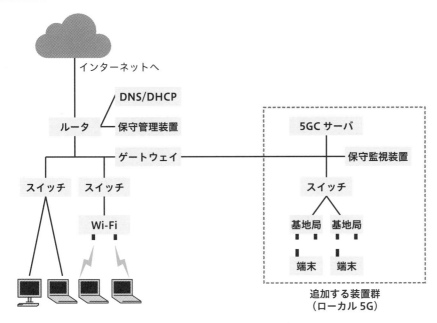

5GC：5th Generation Core Network（5G コアネットワーク）
DNS：Domain Name System（インターネット上でドメイン名を管理・運用するシステム）
DHCP：Dynamic Host Configuration Protocol（インターネット（IPv4 ネットワーク）上で
　　　通信用の基本的な設定を自動的に行うためのプロトコル）

2 O-RANとローカル5Gへの影響

　移動通信ネットワークは、RANとCN（コアネットワーク）で構成され、4GではRAN
はeNBと呼ばれ、CNはEPCと呼ばれます。5Gは、それぞれgNB、5GCと呼ばれます。

　eNBは、RRH（Remote Radio Head）と呼ばれる無線装置と、BBU（Base Band Unit）
と呼ばれるデジタル信号処理を行うベースバンド装置から構成されています（図表7-4-3）。

　RRHとBBUの間はフロントホールと呼ばれインタフェースの一部は標準化されている
ものの、基地局におけるMIMOやビームフォーミングなどの高度な機能を提供するために
ベンダー独自の仕様が含まれており、結果としてBBUとRRHについては同一ベンダーで
構成せざるを得ない状況が続いていました。これをベンダーロックといいます。

　このインタフェースの標準化を進めると、複数の装置間をマルチベンダー接続できる
ようになります。これをRANのインタフェースのオープン化、すなわちO-RAN（Open
Radio Access Network）といい、これによりマルチベンダー化が進み、コストが下がる効
果があります。

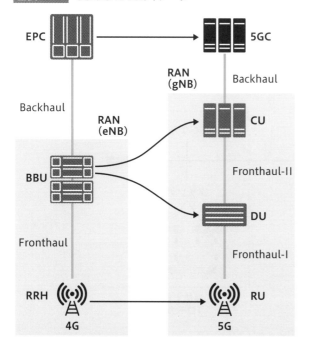

図表7-4-3 5GのO-RANのイメージ

EPC：Evolved Packet Core
　　　（4G コアネットワーク）
Backhaul：（バックホール：RAN と
　　　　　 基幹通信網間の中継回線）
BBU：Base Band Unit（ベースバンド装置）
RRH：Remote Radio Head
　　　（遠隔無線ヘッド）
5GC：5th Generation Core Network
　　　（5G コアネットワーク）
CU：Central Unit（集約基地局）
Fronthaul：（フロントホール：集約基地
　　　　　　局とリモート局、無線子局
　　　　　　間の中継回線）
DU：Distributed Unit（リモート局）
RU：Radio Unit（無線子局、アンテナ
　　　ユニット）

4G において RAN の BBU と EPC との間のインタフェースは標準化により、マルチベンダー化が進んできています。
4G の RAN において BBU と RRH の間をフロントホール（Fronthaul）といいますが、5G では、ここを流れる信号をオープン化し、さらに BBU の機能を DU（Distributed Unit）と CU（Central Unit）に分割し、RU（Radio Unit）と DU 間のインタフェースも標準化しオープン化が進んでいます。これを O-RAN といいます。

出典：情報通信技術委員会「第5世代移動体通信システムフロントホールにおける光アクセスに関する技術報告書」に基づき作成

　5GでのO-RANフロントホールの標準化により、マルチベンダー化が可能となります。特に多くの機能をハードウェアに依存するRUがマルチベンダー化されると、周波数のバンドごとに開発されたRUを他のエリアでも使うことが可能になります。

　また標準インタフェースにより低価格の製品を採用することも可能となります。O-RAN仕様の製品が数多く登場することは、システムのトータル価格が抑えられ、市場の拡大が期待されます。

　ローカル5Gについてはコストを抑えることが非常に重要なポイントとなってきています。

Chapter

8

ローカル5G導入ガイド

本章では、ローカル5Gの導入をどう進めていけばよいのか、そのプロセスと注意点を説明し、どのような導入メリットがあるのか分野別に解説します。第1節では、ローカル5G導入の進め方をプロセスに沿って具体的に説明します。第2節では、ローカル5Gの導入メリットを産業分野別に解説します。第3節では、営農支援に活用している実際の導入事例を紹介します。第4節では、ローカル5Gの導入に向けた様々な実証実験から、ローカル5Gの特徴が実証データで示されている実証結果を紹介します。

8-1 ローカル5G導入の進め方

本節では、ローカル5Gをどのように進めていくのか具体的に解説します。ローカル5Gは導入されたばかりの制度なので、まだ決まっていないことや検証されていないこともあります。自社の目的に合ったシステムを選定し構築する必要があります。

1 課題の明確化

ローカル5G導入に当たって、最初に検討しなくてはならないのは、「課題の明確化」です。ローカル5G導入によって、どの課題を解決するのか、目的を明確にすることです。

企業・自治体が抱えている諸問題を洗い出し、ローカル5Gの導入によって解決されると思われる課題を設定します。そして、生産性向上、コスト削減、省力化、品質向上、新規事業などの目的を定め、ローカル5Gをどのように活用していくのかを決めていきます。

当たり前のことのように思えますが、ICT導入によって思った成果が上がらないケースでは、往々にして新技術の導入が先行し、あくまでもツールのはずのICTを導入することが目的になってしまっているということが見られます。

本来の課題解決が明確になっておらず、先端技術を取り入れれば自ずと解決するという誤解があることが少なくありません。また、自分たちが抱える諸問題とあまり関係ないところで技術を導入しても効果を得ることは難しいでしょう。ローカル5Gという新しいネットワーク技術を導入するに当たって、解決したい課題を明確化しておくことが重要なのです。

今日、急速な人口減少、高齢化・人手不足、地域経済の縮小など社会的諸課題が問われており、社会のデジタル化、DX（デジタルトランスフォーメーション）を推進することで、産業競争力を強化し、地方を活性化して、新たな価値創造、自動化、効率化、安全確保を実現できる創造社会への変化が求められています。

企業や自治体が抱えているこれらの諸課題は、コロナ禍により先送りされるどころか、むしろより迅速に解決が求められるようになっています。例えば省人化を図ることや、リモートワークの実施、オンライン化への対応などは以前から問われていたことですが、それらへの対応が死活問題になっているのです。

これまでDX推進、デジタル化、IoT導入に積極的でなかった企業・自治体も、コロナ禍によって自らのデジタル革新を進める取り組みが求められているのです。

DXを進め事業を変えていくためには、現場の様々な情報を把握・活用する必要があり

ます。例えば、映像データ、音声データ、センサデータ、ログデータなどのデータを吸い上げ、これをAIで分析し、自動化、省力化を推進していくことなど現場の見える化を図り、対策を素早くフィードバックし対処することです。今後こういったデジタル化を推進していくためには、あらゆる情報伝送に耐えうるワイヤレスネットワークが必要不可欠になります。

　現場に根差した取り組みによって、日々の業務を革新し、一歩一歩、前に進めていくことでDXを推進していく、その時に基盤となるネットワーク、特に用途の広いワイヤレスネットワークが注目されているといえるでしょう。

2　ローカル5Gで可能になること

　ローカル5Gとはどういった特徴をもつネットワークなのでしょうか。

　ローカル5Gはワイヤレスネットワークなので、固定ネットワークと比較すると著しい違いがあります。有線だと機器配置などのレイアウトのしやすさやレイアウト変更の利便性に限界があります。また、IoTでは非常に多くの数の様々な機器に有線で接続することは実際には著しく困難といえます。これに対して、ワイヤレスは無線ということで配線の手間から開放されて格段に利便性が高まります。

　では、同じワイヤレスのWi-Fi、そしてパブリック5Gと比較してみましょう（図表8-1-1）。

　パブリック5Gは移動通信事業者（モバイルキャリア）の電波なので一般の利用者と電波を共用しており、価格は抑えられますが、一律で公平に利用することになります。そのため、周囲の個人や企業の利用の影響を受けてしまい、通信の品質にこだわるミッションクリティカルな業務での利用の場合は難しいケースが出てきます。例えば、災害やイベントなどで利用ユーザが増加し、トラフィックが特定の時間に集中した場合、通信品質に影響が出てくることになります。

　ローカル5Gは、「自社の敷地で」「自社専用に」「自社の投資で」ネットワークを構築するため、自社の用途に合わせて自由に最適化でき、しかも高速大容量・低遅延通信を安定的に使うことができます。この点が、これまでできなかったことを実現するキーファクターとなります。

　ローカル5Gはパブリック5Gと同じライセンスバンドですが、パブリック5Gと比較し、他者の影響が出にくいという特徴があります。また、エリアカバーはWi-Fiよりも広く取れます。Wi-Fiは免許不要、価格も安価というメリットがありますが、アンライセンスバンドであるため、電波干渉による通信品質低下のリスクがあります。

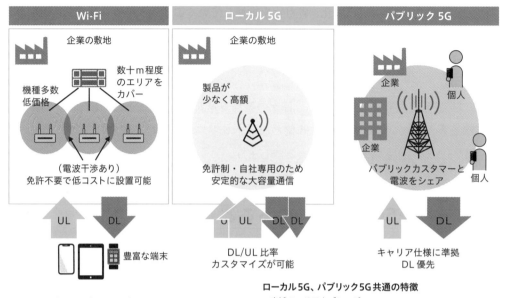

図表8-1-1　Wi-Fi、ローカル5G、パブリック5Gの比較

Wi-Fi	ローカル5G	パブリック5G

Wi-Fi
- 企業の敷地
- 数十m程度のエリアをカバー
- 機種多数 低価格
- （電波干渉あり）免許不要で低コストに設置可能
- UL DL
- 豊富な端末

ローカル5G
- 企業の敷地
- 製品が少なく高額
- 免許制・自社専用のため安定的な大容量通信
- UL DL
- DL/UL比率 カスタマイズが可能

パブリック5G
- 企業
- 個人
- 企業
- パブリックカスタマーと電波をシェア
- 個人
- UL DL
- キャリア仕様に準拠 DL優先

UL：アップリンク（上り通信）
DL：ダウンリンク（下り通信）

ローカル5G、パブリック5G共通の特徴
・広域のエリアカバレッジ
・超遅延の担保

　パブリック5Gは、例えばSNSの閲覧、映画や投稿動画を視聴するなど、ダウンロード利用中心の一般利用者向けにネットワークを設計しているため、ダウンリンクを優先しています。ローカル5Gは、アップリンクとダウンリンクの比率をカスタマイズできるため、現地の高精細カメラ映像をリアルタイムでアップロードし、リアルタイムで解析するといったビジネス用途でのニーズへの対応が可能になります。

　ローカル5Gとパブリック5Gとの違いをわかりやすく整理したものが図表8-1-2になります。

図表8-1-2 パブリック5Gとローカル5Gの特徴

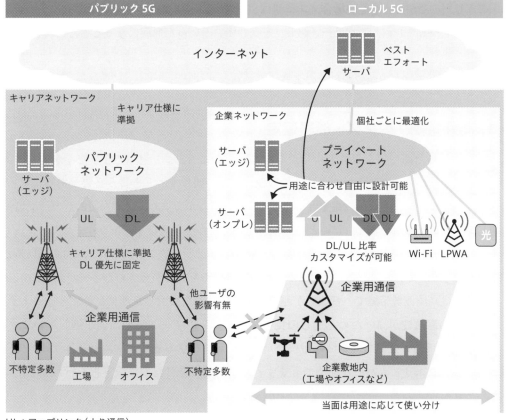

UL：アップリンク（上り通信）
DL：ダウンリンク（下り通信）

3 ローカル5Gの導入プロセス

　ローカル5Gの導入はどういうプロセスになるのでしょうか。また、導入に当たって検討しなければならない点は何でしょうか。

　ローカル5Gのシステムは、①RAN（Radio Access Network）と呼ばれる無線システム部分と、②複数のノードによるコアネットワーク（Core Network）部分から構成されます。

　ローカル5Gは、①の無線システムでライセンスバンドを使うため、免許取得に関連するプロセスが必要となります。この無線免許を取得するためには、移動通信事業者の基地局などのライセンスバンドの手続きを手掛けてきたSI事業者などの支援を受けるケースが多くなります。

　他方、②のコアネットワーク部分についても、端末の認証、位置情報の管理、サービス品質提供レベル管理など、もともとキャリア用のシステムとして開発された製品であるため多くの機能が提供されており、SI事業者がマルチベンダの製品をパッケージ化しユーザ

に提供するケースが多いと考えられます。

こうしたことから、多くの場合、ユーザはSI事業者などと要件定義を行い、その中で必要なSLA（サービスレベルアグリーメント）を交わす、といった形態になると考えられます。

導入プロセスは大まかに、以下のように進められます。

(1) 要件定義、ベンダ・機器選定

課題解決のために何を目的とするかを決め、どのようにローカル5Gを使うか、どのような効果を期待するか、それを具体的な数値にした「要件定義」を行う必要があります。

特に重要なのは、基地局設備をどこにどのように置くかを決める「置局設計」と「機器選定」です。置局設計のためには、どの周波数を使うのかを決めなくてはなりません。ローカル5Gには、ミリ波と呼ばれる28GHz帯と、Sub6（サブシックス）と呼ばれる4.7GHz帯とが割り当てられており、どちらを選ぶか、あるいは両方を選ぶかを決める必要があります。

ミリ波は高周波数帯域で、帯域幅が非常に広く取れるため大容量通信が可能となります。また電波の直進性が高いため見通しの良い場所やピンポイントでの通信が適しています。Sub6はミリ波帯と比較して帯域幅が狭いため通信容量は劣りますが、回り込みが期待できるため面的なエリアカバーが期待できます。利用用途に応じた周波数選択を行わなくてはなりません。

そして、機器構成の方式を決めていきます。NSA方式はアンカーバンドとして利用する4G設備が必要で、エリア設計、干渉調整が必要となります。他方、SA方式は、条件によって干渉調整が必要なこともありますが、5G設備だけのシンプルな機器構成となります。

ローカル5G対応製品はまだ多くリリースされていないこともあり、ベンダやSI事業者とともに目的や解決する課題に即した製品を選定することが必要となります。

周波数選択と機器選定のポイントについて図表8-1-3に示します。

図表8-1-3 周波数選択と機器選定のポイント

項目	内容	ポイント・注意点等
周波数	各周波数の電波特性を踏まえ、利用に応じた周波数を決定	【ミリ波】 帯域幅が多く取れるため（28.2GHz～29.1GHz）、大容量の通信が期待できる。また、直進性が高いため、見通しの良い場所やピンポイントでの通信に適している 【Sub6】 帯域幅が狭いため（4.6GHz～4.9GHz）、ミリ波と比較して通信容量は劣るが、周り込みが期待できるため、面的なエリアカバーが期待できる

項目	内容	ポイント・注意点等
機器構成	ローカル5Gの機器構成の方式を決定（NSA、SA）	【NSA方式】 4Gのアンカーバンドが必要なため、4Gに関する設備、エリア設計、干渉調整が必要となる。また、地域BWAのエリアにおいては干渉調整の難易度が高くなる 【SA方式】 5Gのみのシンプルな機器構成となり、干渉調整も比較的容易となる
エリア設計	ローカル5Gエリア決定（セル等）	・アンテナの向き・数、エリアの重なり ・接続端末数、1端末当たりで確保する通信量
電波防護	安全を考慮した人体との距離の確保	・アンテナと人との一定の距離を設ける対策が必要 　（ex.天井への設置、地上設置の場合の柵等の準備） ・上記に当たり、人の導線や景観を考慮する必要あり
工事	コストを意識した工事内容の決定	・配線工事（光、同軸、電源等）の確認 ・高所作業、建柱等の有無

　次に、「エリア設計」のステップです。機器の仕様をもとに、ローカル5Gのカバー範囲が目的と合致するかを検討します。カバーエリアが屋外で広範囲に及ぶ場合、また3D地図とシミュレーションソフトによるエリア設計が必要な場合は、移動通信事業者の基地局設計の実績をもつSI事業者などに相談することも考えられます。

　アンライセンスバンドのWi-Fiと異なり、ライセンスバンドであるローカル5Gは免許取得前に実際に電波を発出して検証することが困難です。また、免許取得後に基地局の位置を移動する際にも制限があり、手続きが必要となります。簡易に変更できるのは、アンテナのチルト角変更や出力減衰（申請値よりも弱く）などを微調整するのみとなっているため、このエリア設計の段階で検討を十分に行う必要があります。

　また、ライセンスバンドを利用する場合、電波を発射する前に、周辺の事業者との事前調整が必要となってきます。特にアンカーバンドで利用されることが多い2.5GHz帯は地域BWAや自営BWAとして広範囲で利用されており、「干渉調整」が必要となります。ローカル5G同士においても、同様に隣接する土地で電波が利用されている場合は、事業者間での干渉調整が必要となってきます。

(2) 免許申請

　以上の手順を実施した上、「免許申請」に必要な書類を準備し、そのプロセスへと進むことになります（図表8-1-4）。

　免許取得が完了し、「システム構築」を行い、「電波発射」し、「運用開始」するまでは7～8か月の時間を要する場合があります。

図表8-1-4 ローカル5Gを導入するまでの主なプロセス

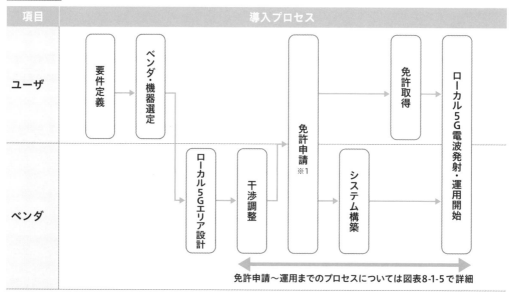

※1 免許申請に必要な情報はベンダが支援

　免許申請は、システムを利用する地域を所管する総合通信局に相談します（図表8-1-5）。どこで、どのような無線設備を構築しようと考えているか、また周辺エリアで干渉調整が必要な事業者が存在しないかを確認する必要があります。

　NSA方式の場合は、アンカーバンドとして自営BWAを利用する必要があるため干渉調整が必要ですが、SA方式の場合はアンカーバンドの干渉調整の必要はありません。しかし、将来、ローカル5Gが広く普及すると、ローカル5Gの周波数帯の干渉調整が増えてくる可能性があります。また、自社の敷地内のみでの利用のため、自社の敷地の外に電波を漏らさないようにエリア設計を考えていくことが必要となります。

図表8-1-5 ローカル5Gを運用するための免許取得までの流れ

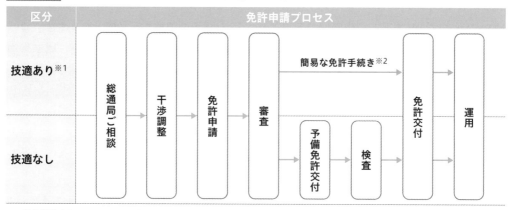

※1 技術基準適合証明のこと。特定無線設備（小規模な無線局に使用するための無線設備）が電波発令の技術基準に適合していることを証明（電波法第38条の2）すること
※2 技術基準適合証明を受けている無線局・端末の場合

また、使用するローカル5G製品が技術基準適合証明を取得していない場合は、個別に予備免許交付及びその検査が必要となるので注意しなくてはなりません。

(3) システム構築

免許申請を終えたら、ローカル5Gのシステム構築に入ります。基地局とコアネットワークを設置する必要がありますが、必ず敷地内に置く基地局設備と違って、コアネットワーク設備機器は自社敷地内に置く場合と、クラウドを利用する場合があります。

・オンプレ型

基地局と同様、コアネットワーク機器を自社敷地内に設置するタイプです。全ての機器を自社内に設置するため、拠点内に閉じた閉域ネットワークの実現が可能となります。

・クラウド型

コアネットワークをクラウド上に置き、複数ユーザで共用するタイプです。共有することによる低価格化が期待されます。また、コア機能だけではなく、アプリケーション機能も組み合わせた提供が期待されます。

どちらのタイプを選ぶかは、ユーザの目的、用途によって異なります。ミッションクリティカルな用途では自社内で閉じたオンプレ型を採用する傾向にあり、コスト重視の中小企業等のユーザはクラウド型を採用する方向になると考えられます。

(4) セキュリティ

セキュリティに関して、Wi-Fi、ローカル5G、パブリック5Gを比較したものを図表8-1-6に示します。

ローカル5Gはパブリック5Gと同様にSIMを使った認証となっており、SIMカードと端末の括り付け、SIMロックが可能なためセキュアなシステムといえます。

また、オンプレ型を利用することで自社内の閉域ネットワークを構築することができます。

Wi-Fiも自社内で閉域に閉じることができますが、誰でも自由に設置できるため悪意のあるAP設置のリスクの可能性があります。

図表8-1-6　セキュリティの比較

項目	Wi-Fi	ローカル5G	パブリック5G
認証方式	SSID/パスワード →パスワードの漏洩リスクあり	SIM →SIM盗難時、不正利用できる	
自社内での閉域可否	可能		キャリア保有設備の経由が必須
備考	悪意あるアクセスポイントの設置のリスク	SIMカード差し替えのセキュリティ対策も可能	

(5) 端末機器の調達

　現段階で、利用可能なローカル5Gの端末は、次のようになっています。

　キャリア向けに基地局やコアシステムを提供しているメーカーやSI事業者から調達が可能です。

　端末機器は現在モバイルルータが主流となっており、その回線側でローカル5Gを収容し、端末が接続される側はEthernetを介してパソコンが接続される場合やWi-Fiによりパソコンや、Wi-Fiを搭載したデバイス（Webカメラなど）が接続される構成となっています。

　一部、スマートフォンも提供が開始されています。今後も徐々にローカル5G対応端末が増えてくることが期待されています。

　SI事業者は、マルチベンダで製品選定を行う傾向が強く、ユーザごとのニーズにあったソリューションを提供できます。

　価格についてはこれまでキャリアに提供してきたベンダのものは比較的価格が高い傾向にあります。また、今後オープン系のテクノロジーの進化により廉価な製品を提供するベンダが出てくるものと想定されています。

SECTION

8-2 ローカル5Gの 分野別導入メリット

ローカル5Gは、どの分野で活用すると効果が上がるのでしょうか。産業分野別に、その導入メリットを見ていきます。

1 製造業

(1) 遠隔作業支援

製造現場において熟練工の不在や不足により遠隔作業支援のニーズが高くなってきています。熟練工が不在の場合も、若手作業員の現場の作業の様子を熟練工がローカル5Gを介した映像を見ながらバックヤードから支援することができます（図表8-2-1）。

スマートグラスを使うことで目の前で指示を仰ぐようにできるため、ミスの低減や作業の迅速化を図ることができます。

図表8-2-1 製造業における遠隔作業支援のイメージ

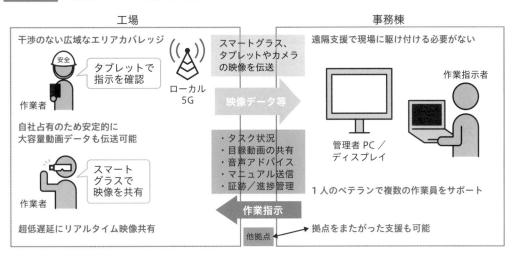

(2) AI画像検品

4K/8Kの高精細映像データをローカル5Gで伝送することにより、これまで人に頼ってきた不良品の検品をAIで行いマシン処理することが可能となり、省力化と正確化が実現さ

れます（図表8-2-2）。4K映像とHD映像とで映像の精度に大きな違いがありますが、ローカル5G導入により映像品質を4Kに引き上げることが可能となり、検品の精度を上げることが期待されます。

　また、工場では、生産ラインを柔軟に変えたいという要望や、可能であれば有線を無線に変更したいというニーズがあります。頻繁にレイアウトを変える工場もあり、有線でのレイアウト変更は無線と比較してコスト高となる傾向があるため、ローカル5Gなら柔軟にレイアウト変更ができるというメリットが出てきます。

　ローカル5Gでは、映像、AIの組み合わせによるユースケースが期待されますが、Wi-Fiでも対応可能なケースもあります。ローカル5Gが必要なところはどこなのかをコストや通信品質を考慮した上で見極める必要があります。

図表8-2-2 製造業におけるAI画像検品のイメージ

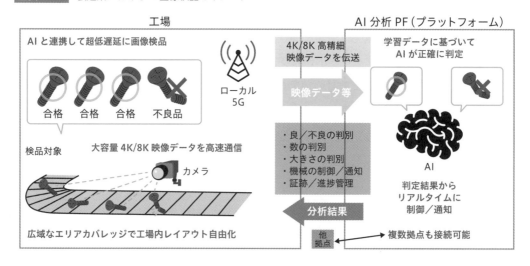

(3) ガイドレスAGV

　屋内におけるAGV（無線搬送車）は工場、倉庫などで実用化されていますが、屋外のプラントなどでは3Dマップを作成して、ローカル5Gでデータ伝送することによりガイドレスAGVを行うことが考えられます（図表8-2-3）。AGVによるピッキング作業の効率化によって、人員不足への対応や稼働状況の把握により次へのアクションにつなげることができます。

図表8-2-3 製造業におけるガイドレスAGVのイメージ

工場／倉庫
AI 分析 PF
干渉のない広域なエリアカバレッジ
高信頼／広帯域による
AGV 自動制御
3D マップを
活用して搬送
ローカル
5G
AGV
ピック作業の稼働削減
大容量 3D マッピング
データを伝送
座標データ等
・地図データの更新
・障害物の解析
・自由軌道で制御
・進路／速度制御
・証跡／進捗管理
分析結果
他
拠点
三次元座標データに基づき、
周辺走路の障害物を解析
AI
大容量の地図データも
超低遅延に
リアルタイムで共有
複数拠点も接続可能

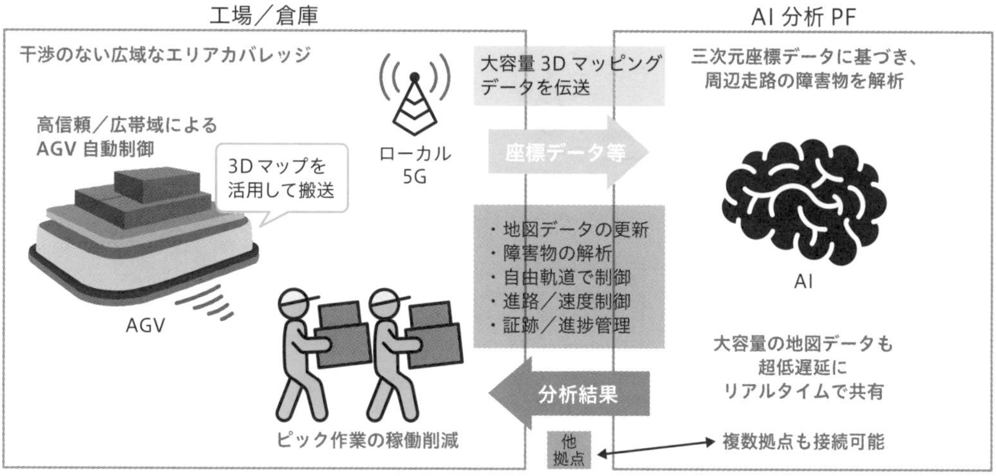

2 物流業

(1) AI画像検品

物流の現場においても、ローカル5Gにより4K/8Kの大容量・高精細映像データを利用しAI分析を行うことで、正確に検品対象を判断し、リアルタイムに表示、制御・通知することが可能となります（図表8-2-4）。

また、物流現場では外国人労働者が多い場合があり、言葉の壁があります。ここにAIによる映像分析を採用することで、不足した物品について指示することなどが容易となります。多数の物品をセットにする作業などで言葉では正確に伝わらない危険性がありますが、ローカル5Gで所定の物品が揃ったかどうかAI画像でチェックできるようになるメリットがあります。

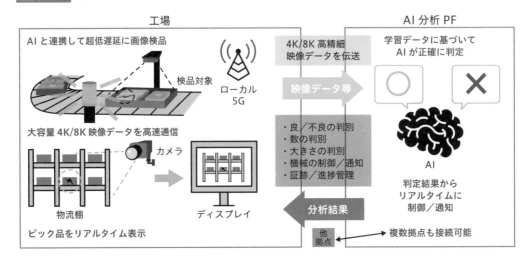

(2) 作業員/作業内容の進捗管理

　ローカル5Gの高精細映像を利用した監視・分析により、作業員の作業・動作などをチェックし行動分析を行うことで、作業の効率化を進めることができます。どの人がどの作業でどのくらいの時間がかかっているのかをAIで画像解析し、見える化することができます（図表8-2-5）。また、作業を効率よく行う人を分析し、そのノウハウを横展開することも可能となります。

　さらに効率的に働いている人の成果を見える化することで動機づけを行うことができます。ローカル5Gを使った高精細映像の活用は多様な用途が広がっているといえます。

図表8-2-5 物流業における作業員の進捗管理イメージ

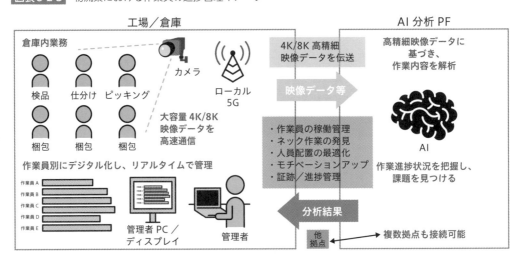

3 医療

　地方の病院では専門医が不足しており、他の医療機関と連携し遠隔医療を実現できれば改善につながります。検査データと高精細映像を用いて患者情報をリアルタイムに遠隔地にいる専門医と共有することで、現地にいるスタッフに指示して処置が可能となります。また、診察状況や手術映像から専門医が遠隔で医療支援を行うことができます（図表8-2-6）。

　医療の現場では、映像により疾患を判断する場合、色が非常に重要といわれています。ローカル5Gでは、患者の顔色や血液の色などHD映像だとわかりづらかったことが、4Kの高精細映像では正確に把握することが可能となります。

図表8-2-6 遠隔医療のイメージ

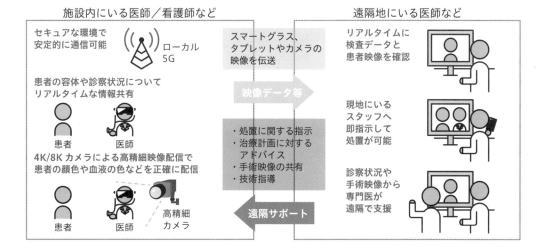

4 スタジアム

　スタジアムでは試合の模様等を撮影した映像を大型ビジョンに投影していますが、現状は有線で映像データを配信しています。このケーブル配線はカメラの台数が増えると、その分ケーブルも増え、ケーブルの扱いに非常に手間がかかるため、高品質映像を無線で伝送したいという現場のニーズがあります。

　そこで、業務用の映像配信ネットワークとしてローカル5Gを使うことにより、多数の高精細カメラの映像を大型ビジョンに安定して投影することができます。ローカル5Gではパブリック5Gと異なり、プライベートネットワークなので確実に安定した品質で4K/8Kの高精細映像をリアルタイム配信することができます（図表8-2-7）。

　一般利用者向けにはスタジアム内で撮影した映像をスタジアム外に映像配信し、パブ

リックビューイングに用いたり、個人のスマートフォンでVR/MRで視聴することができるようになります。

干渉のない広域なローカル5Gのエリアカバレッジを利用することで、従来の有線でのカメラ設置と異なり、柔軟な設置が可能になるので、多様なアングルからの高臨場映像を撮影し、アップロードすることも期待できます。

スタジアムでは業務用はローカル5Gを、観客はパブリック5GやスタジアムWi-Fiを利用するといったすみ分けを行うことで、スタジアムのDXが進むといえます。

図表8-2-7 スタジアムでのローカル5G活用イメージ

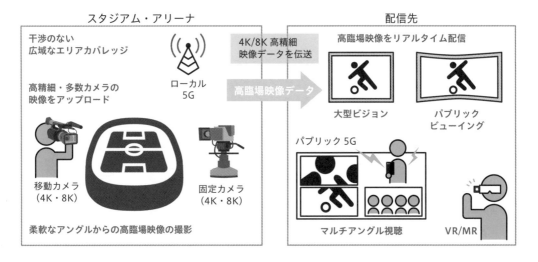

5 農業

日本の農業は人手不足と生産性向上が課題となっています。一方で、スマート農業による取り組みが始まっており、広大な農地内の通信ネットワーク構築が課題となっています。こうした課題をローカル5Gでまとめて解決することが期待されています。

人手不足は、新型コロナ感染拡大に伴う外国人技能実習生の受け入れ制限によってさらに深刻な状況になっています。水路の状況、土壌の状況、育成している作物の状況を少ない人手で監視することはもとより、問題が起きたことへの対処、水路の開放、農薬散布、肥料の散布などに対し、人手をかけずにオペレーションすることが求められています。

ローカル5Gはこれらの課題解決にも貢献します（図表8-2-8）。1つはカートやトラクターの自動運転による労働力の削減です。畑作であればトラクターやコンバイン、施設園芸であれば収穫した作物を集荷場に運ぶ配送カートの自動運転により大幅に労働力を削減することができます。

もう1つは、AI・IoT技術を活用した収穫予測などができます。固定カメラやドローン空撮の画像をAIで解析することで日々の収穫予測や病害虫の発生箇所を迅速に特定し生産性の向上を実現することができます。

これらを実現するためには農地内をくまなく覆う高速大容量・低遅延通信が可能なネットワークが必要ですが、ローカル5Gであればそれを実現できます。また、パブリック5Gのエリアではないところでも、5Gの機能を活用することができます。

図表8-2-8 農業でのローカル5G活用イメージ

農業法人が抱える課題	スマート農業ソリューションのベネフィット

人手不足と人件費の高騰
― 若者の農業離れにより、必要な労働力の確保が困難に
― 同時に人件費も高騰し、経営を圧迫

① カートやトラクターの自動運転による労働力の削減
畑作であれば、トラクターやコンバイン、施設園芸であれば、収穫した作物を集荷場に運ぶ配送カート等の自動運転により労働力を削減

低い生産性
― 海外と比べて経営規模が小さく、労働集約性も高い
― 生産性向上に必要な収量予測等が、ヒトの勘と経験に依拠

② AI・IoT技術を活用した収量予測等で生産性を向上
固定カメラやドローン空撮の画像をAIで解析することで、日々の収穫予測や、病害虫の発生箇所を迅速に特定し、生産性の向上を実現

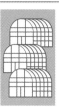

広大な農地内の通信ネットワーク構築が困難
― ITを利用したスマート農業が日本でも進展
― ただし、広大な農地では、光ファイバ+Wi-Fiスポットだと、カバーしきれないエリアやカバーできても投資がかさむケースが多い

③ 広大な農場内でも通信ネットワークをくまなく構築可能
Wi-Fiではカバーできない広大な農場でもローカル5Gであればカバーが可能

6 大学

大学のキャンパスに無線通信インフラを整備しようとする時、Wi-Fiで構築するケースが多く見られます。しかし、広大なキャンパスのエリアカバーや、「公共性の高い図書館」、「機密性の高い研究を行う研究室や教授」、「業務用の大学事務」などセキュリティレベルの異なる用途での無線利用など、大学ならではのローカル5Gの導入も検討されています。ローカル5Gのセキュリティの高さと、スライシング技術を使うことでそれぞれの現場のニーズに対応できると期待されています（図表8-2-9）。

8

大学内の多用途無線ネットワークソリューションのイメージ

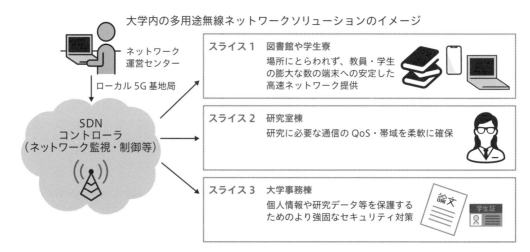

ネットワーク
運営センター

ローカル5G 基地局

SDN
コントローラ
（ネットワーク監視・制御等）

スライス1　図書館や学生寮

場所にとらわれず、教員・学生
の膨大な数の端末への安定した
高速ネットワーク提供

スライス2　研究室棟

研究に必要な通信のQoS・帯域を柔軟に確保

スライス3　大学事務棟

個人情報や研究データ等を保護する
ためのより強固なセキュリティ対策

8-3 4Kカメラを遠隔操作 ローカル5Gで営農支援

NTT東日本は2020年4月、公益財団法人東京都農林水産振興財団、NTTアグリテクノ
ロジーと連携し、東京都調布市の試験圃場で、ローカル5Gを活用した、新しい農業技術
の実装を目指した実証実験を開始しています。

1 都市型農業をスマート化

少子高齢化の中で、第一次産業が経済基盤となる地方圏においても人口減少が進み、就
農人口が減っており、地域における担い手不足も深刻化しています。

また、新型コロナの影響により、輸出国の保護貿易、生鮮品価格の高騰、食の安心・安
全ニーズの高まり、技能実習生の入国制限などが進み、「人手を介さない農業」「食料自給
率向上」「分散型社会への適応」などが求められています。

こうした中で、農業には、「生産性の高い農業」と「省力化」の両立が社会的要請となっ
ています。

そこで、注目されているのが、都市型農業（小規模分散型）の可能性です。都市型農業
には消費地に近いというメリットがあり、小規模分散型の生産性を上げることで大きな可
能性があります。また、コロナ禍で移動制限がある中でも、食農を通じて生活を楽しんだ
り、豊かにしたいニーズも高まっています。

都市農業の活性化およびさらなる可能性を探るため、2020年4月3日、東京都の政策連
携団体である東京都農林水産振興財団とNTT東日本、NTTアグリテクノロジーの三者は、
ローカル5Gを活用した最先端農業の実装に向けた連携協定を締結し、ローカル5Gを活用
した遠隔営農支援の取り組みを開始しました。

実証ファームがあるのは、東京都調布市にあるNTT中央研修センタの敷地内です。
NTT中央研修センタには、東京大学とともに設立した国内初ローカル5Gの検証環境「ロー
カル5Gオープンラボ」があります。同ラボではパートナー企業や大学などとともにロー
カル5Gのユースケースを共創し、社会実装に向けた先端技術を育成しています。

2 ローカル5Gと4Kカメラを活用し遠隔地から営農支援

　今回の取り組みは、最先端技術を活用した新しい農業の事例を提示・実装していくことを目的に、高齢化・人手不足の解消につながる農作業の省力化や高品質な営農指導を実現する実証を行うことです。

　実証ファームとして採用されたのは東京都農林総合研究センターが開発した都市型農業向け小規模太陽光利用型植物工場「東京フューチャーアグリシステム」です（図表8-3-1）。東京フューチャーアグリシステムは温室（東京ブライトハウス）と養液栽培システム（東京エコポニック）、統合環境制御システムで構成されており、ICTを活用することで、日射や温湿度、二酸化炭素濃度などのハウス内環境を全自動で制御しています。

図表8-3-1　ローカル5G実証圃場のイメージ

図表8-3-2 実証圃場の温室（外観）

　同システムは都市農業に向けた環境配慮型といわれるだけあって、効率的に植物の生育を最大化する様々な工夫が凝らされています。例えばハウスは太い骨材を利用し、総骨材数を減らすことで多くの太陽光を取り込めるような作りを採用。天井部のフィルムは二重にすることで空気の断熱層を作り、暖房コストを削減し、加温も温湿度センサやCO_2センサなどの計測結果をもとに、産業用コンピュータでヒートポンプと灯油ボイラーを制御して行います。その他にも遮光カーテンや換気扇、散水ノズルなどの簡易的な暑熱対策も施されています（図表8-3-2）。

　養液栽培システムも培地にヤシガラを使用するなど環境に配慮しています。さらに養液を無駄にしないよう余剰な養液を培地の下に貯留、吸水シートで再供給するという仕組みを採用。そのため肥料と水が必要最低限で済み、廃液が出ないので環境負荷が小さいという特徴があります（図表8-3-3）。

8

図表8-3-3 温室の内側、トマト栽培の様子

　それでは、ローカル5Gが営農支援にどのように活用されているのか、具体的に見ていきます。

　図表8-3-4でわかるように、実証圃場の温室は、NTT中央研修センタの緑地帯の中に設置されています。その中にローカル5Gアンテナは温室内に1台、畑に1台配備されています。ローカル5Gアンテナは2台とも28GHz対応のものです。そしてさらに、この緑地帯全体をカバーするために、よりエリアの広いLTEアンテナが1台設置されており、アンテナは合計3台の構成となっています。

　この温室ではNSA構成のローカル5Gシステムが構築されており、将来は温室と緑地の畑をトータルでカバーし営業支援を展開する計画になっています。

図表 8-3-4 実証圃場の温室とローカル 5G アンテナ

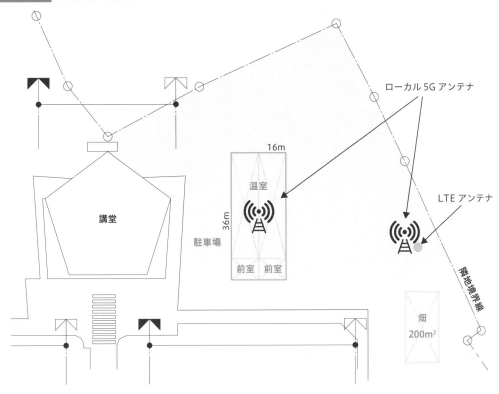

ローカル 5G アンテナ

LTE アンテナ

16m

温室

36m

駐車場

前室　前室

畑
200m²

隣地境界線

講堂

図表 8-3-5 ローカル 5G アンテナ

8

今回の実証では、約450平方メートル（やや大きめのバスケットボールコートを1面分）の温室の中にローカル5Gのアンテナ1台（図表8-3-5）、4Kの定点式カメラ4台と移動式のカメラ1台（図表8-3-7）を設置。さらに作業者の視点がわかるようスマートグラス1台も用意しています。両手が自由に使えるため、作業がより効率的に行えます。

　4Kカメラの他、温室が俯瞰で見られるよう温室の中央に360度カメラも設置しています。定点式カメラはいずれも、東京都立川市の東京都農林総合研究センターの研究員がいつでも必要に応じた角度で見られるよう、遠隔制御できる仕組みとなっています（図表8-3-6）。

　定点カメラではどうしても見えにくい場合は、移動式のカメラを遠隔操作したり、作業担当者にスマートグラスをつけてもらったりして確認します。作業担当者は農作業に従事するに当たり、基礎となるレクチャーを受けたとはいえ、農業初心者です。このため葉が黒くなったりなど、気になることが発生すればスマートグラスをかけて、研究所にいるプロに問い合わせを行っています。農林総合研究センターのプロからも「指導するのに有効な仕組み」と評価されています。

図表8-3-6　遠隔操作の仕組み

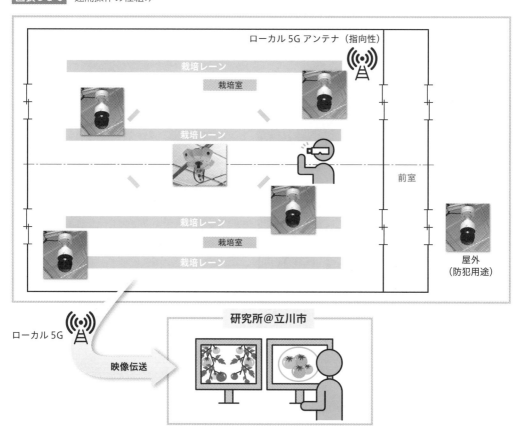

図表8-3-7 温室内に設置された定点4Kカメラと360度カメラ

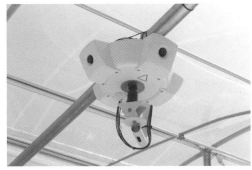

　4K品質を担保するため、より大容量のデータ送信が可能なローカル5Gのミリ波といわれる28GHz帯を採用しています。また農林総合研究センターに送信するネットワークは閉域網を採用し、実証では映像をクラウドに上げることなく、4K画質を維持したままリアルタイムでフルに送っています。現場で見るのと遜色がないほどのリアルな映像を実現しています。
　このローカル5Gを核にした営農支援システム全体のネットワーク構成は図表8-3-8のようになっています。

図表8-3-8 営農支援システム全体のネットワーク構成

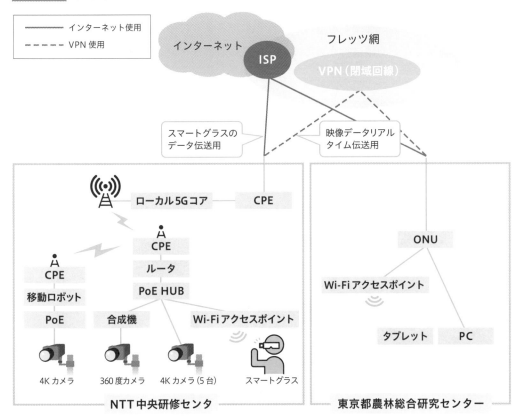

東京都立川市の東京都農林総合研究センターに映像を送るリアルタイム伝送用にはVPN（閉域回線）を利用し、スマートグラスのデータ伝送用にはインターネット回線を利用しています。

　ポイントとなるのは、このネットワーク構成によって、研究センターから、4Kカメラや360度カメラを動かして温室圃場全体の状況を細部まで把握することができることです。トマトの実や葉の具合を詳細に見るために、移動式カメラを操縦し、4K映像を見ながら生育状況はつぶさに知ることが可能となっています。

　5Gは「超高速」「低遅延・高信頼」を特徴としていますが、ローカル5Gを採用したことで高精細の映像を見ながら、遅延の違和感なくリアルタイムで移動式カメラを操縦することが可能となっています。

　また、低遅延のためにはワイヤレス回線部分だけではなく固定回線部分でも配慮が必要ですが、VPN回線を利用しているため、カメラが搭載された走行車を遠隔地から操作することもスムーズに行うことができます。こうして、トマト農場の4Kの映像をローカル5Gにより低遅延、高精細で転送することが可能となっています。

　ハウス内には専門知識をもたない作業者が日々の手入れを実施していますが、作業者にスマートグラスを装着させて（図表8-3-9）、遠隔地の専門家とインタラクティブに会話しながら作業することで（図表8-3-10）、トマトの実や葉の裏側の確認をスムーズに行うことが可能となっています。

　このようにリモートからでも現場の状況が手に取るように確認でき、ハウスの温度調節、水の散布、追肥などを的確に行うことで効率の良い収穫が可能となります。

図表8-3-9　遠隔操作できる移動式カメラ

　ハウスで現在栽培しているのは大玉トマト「りんか409」。収量性が高く、糖度も安定的、肉質もしっかりしていることから市場での評価も高い品種です。2020年12月15日に定植し、2021年3月から収穫しています。

　実際、採れたてのトマトは、甘みが強くて味も濃く、「おいしい」という言葉が素直にこぼれます（図表8-3-11）。遠隔でもプロの指導があれば、農業初心者でも非常に高い品質のトマトができることが証明されつつあります。「現在週3回収穫しており、6月から地元のJAに出荷しています。またNTT東日本本社ビル内にオープンした無人コンビニ「スマートストア」でも販売したり、地元のパン屋さんに卸したりして、サンドイッチの具材として使っていただいています」

図表8-3-11　収穫されたトマト

8

3 さらなる高度化にもチャレンジ

　現在は都市型農業のもつ課題に対してローカル5Gの可能性を実証している段階ですが、今後ローカル5Gの普及とともに、より多くの選択肢が増え、課題の解決につながっていくことになります。都市型農業への展望が開けてくれば、都市部での農業に新たにチャレンジする新規就農者を増やすことにも貢献できます。さらにローカル5Gを活用した様々な事例が農業以外の産業でも展開されつつあり、ロボットの自動化などに挑戦している事例もありますが、そういった他分野での取り組みも採用していくことで、省力化はもちろん、体力の劣る女性や高齢者にとっても優しい農業の実現が期待できます。

　ローカル5GをはじめとするICTの活用で、初心者でも遠隔地からの営農指導を受けられ、最小限の人手の介入で労働集約型モデルから都市における分散型の農業が可能となってきます。これにより、農業が革新され、新規就農者が増えていく、そんな未来に向けてチャレンジが続いていきます。

8-4 ローカル5Gの実証データから

ローカル5Gの導入に向けて様々な分野で実証実験が行われています。ローカル5Gを特徴づける性能が実際の現場でどのように実証されているのか、具体的な数値として検証されている結果を紹介します。

令和2年度に総務省で実施した「地域課題解決型ローカル5G等の実現に向けた開発実証」の報告書からローカル5Gを特徴づける3つのポイントについての実証結果を抽出しました。

1 上り下りの帯域幅の変更

ローカル5Gの特徴の1つは、カスタマイズです。ローカル5Gは、アップリンク（上り）とダウンリンク（下り）の帯域幅を変更することが可能です。パブリック5Gは公衆サービスとして、それぞれ固定されていますが、ローカル5Gは自社の用途に即して、例えば現場の高精細画像データをセンターに送ることが必要な時は、アップリンクの帯域幅を広げてより高速化することができます。あまり使われないダウンリンクよりアップリンクを優先する帯域の割り付けを行えるというカスタマイズができるのです。

D（ダウンリンク）とU（アップリンク）が同じタイミングである時に同期となります。パブリック5Gの場合、ダウンリンクの電波送信を基地局ごとに完全に同期させることで、電波が弱いアップリンク（端末からの送信）のタイミングで電波出力の強いダウンリンク（基地局からの送信）が送信しないことでアップリンクの電波をより基地局が受信しやすいようにしています。

この時、一部のスロットをダウンリンクではなくアップリンクとする（非同期の区間となる）ことで、アップリンクの伝送レートを上げています。

ローカル5Gは基地局がパブリック5Gほど多くないため、このような準同期での運用が可能となっています。

令和2年度に総務省が実施した「地域課題解決型ローカル5G等の実現に向けた開発実証」の報告書（以下、報告書）の「No.1　自動トラクター等の農機の遠隔監視制御による自動運転の実現」では、図表8-4-1に示すように5Gとローカル5Gとの干渉に関する検証が行われています。その中でローカル5GのTDDパターンを同期、準同期（スロットNo.8、9、No.18、19がアップリンクになるパターン）として確認しています。キャリアの

パブリック5Gと異なり、ローカル5Gはアップリンクとダウンリンクの速度をカスタマイズできる特徴を生かしているのです。

　この開発実証ではパブリック5Gとローカル5Gの干渉について、まずはダウンリンクとアップリンクが完全に同じタイミングの同期での検証で問題がないことを確認した上で、一部をダウンリンクに変えた準同期においても大きな性能劣化が起きないことを確認しています。

　この実証結果でローカル5Gのみに着目した場合、アップリンクのスロットを増やした準同期の伝送レートが上がっていることが確認できます。

図表8-4-1 同期フレームの割り付け変更

スロット番号	0	1	2	3	4	5	6	7	8	9	10	11	12	13	14	15	16	17	18	19
TDDパターン1	D	D	D	S	U	U	D	D	D	D	D	D	D	S	U	U	D	D	D	D
TDDパターン2	D	D	D	S	U	U	D	S	U	U	D	D	D	S	U	U	D	S	U	U

出典：「ローカル5G開発実証成果報告書：No.1　自動トラクター等の農機の遠隔監視制御による自動運転の実現」

　図表8-4-2にあるように、準同期はアップリンクのスロットが2倍（図表8-4-1のTDDパターン2）に増えるため、準同期のスループットが同期に比べて2倍程度となっていることがわかります。

　ローカル5Gはこのようにスループットをカスタマイズすることにより、カメラで撮影した映像をネットワーク側にアップロードするようなアプリケーションに対して有効であることがわかります。

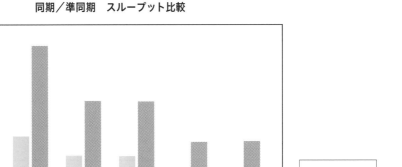

図表8-4-2 上りスループットの比較

同期／準同期　スループット比較

同期と準同期上りスループット比較（ローカル5G）

出典：「ローカル5G開発実証成果報告書：No.1　自動トラクター等の農機の遠隔監視制御による自動運転の実現」

2 通信品質

　2つ目は、通信品質です。ローカル5Gの特徴の1つは、通信品質が良いということです。5G／ローカル5Gは同期方式を採用しているため、ダウンリンクとアップリンクの送受信のタイミングが完全に固定されることでSN比（信号とノイズの比率）が良く、非同期方式の無線LANと比較した場合、エラーが発生しにくくなっています。このメリットを実証実験として、確認している結果を紹介します。

　図表8-4-3は、報告書「No.5　地域の中小工場等への横展開の仕組みの構築」の事例で、工場内で実証されたパケットエラーレートです。

　本実証においてパケットエラーレートの目標値を0.05%としていましたが、結果は測定ポイント各地点において0%となり、ローカル5Gの品質の高さが明らかにされています。

　一般的に工場内は金属の設備や計器が多く、無線通信を利用する場合、電波反射や遮蔽により通信エラーが発生しやすい環境であると考えられます。このような環境でパケットエラーレートが0%という結果は、工場に導入するにあたってよいデータになると考えられます。

取得項目	目標値	端末高さ	各測定地点結果				
			地点名1	地点名3	地点名12	地点名17	地点名19
スループット （4時間平均）	70Mbps	1m高	88.3Mbps	87.9Mbps	105Mbps	101.2Mbps	101.2Mbps
		2m高	101.3Mbps	98.8Mbps	105Mbps	102.7Mbps	101.2Mbps （98.3Mbps）※
パケットエラーレート	0.05%	1m高	0%	0%	0%	0%	0%
		2m高	0%	0%	0%	0%	0%
ping無応答時間 （4時間合計）	ー	1m高	1575秒	1588秒	188秒	981秒	491秒 （566秒）※
		2m高	534秒	797秒	172秒	438秒	291秒 （908秒）※

※ 作業者接近による通信速度低下期間（約32分）含んだ場合
出典：「ローカル5G開発実証成果報告書：No.5　地域の中小工場等への横展開の仕組みの構築」

3 伝送速度

　3つ目は伝送速度です。5G/ローカル5Gの伝送速度は、机上計算値として28GHz帯で帯域幅を最大の400MHz幅にすることで10Gbps程度となります。かなり大きな数値となっていますが、実環境において100MHz帯域幅を採用した場合の伝送速度についてはあまり数値が公開されていませんでした。

　報告書「No.10　遠隔・リアルタイムでの列車検査、線路巡視等の実現」は屋外での伝送スループットが報告されています（図表8-4-4）。

　屋外局のカバーエリアは、試走線上の北西方向約150m、カバーエリア内では、「総合平均：778.9Mbps ／ダウンリンク平均708.9Mbps ／アップリンク平均70.1Mbps」という良好な性能を達成しています。

　4.5GHz帯を使った実証実験で、帯域幅も100MHzで、700Mbps程度の伝送速度は、ローカル5Gの性能を示す結果と考えられます。

下り受信電力（SS-RSRP）から評価した想定エリア（屋外局）

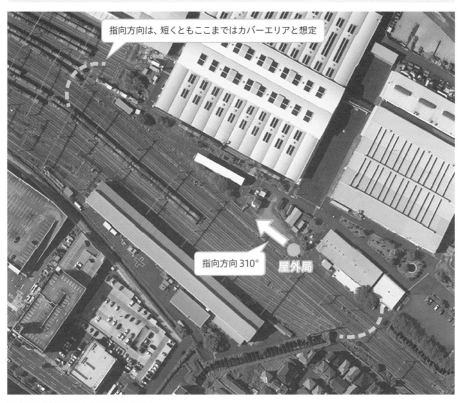

指向方向は、短くともここまではカバーエリアと想定

指向方向 310°

屋外局

国土地理院撮影の空中写真を元に作成
出典：「ローカル5G開発実証成果報告書：No.10　遠隔・リアルタイムでの列車検査、線路巡視等の実現」

　図表8-4-5は、測定結果のグラフです。カバーエリア内ではダウンリンクの伝送スループットが500Mbpsから900Mbps程度となっています。アップリンクについては100Mbps程度となっています。

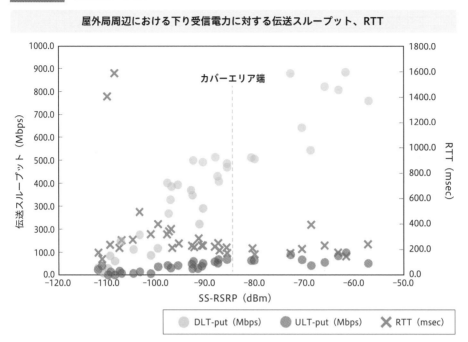

図表8-4-5 伝送スループット

屋外局周辺における下り受信電力に対する伝送スループット、RTT

出典：「ローカル5G開発実証成果報告書：No.10　遠隔・リアルタイムでの列車検査、線路巡視等の実現」

Chapter

9

ワイヤレスネットワークの選択基準

本章では、最新のワイヤレスシステムを実際に利用するに当たって、どのように選べばいいのか、これまでのWi-Fi 6、11ah、ローカル5Gの解説を踏まえて説明します。第1節では、ワイヤレスシステムの選定に当たって前提となる電波の特性についての理解を深めます。第2節では、システムの仕様を決める際のポイントとなる項目について選択の基準を解説します。第3節では、具体的な選定について、3つの観点からポイントを解説します。

9-1 選択における前提条件

ワイヤレスシステムの選定に当たっては、電波というものが有限な資源であり、共用で利用することが前提となるため、その特徴を十分に理解しておく必要があります。

1 ライセンス無線とアンライセンス無線

　まず、ライセンスとアンライセンスについて説明します。ある人が電波を発信した場合、通信をする相手に到達しますが、同時に周辺にも飛んでいってしまいます。もし別の人が同じ周波数を使っていたら混信してしまい、通信ができなくなる可能性が出てきます。

　混信を避けるための方法として、無線局（無線装置）を設置しようとする時には、ライセンス（電波免許）取得を必要とする方法があります。ライセンスが交付された場合は、そのエリアのその周波数はその無線局のみが通信することになり、混信を避けることができます。

　このように、電波を送信するためにライセンスを取ることが必要な周波数帯をライセンスバンドといいます。この考え方は、通信（携帯電話）だけでなく、放送（地上波デジタル）やETC（電子料金収受システム）なども同じです。

　ライセンスバンドを利用する場合に問題となるのは、該当エリアで別の人がライセンスを取得している場合です。ライセンスを取得するプロセスの中で、混信が発生するような場合は、免許は交付されません。割り当てられた場合は、混信なく利用することが可能になります。

　ライセンスを申請するためには、陸上無線技術士などの免許をもった人を無線従事者として登録する必要があります。また無線局（無線装置）の申請手続きに関して、開設するまでに費用や期間がかかります。毎年、電波利用料の支払いが必要になります。

　一方、アンライセンスについては、無線LANに代表されるように、通信方式自体が混信を避けて通信ができる仕組みをもっていることが前提となります。

　無線LANの場合はCSMA/CA（Carrier Sense Multiple Access/Collision Avoidance）という方式を用いて、基地局（アクセスポイント）も端末も、混信を避けて送信できる仕組みになっています。BluetoothはFH（Frequency Hopping）という方式で、時間ごとに周波数をランダムに変更しながら通信を行うことで混信を避けています。

　ライセンス（電波免許）を取らず、自由に設置ができる電波の周波数帯をアンライセンスバンドといい、例えば電気店などで購入した装置を、いつでもどこにでも設置し運用す

ることができます。

　そういうとアンライセンスバンドはメリットばかりのようですが、誰でもが自由に利用できるということから他の人が機器を持ち込むことで1台当たりの通信量が少なくなったり、機器が多数集中した場合には混信を回避するメカニズムがうまく働かなくなって、使えなくなる状況が発生します。

　またアンライセンスバンドには、通信以外のシステムが共存している場合があり、例えば2.4GHz帯では無線LAN（802.11b/gなど）やBluetoothなどの通信機器以外にも、電子レンジや医療機器などが使われています。これらの機器は混信を回避できないため、通信品質は低下してしまいます。電子レンジが稼働している横で無線LANを使おうとしても、通信が不安定になってしまいます。これが、無線LANがベストエフォートといわれる理由です。

　自分の私有地など囲われたエリアで他の装置を制限できるのであれば、アンライセンスであっても電波の届く範囲で安定した通信を実現できる可能性があります。

2 キャリア5Gとローカル5G

　移動通信事業者（モバイルキャリア）のパブリック5Gとローカル5Gの違いについて説明します。この2つは、NR（New Radio）という同じ無線方式を利用しています（4Gの無線方式はLTE（Long Term Evolution））。また、決められた周波数に対してライセンスを取得して使う、つまりライセンスバンドを利用するという点も同じです。

　図表9-1-1に2020年度末における5G及びローカル5Gの割り当て周波数を示します。割り当てられた周波数帯は、28GHz帯とサブ6（6GHz帯より低い周波数の総称）と呼ばれる3.7GHz帯、4.7GHz帯になります。

　図からわかる通り、キャリア5Gについては周波数ごとに使える移動通信事業者が決まっており、それぞれ別々の周波数を割り当てられていますが、ローカル5Gは割り当てられる業者はあらかじめ決まってはおらず、ローカル5Gを利用したい人は申請して許可されれば誰でも使える周波数帯となっています。

　ここで重要なのは、無線LANのような方式は自律的にすみ分けることが可能ですが、モバイルのNRは基本的にそのような仕組みはありませんので、複数のNRシステムが通信をしようとする時は、周波数（チャネル）を別々にしなくてはいけないということです。

　キャリア5Gは、それぞれのキャリアが自社に割り当てられた周波数の中で、混信させないですみ分けるよう基地局の位置と周波数を設定すれば問題ありませんが、ローカル5Gの場合は、利用者同士が同じ場所で同じ周波数（チャネル）にならないように、調整する必要が出てくることになります。

　ローカル5Gは、利用する人の私有地のみをエリアとするという規定があります。つま

9

りキャリア5Gのように複数の私有地をまたいで面的にカバーするような形態はローカル5Gでは使えないということです。なお、私有地だとしても隣接したエリアには電波は漏れてしまいますので、干渉する可能性のあるエリアの利用者とは周波数などについて調整する必要が出てきます（特に都市部では課題になると思われます）。

なお、キャリア5Gをソリューション的にプライベートエリアで利用する時には、もともとキャリア5Gのエリアであれば問題ありませんが、もしエリアではない場合は、モバイルキャリアに依頼することになります。実際に設置されるかどうかは、該当エリアでキャリア5Gを使えることが、そのモバイルキャリアの一般のユーザにとってメリットになるか、という観点で検討されることになります。

モバイルキャリアが設置する場合は基本的にキャリア側が投資しますが、ローカル5Gの場合には、エリアオーナが投資をする必要があります。

図表9-1-1　5G／ローカル5Gの周波数割り当て

【3.7GHz 帯】

NTT ドコモ (100MHz)	KDDI/ 沖縄セルラー (100MHz)	楽天モバイル (100MHz)	ソフトバンク (100MHz)	KDDI/ 沖縄セルラー (100MHz)

3.6　　　　3.7　　　　3.8　　　　3.9　　　　4.0　　　　4.1

【4.7GHz 帯】

NTT ドコモ (100MHz)	ローカル5G (200MHz：屋内)	ローカル5G (100MHz)	

4.5　　　　4.6　　　　4.7　　　　4.8　　　　4.9　　　　5.0

【28GHz 帯】

楽天モバイル (400MHz)	NTT ドコモ (400MHz)	KDDI/ 沖縄セルラー (400MHz)	ローカル5G (900MHz)	ソフトバンク (400MHz)

27.0　　　27.4　　　27.8　　　28.2　　　　　　　　　29.1　　29.5

COLUMN　**ライセンスとアンライセンスの周波数のすみ分け方法**

同じエリア（電波の届く範囲内）に複数の基地局が存在し同時に電波を出すと、受信側の端末は2つの電波が混信してうまく受信できなくなる可能性があります。そこで、いろいろな方法ですみ分けることが必要です。

LTEや5Gのように事業者ごとに周波数が独占的に割り当てられて、割り当てられた範囲内で自由に周波数が設定できる場合は、同じエリアに複数の基地局を置いても、割り当てられた周波数を複数のチャネルに分けて、基地局ごとに別のチャネルを使えば干渉しません。

また、セクターアンテナのように電波の出る方向を絞ることが可能なアンテナを使って電波そのものが干渉しないように基地局を設置する方法もあります。

いずれにしても事業者自身がエリアと周波数を使い分けてカバーすることになります。

他方、ローカル5Gはライセンスバンドですが、誰でも利用できるので、エリアを分けることによりすみ分ける方法となり、免許申請の時にエリアの範囲や周波数（チャネル）の調整をすることになります（図表9-1-2）。

アンライセンスバンドの場合は、無線LANにしろ、BluetoothやLoRa/Sigfoxなどにしろ、決められた周波数を皆で共有するわけで、電波免許もありませんので、技術方式の違いですみ分けるしかありません。

このような状況で最も一般的なやり方はLBT（Listen Before Talk）と呼ばれるものです。キャリアセンスとも呼ばれるこの方法は、送信したい端末は「送信する前に他の人が該当チャネルで送信していないかどうか確認する」もので、複数の端末が同時に送信を始めない限り、混信することはありません（無線LANで用いられているCSMA/CAもLBTをベースにしています）。

検出レベルを適切に選べば、同じチャネルをちょっと離れた別の場所でも使うことができるので、つくり込みが容易でありながら効果の高いすみ分け方式といえます。ただ、送信したい端末が極端に増えると、LBTで待ち状態にある端末が、終わり次第同時に電波を出して混信してしまうこともあり得るので注意が必要です。なお無線LANのCSMA/CAではその対応も含めて衝突回避をしています。

他に、Bluetoothで用いられているFH（Frequency Hopping）があり、これは使える帯域の一部だけを使う狭帯域の信号を帯域内でランダムに周波数を変えることによって干渉を避けようとするものです。干渉を受ける側も、たまにしか自分の帯域に来ることはないし、帯域の一部だけつぶれても通信が継続する場合もありますので、うまくすみ分けることが可能になります。ただ最近では、端末において、Bluetoothの狭帯域信号の移動範囲に利用中の無線LANの周波数を含めないようにして直接的な干渉を避ける方法が実装されている場合もあります。

図表9-1-2 ライセンスバンドのすみ分け

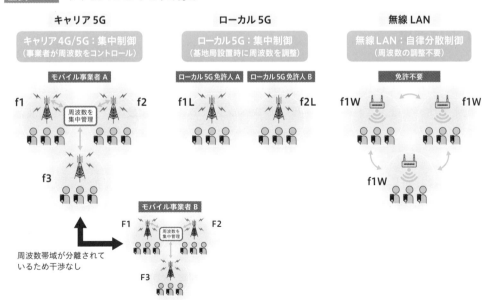

9-2 システム仕様（要求条件）と選択のポイント

ワイヤレスシステムの選定に当たっては、まずワイヤレスシステム（あるいはワイヤレスシステムを組み込んだネットワーク）への要求条件を明確にする必要があります。

「○○のデータを収集しそれを活用したい」「コストは○○以下で抑えたい」「セキュリティを守りたい」「既存システムから運用・監視できるようにしたい」など、必要な条件は千差万別であり、それらを実現できるワイヤレスシステムを選んでいくことになります。

本節では、選定に当たって考慮しなければいけない具体的な要件（要求条件）を1つずつ説明していきます。

1 通信品質

通信品質に対して特別な要件があるかどうかが、ワイヤレスシステム選定の最も重要な点となります。特に要求条件がないのなら、より安くてより普及している無線LANを選定することで適切なシステムを構築できます。

ここでは、システム選定に影響を与える、通信品質についての要求条件と、各方式の特徴を示します。

(1) 通信速度

通信速度については、図表9-2-1にある通り、IoT用の方式であるLPWAの802.11ahを除けば、どの方式も10Gbps程度以上あり、どれを使っても「超高速」が実現できるように見えます。実は、これらの数字はフルスペック（アンテナ数最大、すべての周波数に対応・アグリゲーション可能）の基地局と端末が、1台ずつ理想状態で実現できる通信速度です。

実際には、同じエリアに何台の端末が収容されているか、送受信可能な周波数帯や周波数幅はどうか、端末と基地局間の距離はどうかなど、いろいろな要素を考慮に入れる必要があります。

例えばWi-Fi 6については、MIMOやチャネルボンディングを用いれば、Gbps級のスループットを実現することができますが、実際のスマートフォンではアンテナは2本が標準で、帯域は80MHzが最大なので、物理速度の最大は866Mbpsとなり、無線LANの伝送効率（制御信号などの分だけ速度が減少し70%程度に）を考慮するとスマートフォンでは

600Mbps程度が最大となります。

図表9-2-1 各ワイヤレス方式の最大伝送速度

ワイヤレス方式	ローカル5G	802.11ax (Wi-Fi 6)	802.11ac (Wi-Fi 5)	802.11ah (Wi-Fi HaLow)
周波数帯	4.7GHz/28GHz	2.4GHz/5GHz	5GHz	920MHz [1]
最大通信速度 [2]	～ 10Gbps	9.6Gbps	6.9Gbps	24Mbps [3]

※1 利用開始に向け、作業班で検討中
※2 システムの実装に依存
※3 帯域が4MHz幅の最大値

　図表9-2-2はWi-Fiの実効通信速度の測定例ですが、最も条件が良く距離の近いところでの最大速度が実現されています。ここでよく見ていただきたいのは、距離が遠くなると速度が低下していくことです。これはWi-Fiに限らず5Gやローカル5Gでも同じで、例えば距離が離れていくと電波が弱くなるので、よりノイズに強い通信方式（ただし最大通信速度が低い）に自動的に変更していくように設定されています。

　この点が理解されていない場合が多く、図表9-2-2で見通し外40mにいる人は、そもそも最大300Mbpsしか出ませんので、ベストエフォートな仕様なら特に問題ありませんが、ユーザごとに帯域を設定（保証）する場合は、この点を考慮しておかないと、実際に収容できる端末数が少なくなってしまうなど、注意が必要です。

　なお、ローカル5Gが実効的にどの程度の通信速度を出すことができるのか、複数の端末が接続された場合はうまく均等割りになるのか、サブ6と準ミリ波を使った時に通信速度の差が出るのか、など実力値は現時点では不明で、今後いろいろな製品が検証されていく中で明確になっていくことになります。

図表9-2-2 実効通信速度の距離特性

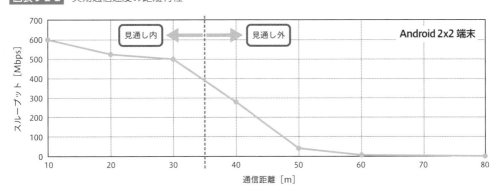

　図表9-2-3に現在モバイルで利用されている周波数帯を示します。5Gには、3.7GHz帯、4.5GHz帯に加えて、超高速が容易に実現できる28GHz帯が割り当てられています。

　ところが、5Gに割り当てられた3.7GHz帯、4.5GHz帯、28GHz帯には、次のような課題があることが認識されています。

① 28GHz帯は電波が遠くまで飛ばず、かつ障害物の裏側に回り込まないので、1つの基地局のカバーエリアは小さく、場合によってはエリアに穴ができてしまう。したがって28GHz帯単独で5Gのサービスをするのは使い勝手が悪く、ユーザを混乱させる可能性がある。

② サブ6（＜6GHz）はある程度遠くまで飛ぶが、それでもサブGHz帯（＜1GHz）や4Gのメインの周波数（2GHz帯）に比べると飛ばない。エリア展開する時に4Gの基地局が置いてある場所だけでなくそれらの中間にもサブ6の5G基地局を設置しないと、5Gとして面的にカバーできない。

　そこで、これらの課題をクリアするために考えられたのが、DSS（Dynamic Spectrum Sharing）という技術です。これは、既存の4Gの周波数を使って、5Gサービスを提供できる技術です。

　実は3Gから4Gに移行する時はこのような移行措置が考えられていなかったために、2GHz帯の20MHzを4つの5MHzのチャネルに分けて、まず1つだけ4Gで使い、残りの3つを3Gで使うというように同じ周波数帯を3Gと4Gで共用していました。4Gの利用割合が増えてくると4Gが2つ、3Gが2つというふうに変更していきます（これは共用とは名ばかりで仕切り線をずらしているだけです）。

　この経験を踏まえ、4Gと5Gで同じ周波数／チャネルを共用できるこのDSSという仕組みが導入されました。これにより、既存の4Gの周波数を「仕切り線」を入れることなく5Gで使えます。そこで、①②の課題がクリアされ、5Gエリアの拡大が早期に進められることになります。

　メリットがあると見えるDSSですが、実際には5Gなのに4Gと変わらない性能しか出ないかもしれないデメリットがあります。

　5Gの3つの特徴の1つである超高速は、4GのLTEから5GのNRに移行しても周波数利用効率自体の向上はそれほど大きくないため、5Gに割り当てられた広い帯域幅を独占的に使うことにより達成されているのです。

　4Gの周波数は最も広い3.5GHz帯でも40MHz幅ですが、5Gの帯域はサブ6が100MHz幅、28GHz帯が400MHz幅と飛躍的に帯域幅が拡張されています。つまり、4Gの帯域を5Gに転用する場合は5Gのフルの速度は出ないことになります。5G基地局を既存の4G基地局が設置されているところに追加（周波数が同じなのでアンテナも共用できる）するだけで、4Gと同等のサービスエリア展開ができるので、モバイル事業者各社は28GHz帯に投資するよりも、まずはこの「なんちゃって5G」のエリア展開を急いでいるようです。

　ユーザにとってみると、どの周波数を使っているのかはわからないので、4Gよりは速度が速い5Gを体感して、「これが5Gだ」と、5Gの本当の性能を誤解してしまう可能性があります。これが「なんちゃって5G」と呼ばれる理由です。過渡期には仕方がないにしても、できるだけ早期に全国いろいろな場所で、28GHz帯5Gの超高速を利用できるようになることが期待され

ます（残念ながら、本書の執筆時点ではiPhone12に28GHz帯の受信機能は導入されていません）。

図表9-2-3 4G/5Gの利用周波数

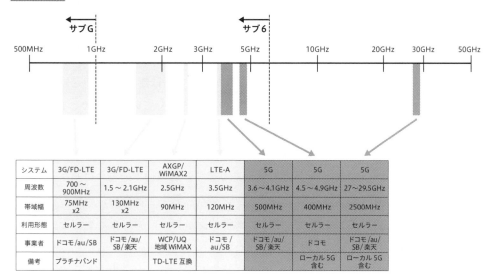

システム	3G/FD-LTE	3G/FD-LTE	AXGP/WiMAX2	LTE-A	5G	5G	5G
周波数	700〜900MHz	1.5〜2.1GHz	2.5GHz	3.5GHz	3.6〜4.1GHz	4.5〜4.9GHz	27〜29.5GHz
帯域幅	75MHz x2	130MHz x2	90MHz	120MHz	500MHz	400MHz	2500MHz
利用形態	セルラー	セルラー	セルラー	セルラー	セルラー	セルラー	セルラー
事業者	ドコモ/au/SB	ドコモ/au/SB/楽天	WCP/UQ地域WiMAX	ドコモ/au/SB	ドコモ/au/SB/楽天	ドコモ	ドコモ/au/SB/楽天
備考	プラチナバンド		TD-LTE互換			ローカル5G含む	ローカル5G含む

(2) ワイヤレス通信の遅延

　キャリア5G/ローカル5Gの特徴の1つに遅延を低減できるという点がありますが、5G
の仕様である1ms以下に抑えようとすると特別な設定が必要です。なぜならば、通常の5G
の無線フレーム構成（フレーム長1ms）は4G（LTE）と同じなので、どう頑張っても遅延
を1ms以下に抑えることはできません。低遅延を実現するには、5Gに新たに追加された
機能であるフレーム長を短縮（例えば0.25ms）する設定があり、それを活用しなければな
りません。

　そうすることで、ネットワークからきたパケットを直ちに次の無線フレームに載せるこ
とができ、遅延を抑制できます。なお、フレーム長を1ms→0.25msに短縮しても、単位時
間当たり4倍送信する機会が得られるので、通信量は変わらないように見えますが、実際
には通信パケットは無線ヘッダなど時間幅の変わらないものが存在するため、フレーム長
を小さくすることは、実効的なスループットの低下を招きます。

　なお、別の視点から見ると、そもそも5Gは4Gに対して単位時間当たりの送信量そのも
のが増えるので、結果的に4Gに対して通信速度をそれほど低下させることなく遅延が減
らせます。したがって、フレーム長をどう設定するかは、必要な遅延時間やトータルスルー
プットなどを考慮して決める必要があります。

　一方、無線LANの遅延はどの程度あるでしょうか。無線LANではそもそもフレームと
いう概念がなく、ネットワーク側からパケットがくれば、即座に送信しようとしますから、

もし端末間の通信の重複などがなければ、無線部分の遅延はローカル5Gよりも小さくなります（図表9-2-4）。しかしながら、キャリアセンス機能によるすみ分けにより、他の端末が送信中の場合には送信が終わるまで待つ必要が出てきますので、その場合はその待ち時間に相当する時間が遅延となります。

また、さらに他の端末も送信を待機している場合には、その端末のさらに後になる可能性もあるため、待ち時間に相当する遅延はコントロールできません。この点が、ローカル5Gと無線LANの大きな差になります。端末の数が少ない時は無線LANの遅延はそれほど問題になりませんが、多くの端末が同じ基地局の中で通信している場合や、1つの端末であってもパケットの送出頻度が高い場合は遅延時間が大きくなる可能性があるため、低遅延の保証のためにはローカル5Gを利用する必要性が出てきます。

無線通信の遅延について、一点、落とし穴があります。有線通信の場合はパケットのビット誤り確率はほぼゼロ（あるいは発生してもランダムに発生するために誤り訂正等で修復可能）と考えてよいのですが、無線の場合は通信状況（周囲の環境などを含む）の変化などで、頻繁に通信エラーが発生します。問題なのは、この伝搬条件が変化した時などに発生するエラーはバースト誤り（複数のビットに連続してエラーが発生する）であることです。結果的に誤り訂正等では修復できずにパケットの受信を失敗してしまいます。

もしパケットの送受信エラーが発生した場合（受信側から受信成功との連絡がこなかった場合）、通常の通信形態であれば、同じパケットを数フレーム後に再送するわけですが、低遅延を前提とした通信を行っていた場合には、1ms以上遅延した再送パケットが送られることになります（「再送しない」という選択肢もあります）。このため、特に、上位の通信プロトコルにTCP/IPなどを使っている場合は、このパケットロスがもとになって、結果的に通信全体の速度低下、遅延増加が発生することになります。

無線通信の場合は、この点を理解した上で、要求条件に合った上位の通信プロトコルを決めていく必要がありますし、このパケットロスが発生した場合のリカバリー方法も検討しておく必要があります。

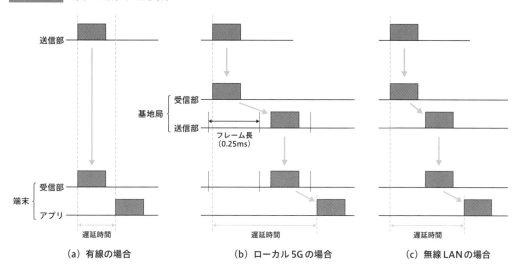

図表9-2-4 有線と無線方式の遅延時間

(a) 有線の場合　　　　(b) ローカル5Gの場合　　　　(c) 無線LANの場合

(3) QoSなどの品質コントロール

　ローカル5Gの場合は基地局側で端末との間の通信を管理できるので、端末ごとに上り／下りともに通信速度をコントロールすることが可能です。一方無線LANは、そもそも端末が自由に送信できるため、特定の端末に帯域を割り当てるわけにはいきません。この帯域保証が可能であるという点は、ローカル5G側の大きなメリットになります。

　ただし、通信速度のところでも述べましたが、ローカル5Gにおいても、基地局までの距離が遠くなるにしたがって通信速度（物理速度）は低下するので、あらかじめ決めておいた帯域を維持する（例えばある端末は常に100Mbpsを伝送可能にする）ためには、距離が遠くなることによる通信速度の低下を補償するような帯域の割り当て（時間幅を増加させるなど）を、送信ごとに行う必要があります。

　また、仮に100Mbpsを確保できない距離にまで移動した場合は、本来は通信速度をさらに下げて通信が継続できる場合であっても、100Mbpsの帯域保証の条件により、通信を切断する必要が生じてしまいます（通信エリアの外に出てしまう可能性のある無線通信における通信帯域の保証はそもそも簡単ではないという認識が必要です）。

　なお、キャリアの5Gとは異なり、ローカル5Gは周波数が共用になっているので、もし同じ周波数を使っているシステムが「近く」にある場合は、影響を受ける可能性があることは意識しておく必要があります（一応電波免許取得時に同エリアに他のシステムがないことは確認されていますが、遠くの電波が紛れ込んでくることがあります）。

2 システムの規模

通信エリアのサイズとその中にある端末数については、通信速度とともにワイヤレスシステムを選定する上で大きなポイントとなります。エリアサイズは、ワイヤレスシステムの利用周波数帯によって大きく変わりますので特に注意が必要です。また端末数は、該当エリアの通信帯域を全端末でシェアすることになるので、1台当たりの通信速度を確保しようとする場合は、総端末数を制限する必要があります。

(1) エリアサイズ

エリアサイズは、ワイヤレスシステムを構築する上でのポイントとなりますが、それを決める最も大きな要因は、どの周波数帯を用いるかということです。ローカル5Gの場合は、まずサブ6（4.7GHz帯）か準ミリ波（28GHz帯）なのかによってエリアサイズが大きく異なります。

準ミリ波の場合はその周波数の性質上、伝搬距離が短く、かつ障害物を回り込まないので、もし端末が動き回るモバイル通信の状況を想定すると、基本的に障害物の裏側などの見通し外に移動すると通信できない可能性が高くなります。

最近では多素子アンテナによるビームフォーミング技術により、電波の反射が期待できる閉空間の中（例えばオフィスの部屋の中）などについては、移動しても接続が切れずに通信が継続できる場合もあります。準ミリ波の場合は、超高速の通信が実現できるメリットはありますが、使えるエリアが限られるので、エリアを拡大したい場合はサブ6を使うことになります。

ここで注意しなくてはいけないのがローカル5Gの場合です。サブ6のローカル5Gの周波数割り当ては4.7GHz帯（4.6GHz～4.9GHz）に限られているので、5GHz帯の無線LANと同じような伝搬距離や通信特性になります。この周波数帯は、準ミリ波よりは条件が良いとはいうものの、モバイルのメイン周波数である800MHz～2GHzに比べて電波の飛びや障害物の回り込みについては劣っています。

キャリア5Gの場合は、4Gの周波数帯（例えば800MHz帯）において5Gのサービスが可能なので問題ありませんが、現在のローカル5Gの場合は、低い周波数の割り当てはないので、広域（～1km）のエリアサイズをカバーしたり、建物の内側までの回り込みを期待することはできません。そのような用途については、今後プライベートLTEのローカル5G化や、新たな周波数割り当てを期待するしかありません。

無線LANは、通信速度やエリアサイズに応じて対応するワイヤレスシステムを別々に作っています。通常の2.4GHz帯/5GHz帯のWi-Fi 6に加えて、60GHz帯を活用して超高速を実現する802.11ad/ay（WiGig）、IoT用途として期待されている900MHz帯を活用する802.11ah（Wi-Fi HaLow）などがあります。特に802.11ahについては、プライベートで

高速通信のIoTを実現できる貴重な方式となります。

　なお、1台の基地局ですべてのエリアをカバーできないケースでは、複数の基地局を設置し、全エリアをカバーする必要がありますが、高い周波数を用いた場合には、それだけサービスエリアが小さくなるため、その分だけ多くの基地局を設置する必要があり、結果的にコスト高になる可能性があります。

(2) 接続端末数

　1つのエリアで収容できる端末数は、エリアの通信速度と端末当たりの帯域をどう設定するかによって決まります。1つのエリアの通信速度は第2節[1]の(1)通信速度の項で示したようにエリア端に行くほど通信速度は低下します。そこで、帯域を保証するような割り当てを考える場合は、すべての端末がエリア端にあると仮定する必要があります。

　例えば、エリア端にある端末の通信速度が500Mbpsであった場合、1台当たり100Mbpsを確保するためには、接続端末数を5台以下にする必要があります。それ以上の台数を収容したい場合は、別のチャネルにもう1台基地局を設置して、収容を分ける必要があります。

　この考え方は、ローカル5Gも無線LANも変わりません。ただし、端末数の増加により、相対的に無駄な待ち時間が増し、通信速度の合計は低下していきます（図表9-2-5）。特に無線LANの場合は、自律分散制御であるために、衝突確率の上昇などにより、さらに低下することになります。

　同時に通信できる端末の上限数については、通信形態がベストエフォートの無線LANの場合は方式上の制限はなく、アクセスポイントの性能によって同時接続可能台数が制限されます。家庭用の無線LANルータでは、同時利用は10台〜20台くらいが最大だと思われますが、GIGAスクール構想で、導入されている学校向けのアクセスポイントでは1つの教室の人数（〜50台）を十分に収容できるスペックとなっています。

　また、IoTを想定した802.11ahでは、端末の間欠的な送信を前提としているため、約8000端末まで同時に接続することが可能なスペックとなっています。

　一方で、ローカル5Gなどの基地局が帯域を管理する方式については、1台当たりに必要な帯域をもとに決めることができますが、最大性能については、同時にパケットの送受信を管理できる数に限りがあるため、ある台数を超えると急激に通信容量が低下する場合があります。これは、スタジアムなどで多くの端末が集中した場合に、4Gの通信ができなくなる理由と同じです。

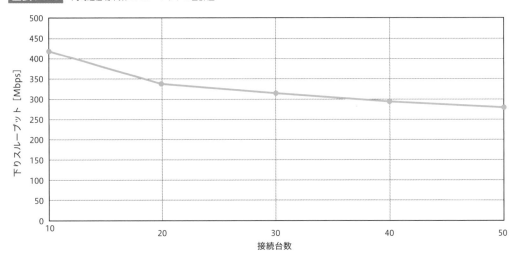

図表9-2-5 同時通信端末数とスループットの合計値

（縦軸）下りスループット [Mbps]
（横軸）接続台数

3 通信セキュリティ

セキュリティについては、許可のない端末が接続されるのを防ぐ認証機能と、通信の内容が盗聴されないように暗号化する機能の2つの観点があります。

(1) 端末の認証方式

ローカル5Gの認証は、キャリア5Gと同じようにSIMカードによる認証になります。最近では物理的なカードではなく、書き換え可能なeSIM（Embedded SIM：埋め込み型SIMまたはソフトSIM）も用いられています。SIMカードによる認証は世界的に利用されている技術でセキュリティも保証されているため、最も安心な認証方式といえます。ただし、SIMの管理、払い出しの手続きなど、コストがかかりますし、いい加減なシステム管理をしてしまうと、その部分でセキュリティレベルが低下します。

一方、無線LANではキーワードをあらかじめ交換しておき、キーワードを知っている人のみが通信可能になるというような簡便な方法（WPA3-PSK）や、アクセスポイントではなくその後ろの有線部分でゲートを設けてID/Passで認証するなどという方法（キャプティブポータルなど）が主流です。

より高度な方法としてEAP-SIM/AKAやEAP-TTLSなど、アクセスポイントと認証サーバを連携させ、あらかじめ端末に設定していたSIMカードや電子証明書などで認証する方法もあります。これを用いれば、ローカル5G並みのセキュリティレベルになりますが、やはりSIMカードや証明書の管理が必要になります。

(2) 通信の暗号化

　5Gやローカル5Gは通信の暗号化については問題ありません。無線通信を傍受したとしても解読される心配はないと思われます。一方、無線LANの場合は、端末への事前設定が困難であるような公衆無線LANサービスでは、暗号化なしの通信が主流となっています。

　自営のプライベート無線LANの場合には、簡便に済ませることを目的として、事前にキーワードを交換しておく方式（WPA3-PSK）を用いることにより解読される心配はありませんが、そのキーワードの管理をしっかりする必要があります（万一漏れてしまうと、暗号化はしていても解読されてしまう危険が出てきます）。なお、前項のEAPを使えば、認証とともに暗号化も実現できるので、ローカル5Gと同等のセキュリティとなります。

　なお、WPA3と同じタイミングでリリースされたEnhanced Openという技術を使えば、特に事前に何も設定する必要がなく、公衆無線LANサービスのような場合でも暗号化通信が実現できます。ただし、EAPとは異なり、アクセスポイントのなりすまし（偽物のアクセスポイント）については、排除することができませんので注意が必要です。

4 　初期コスト

(1) 装置コスト

　装置コストについては、システム構成がどのようになっているのかに大きく依存します。図表9-2-6のように、既に有線LANのネットワークを構築しているところにワイヤレスシステムを追加する場合は、無線LANであれば、ネットワーク構成は既にLANの形態なので、市販のアクセスポイントと端末を用意するだけでいいことになります。

　ローカル5Gについては、プライベート用の5GC（5G Core Network：4GにおけるEPCに相当）を具備する必要があり、その装置は、基地局の存在するエリアに一緒に設置する場合や、回線を通してクラウド側に設置する場合などの構成が考えられています。5GCには認証だけでなく、電話などの呼制御、位置登録、さらにはQoS制御などの機能が具備されています。なお、ローカル5Gの場合にはこれらの機能は不要な場合があります（機能が不要の場合、ライセンス料などコストが下がる可能性があります）。

　またローカル5Gの端末については、モバイルで利用されている5G端末がローカル5Gの周波数に対応していると考えられるので、うまく流用することができれば、低価格で導入できる可能性が出てきますが、当面はローカル5G専用の端末を使うしかありません（その場合はコストも高くなります）。

　なお、ワイヤレスシステムに対して、各機器を保守監視・制御する装置が必要となりますが、無線LANの場合は有線LAN用の装置がそのまま使えると考えられますが、ローカ

ル5Gの場合は、別の専用装置を追加する必要があります。

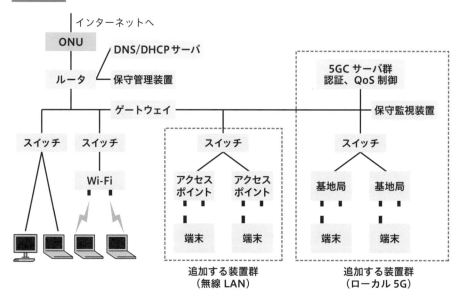

図表9-2-6 無線システムのネットワーク構成

(2) 構築コスト

　無線LANは一般に購入できる市販品であり、エンタープライズ向けの商品でもかなり安く購入することができます。もし導入エリアに有線LANがある場合は、該当エリアをカバーできる適切な場所にアクセスポイントを設置して（必要に応じて工事費が必要）有線LANに接続すればすぐに利用開始できます。また端末についても、市販のいろいろなタイプの端末がそのまま使えますので、例えばWPA3-PSKを用いているエリアでは、キーワードを端末に設定すればすぐに使えるようになります。

　一方のローカル5Gでは、プライベート用5GCの設置と設定が必要です。さらには基地局（無線局）の設置に当たっては基地局の免許申請が必要であり、無線局を運用するためには、無線従事者として陸上特殊無線技士などの免許を所有している要員を確保・登録しておく必要があります。

　なお、無線LANであっても、EAPなどの高度な接続形態を利用する場合は、認証サーバを新たに設置する必要があることと、SIMカードや電子証明書（ID/パスワードによる認証も可能）を端末に設定して、その情報を認証サーバに登録しておく必要があります。

5 ランニングコスト

(1) 装置の運用コスト

ローカル5Gの保守コストとしては、ネットワーク機器の通常の保守コスト（設置した装置購入コストの数十％程度／年）が発生します。現状のローカル5Gの装置はどれも高価ですので、運用コストも当面は高コストを覚悟しなくてはいけません。また、保守監視やシステムの制御装置についても専用の装置になるため、どこまできめ細かく監視するかにもよりますが、それなりのコストがかかります。

また、サーバ自体の保守においても、定期的なソフトウェアのバージョンアップが行われますが、そのバージョンアップコストや、それに起因した不具合への対応など不慮のコストが発生する可能性がある点には注意が必要です。一方、無線LANの場合は有線LANのために構築したDNSやDHCPサーバはそのまま流用できますので、運用コストはかなりの部分が有線LANと共用できます。また、保守監視についても、SNMP（Simple Network Management Protocol）をサポートしているエンタープライズ向けの無線LANシステムを用いれば、有線ネットワーク用の監視サーバがそのまま使えます。さらに、端末の死活監視だけでよければ、pingを送信するだけで済み、特に特別な装置は不要です。

また、無線LANの場合でも、きめ細かな監視保守を必要とする場合は、ベンダー専用の監視制御装置が別途必要な場合がありますし、最近ではクラウド側に監視制御機能を置いて、ネットワークからコントロールすることが可能な装置もあります。

なお、ワイヤレス装置でシステムを組む目的として、いったん運用した後に、レイアウトを変更したり、基地局の数を増やしたり、ネットワーク構成を変更することが容易に実現できるメリットがあります。無線LANでは何も問題ありませんが、ローカル5Gの場合はあらためて免許申請が必要なるケースもありますので注意が必要です。

(2) 端末 (及びSIMカード) の管理

セキュリティ（3節）のところで述べたように、ローカル5Gや無線LANのEAP-SIM/AKAの場合はSIMカードを管理する必要があります。新しい端末を追加・変更する場合は、その都度、SIMカードの発行と、認証サーバへの登録などの作業が必要です。なお、コストをかけないようにするためには、無線LANのPSK（共通キー）を用いれば、認証の管理コストを低減することが可能です（セキュリティレベルを保つにはキーワードの適切な管理と、キーワードの定期的な変更などが必要です）。

9

9-3 選定のポイント

前節では、ワイヤレスシステムの選定にかかわる要求条件について説明してきました。
以下、これらを踏まえて、それぞれ構築しようとするシステムごとに、選定の際に考慮すべきポイントを記述します。

図表9-3-1に、これまで説明してきた内容をまとめて表示します。優位な点を薄いグレーで、課題となる点を濃いグレーで記載しています。これを見てわかるように、遅延やQoS（通信品質）といった通信品質にかかわるところがローカル5Gのメリットになっていますが、それ以外のところは無線LANに優位性があります。特にコストや設計の柔軟性については、現時点では圧倒的に無線LANの方が有利であることがわかります。

図表9-3-1 プライベートシステムの選択肢と適用領域

		ローカル5G	無線LAN		
			802.11ax (Wi-Fi 6)	802.11ac (Wi-Fi 5)	802.11ah (Wi-Fi HaLow)
周波数帯		4.7GHz帯 / 28GHz帯	2.4GHz帯 / 5GHz帯	5GHz帯	920MHz帯
通信品質	通信速度	○ (〜10Gbps)	○ (9.6Gbps)	○ (6.9Gbps)	△ (24Mbps)
	遅延	○ (<1ms以下)	× (保証できない)		
	QoS制御	○ (設定可能)	△ (優先制御のみ)		
システム規模	エリアサイズ	○ (〜数100m)	○ (〜100m)	○ (〜100m)	◎ (〜数km)
	接続端末数	※1	※1	※1	◎ (〜8000台)
通信セキュリティ	認証	○ (SIMカードによる認証)	○ (EAP-AKA/EAP-TTLSなど)、 △ (WPA3-PSKなど)		
	暗号化	○ 専用の暗号化方式	○ (WPA3-PSK/AES)、 ○ (Enhanced Open)		
初期コスト	装置コスト	× (5GCが著しく高値)	◎ (世界的に普及)	◎ (世界的に普及)	○
	構築コスト	△ (電波免許が必要)	◎ (既存のネットワーク機器で構築可能)		

※1 装置個別の性能によって大きく異なる

図表9-3-1 続き

		ローカル5G	無線LAN		
			802.11ax (Wi-Fi 6)	802.11ac (Wi-Fi 5)	802.11ah (Wi-Fi HaLow)
ランニングコスト	保守コスト	× (5GCが著しく高値)	◎ (既存のネットワーク機器と同様の保守コスト)		
	端末管理	△ (SIMカード管理)	○ (サーバへの登録のみ)		
その他		・コストダウンが最重要課題	・6GHz帯への拡張(Wi-Fi 6E)		・来年度から利用可能となる見込み

1 超高速システムを構築する場合

　もし遅延やQoSにこだわらないのであれば、現時点では、無線LANの方が圧倒的に有利になります。ただ無線LANでは実質上実現できない10Gbps以上の通信については、28GHz帯を用いたローカル5Gで、独占的にすべての帯域を利用すれば実現できますので、ローカル5Gのメリットを生かすことができます。

　もう1つのローカル5Gの適用領域としては、端末数によらず高速で安定した通信が実現できるメリットを用いた、以下のような分野が期待できます。

- 頻繁なレイアウトの変更にも柔軟に対応することができ、監視情報や制御信号などを有線並みに誤りなく送受信することができる
　→ 工場などの製造現場や物流倉庫など
- 高精細な動画など大容量データを多数の端末に対して無線で送信する機能
　→ イベントのライブ配信、遠隔授業など

　なお、ローカル5Gの適用領域であっても、コストダウンを図りたい場合は、無線LANを使った上で、ネットワーク側でトラフィックをコントロールして無線LANの衝突を避ける方法や、基地局を複数にして1基地局当たりの収容端末を減らすことによって衝突を避ける方法などが考えられます。

2 低遅延システムを構築する場合

　低遅延システムを構築する場合に、無線LANを用いるとしたら、台数を制限して衝突を回避するしか方法がありません。したがって、多くの端末に対して一定の低遅延で通信す

るためには、ローカル5Gを使う必要があります。ローカル5Gの適用領域としては、低遅延が必須である以下のような分野が期待できます。

- 高精細な動画とともに制御信号などをリアルタイムに送受信する機能
  → eスポーツなどの遠隔対戦など
- 遠隔から低遅延での安定した制御が必要な機能
  → 農場等における自動運転、遠隔医療など

　なお、遅延時間については、無線部分の遅延以外にネットワーク側の遅延を足し算する必要があります。もしサーバがクラウドにあるようなシステムの場合は、拠点からサーバまでの往復遅延が無線の遅延に重畳されますので注意が必要です。

　例えばワイヤレスシステムが沖縄にあり、東京のサーバにアクセスして制御するような場合、東京⇔沖縄間の距離1500km（1.5×10^6m）の伝搬時間は、光速（3×10^8m）で割り算して片道5msになります。仮に無線の遅延が1ms以下にできたとしても、10msの有線遅延が加わることになります。

　つまり、低遅延システムを構成する時には、サーバのロケーションは極力、ワイヤレスシステムの近くに置く必要があるということになります。MEC（Multi-access Edge Computing）はその解決方法になります。

3 IoTシステムを構築する場合

　多くの端末から多くの情報を収集するようなIoTシステムの場合を考えると、超高速である必要はなく、低遅延である必要もないというのが通常です。この場合、どれだけ遠くまで通信をしたいのか、超高速通信ではないにしてもどの程度の通信速度を必要とするのかというのが、システムを選択する際のポイントになります。

　どれだけ遠くまで飛ぶかという点については、まず一番に重要なのが、通信に使う周波数帯がどの帯域かということです。高い周波数は遠くに飛ばないので、キャリア5G/ローカル5Gのミリ波（28GHz）はこの時点で除外になります。

　それ以外（6GHz帯以下）の周波数については、まずはライセンスかアンライセンスかということになります。既に商用化が図られているライセンスバンドのIoTサービスはNB-IoTなどの方式を使った4G（LTE）のサービスとなります。

　5Gの特徴の中に超多端末というものがありますが、商用化はまだ目途は立っていません。このサービスはライセンスバンドを使いますので、該当のモバイルキャリアと契約する必要があり、利用形態としては、該当サービスの仕様に則ったものになります。希望し

ている仕様に満足し、コストも見合う場合は選択の対象となります（なおライセンスバンドの場合、電波利用料がかかります）。

　他方、アンライセンスのシステムを考えると、LPWAは、920MHz帯という遠くまで届く周波数を用いたシステムで、IoTの本命といわれています。第5章の図表5-1-4に、現在利用されているIoT方式の伝送速度とエリア範囲を示しています。LoRaWANやSigfoxなどは早くから商用化されてきましたが、仕様では、数km以上先の端末からの信号も受信できる性能をもっているようです。

　802.11ahは、通信距離は他の方式に劣る部分はありますが、これまでのLPWA方式が数十ビット程度の情報の送信を想定してシステムが作られてきたのに対して、数Mbpsの画像や動画の伝送ができる方式として商用化が進められています。図表9-3-2に各IoTシステムの距離と速度について比較したものを示しています。802.11ahは、通信距離についてはELTRESなどの方式には及びませんが、通信速度については、動画も伝送できるレベルであり、今後の多様なIoTの利用形態に対応できるものとして期待されています。

　どの方式を選ぶかは、まずはどの程度の通信（通信速度や頻度）を考えているのかという観点が重要になります。もし選んだ方式の距離がサービスしたいエリアよりも小さい場合は、複数の基地局を配置してエリアをカバーします。距離から選んでしまうと、後になって、もう少し高速の通信がしたい（例えば罠にかかったかどうかの情報だけでなく罠にかかった動物の画像がほしい）ということになっても、送信速度は上げられないので、実現できません。

　今後、IoTの活用が進んでいくと考えられますので、ライセンスかアンライセンス、どのIoTの方式を使うかについては、あらかじめ将来を見通して必要な仕様を確認した上で、最適な方式を選定していく必要があります。

図表9-3-2 IoTを実現する各ワイヤレス方式の比較

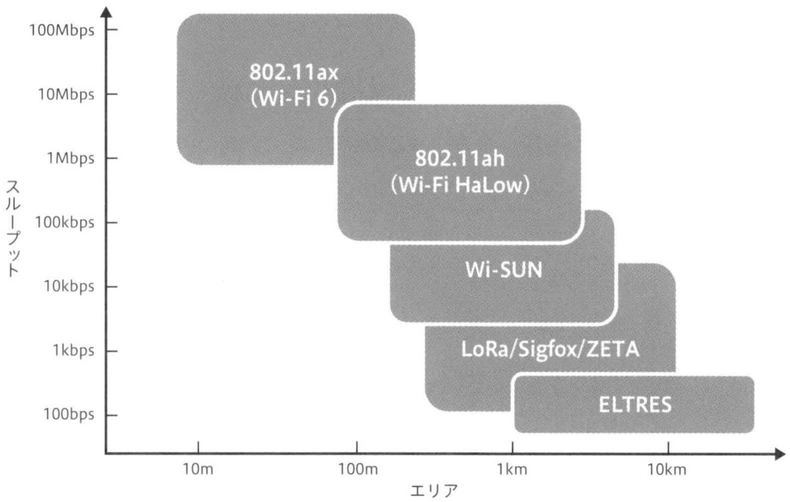

　IoTでは、端末からの信号を受信することがベースになるので、システムコストを下げるために できるだけ少ない基地局で多くの端末からの信号を集める必要があります。必然的に、1つの 基地局のサービスエリアはできるだけ広くすることが重要なポイントになります。カバーする 面積が広いとその分だけ存在する端末数が多くなりますので、基本的に多くの端末を収容する 能力が必要になるということです。

　キャリア5G/ローカル5Gに超多端末接続という機能があるのもこうした要求条件に応えた ものになります。特に日本の場合に多いのですが、長距離通信を行う時の落とし穴があります。 日本の多くのエリアが平らな土地ではなく、都会はビルなどの建物、田舎は山や森などがあり、 電波はすんなりと飛んでくれません。見通しの取れる方向については数km飛んだとしても、 1km以内の場所でも建物の裏側では通信できないエリアが存在します。

　実はこれが無線の面倒なところです。ラジオ放送のように数100kHzから数10MHzくらいの 低い周波数であれば障害物を回り込む量も多いので、障害物があっても受信できますが、モバ イル通信用のプラチナバンド（700MHz～900MHz帯）やLPWAの920MHz帯の周波数の場 合は、モバイル通信としては比較的良好な伝搬特性をもちますが、それでもラジオ放送に比べ れば到達距離が短く、回り込みの量も少なくなってしまいます。

　LPWAでは、10km以上でも通信できるという売り文句で宣伝している方式がありますが、 実際に通信ができるのは電波状況の良いところ（基地局が見通せる場所）であり、日本のよう にあちこちに障害物があるような地形では、通信ができないエリアが数多く存在してしまう可 能性があります（図表9-3-3）。

　結局、システムを提供する側としては免責のキーワードとして、

- サービスエリア内であっても、屋内、地下駐車場、ビルの影、トンネル、山間部等電波の伝 わりにくい場所では、通信を行うことができない場合があります

- 電波の性質上、電波状態は刻々と変動するため、サービスエリア内であっても通信しづらい 場合があります

と書かれてしまうことになります。

　LPWAを利用する側としてはこの点をよく理解して導入する方式を選ぶ必要があります。例 えば、実際に導入した後に最も重要な拠点のセンサからのデータが来ないことがわかったら、 導入した意味がなくなってしまいます。

　こういったリスクを減らすためには、基地局をできるだけ高い位置に設置して、電波の届か ない範囲をできるだけ少なくすることが重要になります。場合によっては、中間点に別の基地 局を置いて、中継してカバーするくらいの覚悟をもってやる必要があります。

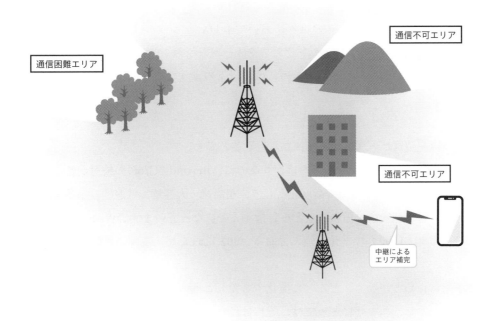

図表9-3-3 サービスエリアと通信不可エリア

通信不可エリア

通信困難エリア

通信不可エリア

中継による
エリア補完

4 まとめ

　本章では、プライベートワイヤレスの選定のポイントを述べました。ローカル5Gは、キャリア5Gの優れたポテンシャルをもち、かつ誰でもが活用できる方式ですが、プライベート利用でこのポテンシャルを生かすためには、これまで述べてきたように考慮すべき点や注意すべき点を検討した上で導入していく必要があります。

　既にコモディティ化して低コストを実現している無線LANと比較すると、初期コストにおいてもランニングコストにおいてもはるかに高価になりますので、当面は、ローカル5Gでなければ実現できないようなユースケースに対して試験的に導入が進むものと思われます。

　これから出てくるいろいろなユースケースへの対応としては、おそらくローカル5Gだけ、あるいは無線LANだけというものではなく、それらの両方を使う、または両方を組み合わせたソリューションを準備し、お客様のコストと機能の要求仕様に対して、適切な無線システムを構築していく必要があると考えられます。

　なお、ローカル5Gのコストを低減するためには、導入実績を積んでいく必要があるので、当面は需要の掘り起こしを進めるとともにある程度先行投資的に、かつ戦略的に導入を進めていく必要があります。

あとがき

　ワイヤレス新時代を迎え、生活とビジネスにおいてワイヤレスがさらに役立つサービスを実現するためには、ワイヤレスの世界においてもDX（デジタル・トランスフォーメーション）と同じ、「WX（ワイヤレス・トランスフォーメーション）」が必要なのではないでしょうか。そして、WXを押し進めるためには、以下のような新しい視点が必要ではないかと考えます。

　第一に、技術一辺倒からユーザ視点に立ち返ることです。

　モバイルの世界は5Gがスタートしたばかりなのに、Beyond 5G/6Gの検討が始まっています。5Gの特徴的機能のさらなる高度化として、超高速・大容量、低遅延、超多数同時接続と超低消費電力、超安全・信頼性などを目指すことになっています。Wi-Fiの世界でも、802.11axの次の802.11beの標準化が進んでおり、802.11axを超える超高速化の標準化を目指しています。

　技術の革新は止めどがなく、どんどん進化するでしょう。もちろん、それは当然、推進すべきです。しかし、ユーザにとっては、それは何を実現するためのシステムなのか、ということが最も大事なはずです。社会的に何が求められているのか、その視点がなおざりになっていないでしょうか。

　結局のところ、ネットワークはどう使われるかでその成否が決まるので、アプリケーションや用途の可能性から議論を始めるべきだと思います。IoT、自動運転、AR/VR、AIなどに最適なワイヤレスシステムとは何なのかを、もっと突き詰めるべきなのではないでしょうか。産業でも社会でも、製造、流通、工場、農業、医療、教育、安心安全………などにおいても、技術的に何が可能なのかという機能論ではなく、何のためにどのように使われるのかということを、ユーザ本位でまず考えることが重要なのではないでしょうか。

　機能の高度化・拡張という方向だけではなく、それらを用途・活用と組み合わせて考えていくことが大切です。閉じた無線の世界での論議ではなく、ユーザと社会という広い視野の中で考えていくことです。

　最近はシステムが開発された後に、何に使うかの議論が行われているような気がします。モバイル/ワイヤレスは今や社会インフラの基盤になっています。そして、これまでは関係ないと思われていた社会的諸課題や、全地球的なSDGsとも不可分になっている時代なのです。

　第二に、サービスの価値を見極めることです。

　「ハードの時代からソフトの時代へ」といわれて久しくなります。「ものづくりからサービスの時代へ」ともいわれて何年も経っています。

我々はどうしてもハードウェア、ソフトウェア、通信、サービスといった視点で事業を分類してしまうところがありますが、もうこの視点は古いのではないでしょうか。

　私たちがやり取りする情報量はサービスの多様化・高度化と共に急速に増えていますので、もちろんネットワークの高速化は絶対に必要だと思います。

　他方、端末はスマートフォン中心から様々なIoTデバイスに分化・多様化しています。AR/VRの端末、車の高度化と多様化、「つながるクルマ」化、また多種多様なロボットやドローンのように集中制御から自律的に動く物体へと、ますます多様化が進んでいます。

　多種多様な端末・デバイスが出現する中で、それらがネットワークに要求するものはそれぞれに違います。それにどう応えるのか、それによって何を生み出すのか、そういう視点を徹底することが必要です。

　ソフトウェア/アプリから、つまりユースから始まったGAFAが既にハードウェアを取り込み、今やネットワークも飲み込もうとしていることは象徴的です。Apple、Amazon、Google、Facebookは、サーバやルータ、スイッチなどのネットワーク機器と半導体までを自社で開発製造しています。もともとはeコマース、検索エンジン、SNSなどのアプリやプラットフォームの提供者だった企業が過去に縛られることなくハードウェアに進出し垂直統合しさらに拡張し、ネットワークの統合も企図しています。汎用ハードをソフトで高機能化・改修する時代です。

　ピーター・ドラッカーの言葉に「企業文化は戦略に勝る」というのがあります。いくら精緻な戦略を立てても激動の時代にはすぐさま陳腐化してしまったり的外れになったりするので、何かを絶対視する戦略にこだわるのではなく、柔軟で臨機応変な考え方と行動を取れる組織文化をもつ方が生き残り、成長できるという意味だそうです。

　一度立てた戦略、これまでのセオリーや既成観念に固執しその中で四苦八苦するより、これまでは考えもしなかった発想に転換し、大胆に実行に移すことでしたたかに目標を達成する強靭な力をもつことが求められているのではないでしょうか。

　ワイヤレスはこれから私たちの生活とビジネスにおいて、ますますなくてはならない必需品になります。様々な領域で技術革新が進み、これまでにない市場が現れ、サービスが拡大していくでしょう。こうしたワイヤレス新時代においては、これまでの発想とは違うやり方で、多様な分野の方々の要望、意見を取り入れながら新しい価値創造の実現を目指す必要があると思います。

　WXが必要なのではないかと呼びかけたのは、そういう思いからです。

2021年9月　　　小林忠男

参考文献

『ネットワーク工学』第二版　村上 泰司　森北出版　2017.3

『ワイヤレス IoT プランナーテキスト [基礎編]』MCPC 監修　リックテレコム　2020.11

『いちばんやさしい 5G の教本』藤岡 雅宣　インプレス　2020.1

『電波伝搬ハンドブック』細矢 良雄監修　リアライズ理工センター　1999.1

『Wi-Fi のすべて――無線 LAN 白書 2018』小林 忠男監修　無線 LAN ビジネス推進連絡会編　リックテレコム 2017.12

『進化し続ける携帯電話技術』金 武完/村上 敬一/的場 晃久ほか著　国書刊行会　2009.10

令和 3 年版　情報通信白書　著者名：総務省　2021 年 7 月 30 日

令和 2 年版　情報通信白書　著者名：総務省　2020 年 8 月 4 日

- 小林 忠男『IoT における Wi-Fi の役割と 802.11ah』802.11ah 推進協議会ホームページ 2019 年
  https://www.11ahpc.org/news/20191007/index_a1.html
- ローカル 5G 開発実証成果報告書　https://go5g.go.jp/carrier/l5g/
  - No.1　自動トラクター等の農機の遠隔監視制御による自動運転の実現　全体版
  - No.5　地域の中小工場等への横展開の仕組みの構築　全体版
  - No.10　遠隔・リアルタイムでの列車検査、線路巡視等の実現　全体版
  - No.13　MR 技術を活用した新たな観光体験の実現　全体版
- 森 健一、島田 修作『IoT/M2M を支える新規無線 LAN 規格 ―IEEE 802.11ah―』電子情報通信学会　通信ソサイエティマガジン　2016 年 10 巻 2 号 p. 92-99　https://doi.org/10.1587/bplus.10.92
- 篠原 笑子、中村 光貴、井上 保彦、清水 芳孝、望月 聡、梅野 克彦、海江田 洋平、阿瀬見 隆、鷹取 泰司 『IEEE 802.11ah 規格の展示会場でのビデオ伝送実証実験』電子情報通信学会技術研究報告、vol. 119, no. 183, CQ2019-65, pp. 43-48, 2019 年 8 月.
- 猪又 稔、山田 渉、篠原 笑子、淺井 裕介 "圃場における 920MHz 帯樹木損失特性，"電子情報通信学会技術研究報告、vol. 120, no. 325, AP2020-110, pp. 39-43, 2021 年 1 月.
- [IEEE 802.11-2020] "IEEE Standard for Information Technology--Telecommunications and Information Exchange between Systems - Local and Metropolitan Area Networks--Specific Requirements - Part 11: Wireless LAN Medium Access Control (MAC) and Physical Layer (PHY) Specifications," in IEEE Std 802.11-2020 (Revision of IEEE Std 802.11-2016) , vol., no., pp.1-4379, 26 Feb. 2021, doi: 10.1109/IEEESTD.2021.9363693. https://ieeexplore.ieee.org/document/9363693
- [ARIB] "920MHz 帯テレメータ用、テレコントロール用及びデータ伝送用無線設備," ARIB STD-T108　1.4 版 2021 年 4 月 23 日　https://www.arib.or.jp/kikaku/kikaku_tushin/std-t108.html
- [ITU-R] Rec. ITU-R P.833-9, "Attenuation in vegetation," Sep. 2016.
- [IEEE 802.11 寄書] R. Porat, et. al., "TGah Channel Model-Proposed Text," doc.: IEEE 802.11-11/0968r4, March 2015.
- 情報通信審議会 情報通信技術分科会 新世代モバイル通信システム委員会報告
  https://www.soumu.go.jp/main_content/000567504.pdf
- NTT ドコモテクニカルジャーナル, Vol.23, No.4
  https://www.nttdocomo.co.jp/corporate/technology/rd/technical_journal/bn/vol23_4/
- NTT ドコモテクニカルジャーナル, Vol.26, No.3
  https://www.nttdocomo.co.jp/corporate/technology/rd/technical_journal/bn/vol26_3/
- NTT ドコモテクニカルジャーナル, 25 周年記念号

https://www.nttdocomo.co.jp/corporate/technology/rd/technical_journal/bn/vol26_e/

- 「第5世代移動体通信システムのフロントホールにおける光アクセス に関する技術報告書」
  https://www.ttc.or.jp/topics/20190605-3

- 内閣府HP「Society5.0とは」https://www8.cao.go.jp/cstp/society5_0/index.html

- スマートシティガイドブック（概要版） https://www8.cao.go.jp/cstp/society5_0/smartcity/00_scguide_s.pdf

- スマートシティを通じて導入される主なサービス https://www8.cao.go.jp/cstp/society5_0/smartcity/02_ref1.scservice_1.pdf　https://www8.cao.go.jp/cstp/society5_0/smartcity/02_ref1.scservice_2.pdf

- 文科省「GIGAスクール構想について」https://www.mext.go.jp/a_menu/other/index_0001111.htm

- GIGAスクール構想の実現へ（リーフレット）
  https://www.mext.go.jp/content/20200625-mxt_syoto01-000003278_1.pdf

- GIGAスクール構想の実現パッケージ
  https://www.mext.go.jp/content/20200219-mxt_jogai02-000003278_401.pdf

- GIGAスクール構想の加速による学びの保障（追補版）
  https://www.mext.go.jp/content/20200625-mxt_syoto01-000003278_2.pdf

- 経済産業省「未来の教室」https://www.learning-innovation.go.jp/

- 「未来の教室」とEdTech研究会　第2次提言
  https://www.meti.go.jp/press/2019/06/20190625002/20190625002.html

- 「未来の教室」ビジョン概要
  https://www.meti.go.jp/shingikai/mono_info_service/mirai_kyoshitsu/pdf/20190625_report_gaiyo.pdf

- 「未来の教室」ビジョン（「未来の教室」とEdTech研究会 第2次提言）
  https://www.meti.go.jp/shingikai/mono_info_service/mirai_kyoshitsu/pdf/20190625_report.pdf

- 「未来の教室」プロジェクト/教育イノベーション政策の現在地点
  https://www.meti.go.jp/information/publicoffer/ikenboshu/2021/downloadfiles/i210208001_02.pdf

- 文部科学省 令和元年度学校における教育の情報化の実態等に関する調査結果（概要）
  https://www.mext.go.jp/content/20201026-mxt_jogai01-00009573_1.pdf

- 文部科学省発行「GIGAスクール構想の実現へ」リーフレット
  https://www.mext.go.jp/content/20200625-mxt_syoto01-000003278_1.pdf

- 経済産業省「未来の教室」ホームページ「未来の教室ってなに？」
  https://www.learning-innovation.go.jp/about/

- 内閣府「Society5.0」https://www8.cao.go.jp/cstp/society5_0/index.html

- 総務省令和2年情報通信白書　第2部第6節「ICT利活用の推進/情報通信基盤を活用した地域振興等」
  https://www.soumu.go.jp/johotsusintokei/whitepaper/ja/r02/html/nd266210.html

- 『802.11AX Whitepaper』Hewlett Packard Enterprise Aruba事業統括本部公式Webページ
  https://www.arubanetworks.com/assets/_ja/wp/WP_802.11AX_ja-JP.pdf

- Hewlett Packard Enterprise Aruba事業統括本部公式Blog Webページ
  http://blogs.arubanetworks.com/corporate/the-6-ghz-band-say-goodbye-to-the-stone-age-of-wi-fi/

- 『NTT技術ジャーナル記事』Webページ　https://journal.ntt.co.jp/article/8967

- 『6 GHz帯無線LANの動向・要望』総務省公式Webページ
  https://www.soumu.go.jp/main_content/000753990.pdf

INDEX

システム構築事例　取材協力者一覧

● 春日井市民病院（第4章）

馬場 勇人 氏
春日井市民病院 医療情報センター　診療放射線技師　医療情報技師 診療情報管理士

● ところざわサクラタウン（第4章）

東松 裕道 氏
株式会社KADOKAWA Connected InfraArchitect 部　部長、ストラテジスト

髙木 萌 氏
株式会社KADOKAWA Connected InfraArchitect 部 アーキテクト、
ピアリングコーディネーター

北脇 大 氏
株式会社KADOKAWA Connected InfraArchitect 部 アーキテクト、
ピアリングコーディネーター

● 国立大学法人九州工業大学（第4章）

中村 豊 氏
情報基盤センター 教授

福田 豊 氏
情報基盤センター 準教授

● 千葉県木更津市（第6章）

磯部 光治 氏
木更津市 経済部 農林水産課 副主幹

羽賀 潤 氏
木更津市 企画部 地方創生推進課 副主幹

● 神奈川県水産技術センター相模湾試験場（第6章）

鎌滝 裕文 氏

神奈川県 水産技術センター相模湾試験場 専門研究員

西村 竜雄 氏

神奈川県 水産技術センター相模湾試験場 漁業調査指導船「ほうじょう」船長

● 北海道岩見沢市（第6章）

斎藤 貴視 氏

岩見沢市 農政部 農業基盤整備課 課長

鎌倉 祥伍 氏

岩見沢市 情報政策部 情報政策課 情報化推進係 主事

● ローカル5Gと4Kカメラを活用した遠隔地からの営農支援（第8章）

宮崎 昌宏 氏

（公財）東京都農林水産振興財団東京都農林総合研究センター
スマート農業推進室 室長

中村 圭亨 氏

（公財）東京都農林水産振興財団東京都農林総合研究センター
スマート農業推進室 チーム長

鈴木 克彰 氏

（公財）東京都農林水産振興財団東京都農林総合研究センター
スマート農業推進室 研究員

監修者・執筆者一覧

監修・著

小林 忠男
802.11ah推進協議会 会長、一般社団法人無線LANビジネス推進連絡会 顧問

執筆

阿部 正和
東日本電信電話株式会社 経営企画部 営業戦略推進室 担当課長

酒井 大雅
株式会社NTTアグリテクノロジー 代表取締役社長

佐藤 圭
株式会社ワイヤ・アンド・ワイヤレス 事業推進管理本部長

鷹取 泰司
NTTアクセスサービスシステム研究所 上席特別研究員

北條 博史
一般社団法人無線LANビジネス推進連絡会 代表理事 会長

松村 直哉
一般社団法人無線LANビジネス推進連絡会 事務局長

森田 基康
株式会社フルノシステムズ 営業本部 担当部長

山田 雅之
日本ヒューレット・パッカード合同会社 Aruba事業統括本部 技術統括本部 プリセールスコンサルタント

吉田 英邦
NTTブロードバンドプラットフォーム株式会社 ワイヤレス技術部 部長 電波品質管理室 室長兼務

（アイウエオ順）

取材協力

渡辺 憲一
東日本電信電話株式会社　ビジネス開発本部　第三部門　IoTサービス推進担当　担当部長

野間 仁司
東日本電信電話株式会社　ビジネス開発本部　第三部門　IoTサービス推進担当　担当課長

西谷 翔太
東日本電信電話株式会社　ビジネス開発本部　第三部門　IoTサービス推進担当

田中 泰光
日本ヒューレット・パッカード合同会社 Aruba事業統括本部 執行役員 事業統括本部長、一般社団法人無線LANビジネス推進連絡会　副会長

前原 朋美
シスコシステムズ合同会社　APJCエンタープライズネットワーキングセントラルチーム（兼ジャパンエンタープライズネットワーキング）ワイヤレスビジネスリード（兼ワイヤレスプロダクトマネージャ）

編集

　株式会社 リックテレコム
　土谷 宜弘（編集）、十河 和子（編集）、藤井 宏治（執筆）、中村 仁美（執筆）

制作協力

　株式会社 トップスタジオ
　畑 明恵、岩佐 優子

プライベートワイヤレスネットワーク入門
Wi-Fi 6、802.11ah、ローカル5G　徹底解説

© 無線 LAN ビジネス推進連絡会
802.11ah 推進協議会　2021

2021年10月20日　第 1 版第 1 刷発行

監修・著　　小林 忠男

編　　　　　無線 LAN ビジネス推進連絡会
　　　　　　802.11ah 推進協議会

発 行 人　　土谷 宜弘

編　　集　　十河 和子

発 行 所　　株式会社リックテレコム
　　　　　　〒 113-0034 東京都文京区湯島 3-7-7
　　　　　　振替　　00160-0-133646
　　　　　　電話　　03（3834）8380（代表）
　　　　　　URL　　https://www.ric.co.jp/

編集協力・組版・装丁　　株式会社トップスタジオ
印刷・製本　　シナノ印刷株式会社

●訂正等

本書の記載内容には万全を期しておりますが、万一誤りや情報内容の変更が生じた場合には、当社ホームページの正誤表サイトに掲載しますので、下記よりご確認下さい。

＊正誤表一覧サイトURL

https://ric.co.jp/book/errata-list/1

●本書に関するご質問

本書の内容等についてのお尋ねは、 FAXもしくは下記の「読者お問い合わせサイト」にて受け付けております。回答に万全を期すため、電話によるご質問にはお答えできませんのでご了承下さい。

・FAX：03-3834-8043

・読者お問い合わせサイト：リックテレコムのホームページ（https://www.ric.co.jp/book/）の左列にある「書籍内容についてのお問い合わせ」のサイトから必要事項入力の上お送りください。

ISBN978-4-86594-296-5　　　　　　　　　　　　　　　　　　Printed in Japan